U0603926

乌蒙山
常见昆虫生态图鉴

李 虎 宋 凡 李 伟 等 编著

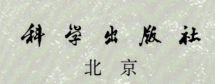

科学出版社
北京

内 容 简 介

本书依据作者野外调查采集的标本和拍摄的图片，结合文献资料，记载了云南乌蒙山国家级自然保护区 20 目 182 科 1379 种昆虫名录及其国内外分布区域，丰富了该区域昆虫物种多样性的本底资源，为未来长期持续的生物多样性监测奠定了基础。在昆虫名录的基础上，作者精选出 20 目 140 科 494 种常见昆虫的生态照或标本照，并提供了这些物种的主要形态鉴别特征和习性信息。正文之后还附有相关参考文献、昆虫名录、中文名称索引、拉丁学名索引及图片索引。

本书旨在展示云南乌蒙山国家级自然保护区昆虫的多样性，为生态保护、科学研究和自然教育提供参考，可用于保护区和农林行业基层工作人员识别常见昆虫种类，也可作为昆虫分类学研究、自然教育和科普宣传的参考书。

图书在版编目（CIP）数据

乌蒙山常见昆虫生态图鉴 / 李虎等编著. -- 北京：科学出版社，
2025. 6. -- ISBN 978-7-03-082478-3

Ⅰ. Q968. 227-64

中国国家版本馆CIP数据核字第2025FZ0900号

责任编辑：陈　新　郝晨扬 / 责任校对：郑金红
责任印制：肖　兴 / 书籍设计：北京美光设计制版有限公司

科学出版社 出版
北京东黄城根北街16号
邮政编码：100717
http://www.sciencep.com
北京中科印刷有限公司印刷
科学出版社发行　各地新华书店经销

*

2025年6月第 一 版　开本：889×1194　1/16
2025年6月第一次印刷　印张：23 1/4

字数：770 000

定价：348.00元
（如有印装质量问题，我社负责调换）

《乌蒙山常见昆虫生态图鉴》
编辑委员会

— 编写领导小组 —

组　　长	马　良	石安宪			
副组长	杨　科	熊清香	朱　磊	易祥波	周　华
成　　员	李　伟	符义宏	刘世凤	宋明学	李树欣
	李昌羽	赵文洪	谭正华		

— 编著者名单 —

主要编著者	李　虎	宋　凡	李　伟	石安宪	陈　卓
	李轩昆	吴云飞	刘盈祺	何志新	熊昊洋

其他编著者（以姓名汉语拼音为序）

白　明	彩万志	蔡小东	蔡　鑫	曹亮明	陈　波	陈　尽
陈　静	陈　娜	陈　婷	陈志林	古朝山	韩辉林	郝永松
何祝清	胡承勇	胡祖勇	黄卫东	季青梅	康泽辉	李翠萍
李飞巧	李鹏映	李廷景	李卫海	李文亮	李　兴	李　彦
李永青	廖正杭	林美英	刘浩宇	刘怀宇	刘钦朋	刘　涛
刘星月	卢　艳	陆大磊	路园园	罗　洪	罗一平	马海妮
马丽滨	毛本勇	聂瑞娥	牛耕耘	潘　昭	史宏亮	宋志顺
孙长海	唐　璞	陶冠臣	王厚帅	王建赟	王　亮	王兴民
王永才	王宗庆	魏　琮	魏美才	武靖羽	徐荣臻	杨　定
杨星科	杨玉霞	姚　刚	姚光禄	叶　琪	殷子为	张　冰
张　微	赵　萍	赵天佑	赵婷婷	赵嬿盛	赵永丽	郑昱辰
周长发	周春琴	周天明	朱平舟			

　　在中国西南的壮丽山川之中，乌蒙山脉以其独特的地理位置和生物多样性而著称。这一地区不仅是中国乃至全球生物多样性保护的重要区域，也是昆虫多样性研究的热点之一。云南乌蒙山国家级自然保护区位于云南省东北部的昭通市境内，2013 年经中华人民共和国国务院办公厅批准成立，地跨大关、彝良、盐津、永善和威信等 5 个县 16 个乡（镇），总面积为 26 186.65hm²。保护区由三江口片区、海子坪片区和朝天马片区三大片区组成，东连贵州喀斯特岩溶山原，北与四川盆地相望，南向滇中高原过渡，西处横断山脉边缘。保护区生物地理的边缘性和过渡性使该区域汇集丰富的生物类群、复杂的地理区系成分、多样化的生态植被类型，保存着数量较多的珍稀特有动植物资源。保护区共记录珙桐、中华桫椤、南方红豆杉等国家一级、二级重点保护野生植物 13 种，以及金钱豹、云豹、林麝等19 种国家一级、二级重点保护野生哺乳动物。

　　生物多样性是地球生命之网，它不仅维系着生态系统的平衡，也是人类生存和发展的基础。昆虫作为生物多样性中最为繁盛的类群，在全球生态系统中扮演着不可或缺的角色。它们在传粉、生物控制、土壤营养循环等方面发挥着重要作用，是人类农业和自然环境中的重要组成部分。云南乌蒙山国家级自然保护区的地形复杂、气候多样，具有典型的亚热带山地湿性常绿阔叶林，是真正的高山水塔，且拥有极为丰富的动植物资源，保护好该地区典型的天然森林生态系统、动植物物种和遗传多样性资源意义重大。

　　然而，对该地区昆虫物种多样性的系统性专项调查较少，为了进一步丰富乌蒙山区昆虫物种多样性资源的家底，为该地区的生物多样性保护提供科学依据，云南乌蒙山国家级自然保护区管护局与中国农业大学植物保护学院、昭通市绿色食品发展中心开展项目合作，并联合中国科学院动物研究所、中国林业科学研究院森林生态环境与保护研究所、浙江大学、南开大学、东北林业大学、西北农林科技大学、南京农业大学、云南农业大学、河北大学、华南农业大学、湖南农业大学、西南大学、重庆师范大学等国内 20 余家高校和科研院所，近年来多次组织人员利用扫网、灯诱、马氏网、地表陷阱等采集方法对该保护区进行了比较充分的昆虫物种多样性本底资源调查，踏查范围涵盖了该保护区所有 3 个片区共12 个重点调查区域。

　　基于调查获得的丰富的标本材料，我们鉴定出 20 目 171 科 1268 种昆虫，并记录了新近发现的多个新分类阶元，如脉翅目泽蛉科 1 新属种——云南华泽蛉 *Sinoneurorthus yunnanicus* Liu, Aspöck & Aspöck, 2012，广翅目泥蛉科 1 新种——罗汉坝泥蛉 *Sialis luohanbaensis* Liu,

Hayashi & Yang, 2012，双翅目缟蝇科 1 新种——昭通亮黑缟蝇 *Minettia zhaotongensis* Li, Chen & Yang, 2020，襀翅目蟏科 2 新种——长形瘤钮蟏 *Hemacroneuria elongata* Li, Mo & Murányi, 2019、彝良新蟏 *Neoperla yiliangensis* Mo, Li & Murányi, 2024。与相关文献记录和保护区积累的资料相比，新增加了 13 目 959 种。最后汇总完成了包括 20 目 182 科 1379 种的云南乌蒙山国家级自然保护区昆虫物种名录。本次调查成果丰富了该地区昆虫物种多样性的本底资源，为未来长期持续的生物多样性监测奠定了基础。

我们精选出 20 目 140 科 494 种常见昆虫的生态照片编撰成《乌蒙山常见昆虫生态图鉴》，这是首部以乌蒙山国家级自然保护区昆虫物种资源为考察对象的昆虫分类学专著，正文为常见物种提供了精美的生态照或标本照，正文之后附有相关参考文献、包含国内外主要分布信息的云南乌蒙山国家级自然保护区昆虫物种名录及物种中文名称索引、拉丁学名索引、图片索引。本书旨在展示该保护区昆虫的多样性，为生态保护、科学研究和教育提供宝贵的资源，可用于保护区和农林行业基层工作人员识别昆虫常见种类，也可作为昆虫分类学研究、自然教育和科普宣传的参考书。

本书的研究内容和出版得到了云南乌蒙山国家级自然保护区昆虫资源调查项目、昭通市专家工作站（2021ZTYX05）、云南省专家基层科研工作站、东北亚生物多样性研究中心（2572022DS09）等项目的资助。在野外调查、分类鉴定和撰稿过程中，感谢张润志、葛斯琴、梁红斌、黄国华、谢桐音、徐环李、贾凤龙、徐晗、常凌小、汤亮、陈静、王志良、袁向群、罗心宇、党利红、刘晓艳、马丽、刘经贤、张巍巍、张春田、张东、张宏瑞、宋海天、张加勇、刘万岗、白晓栓、阮用颖、李竹、李学燕、王勇、戈昕宇、黄正中、包宇、袁峰、王吉申、高皓然、王新凯、李原朗、刘巧巧、徐叶、李若涵、王锣崇、李思菡、涂粤峥、张魁艳、孙咏泽、宜梦飞、陈婷、张爱军、方晨、袁梓淇、乔楚航、邱嘉立、郭秋红、徐仁涛、韩明旭、冯浩、陶立龙、曾鑫、刘屹峰、王安桐、丁曼青、姚尧、黄伟坚、汤箐箐、伊文博、张丹丽、周露、陈芹、付文博、张晓、张婷婷、赵宇晨、郭恒翠、王东明、唐楚飞、王瀚强、吴俊、杨科、董赛红、刘杉杉、李文奖、杨金英、李秀敏、白兴龙、杨秀娟、聂川雄、李东越、孟瑞、汪茂文、刘渝清、周勇、李泽川、杨道然、杨德祥、李树仙、陈吉祥、贾仕康、王联广、伍湘竹、黄正会、冯正军、马鹏等同行和相关工作人员的帮助；感谢文中图片的拍摄者石安宪、吴云飞、陈卓、陈尽、熊昊洋、何志新、李虎、尹学伟、魏书君、徐荣臻等。

鉴于作者知识水平有限，书中难免存在不足之处，我们诚恳地希望读者提出批评意见和宝贵建议。

作 者
2025年1月

目 录

总 论

一、云南乌蒙山国家级自然保护区概况

云南乌蒙山国家级自然保护区（以下简称乌蒙山保护区）地处云南省东北部的昭通市境内，地理坐标为北纬27°47′35″～28°17′42″、东经103°51′47″～104°45′04″，行政区划上覆盖大关、彝良、盐津、永善、威信5个县16个乡（镇），总面积为26 186.65hm²，其中核心区面积为10 491.46hm²、缓冲区面积为4434.77hm²、实验区面积为11 260.42hm²。乌蒙山保护区由朝天马、海子坪和三江口3个相对独立的片区组成；朝天马片区位于大关、彝良、盐津3个县境内，面积为15 004.06hm²；海子坪片区位于彝良和威信2个县境内，面积为2795.61hm²；三江口片区位于大关、盐津、永善3个县境内，面积为8386.98hm²。

乌蒙山保护区东连贵州喀斯特岩溶山原，北与四川盆地相望，南向滇中高原过渡，西处横断山脉边缘，在地理位置上处于十分特殊的结合过渡地带，孕育了丰富而独特的生物多样性，构成长江上游重要的生态安全屏障。乌蒙山保护区的主要保护对象包括：具有云贵高原代表性的亚热带山地湿性常绿阔叶林森林生态系统和亚高山沼泽化草甸湿地生态系统；珍稀濒危动植物物种资源及其栖息地；以珍稀孑遗树种为优势组成的原生森林群落；我国西南地区保存最好、面积最大、天然分布的毛竹林群落；我国天麻原生地和野生毛竹遗传种质资源（图1）。

乌蒙山保护区境内地势西南高、东北低，海拔880～2454m，地貌类型复杂多样，主要由滇东北喀斯特高原的高原面和边缘地带受河流深切而形成的中山山地组成，同时分布有峡谷、宽谷和丘陵等地貌。乌蒙山保护区属于亚热带湿润季风气候；年平均气温为13～17℃；年降水量为600～1300mm；年日照时数在1000h以下，平均每天不到3h；无霜期9～11个月。乌蒙山保护区地处金沙江下游、长江中上游，境内水系较为发达，金沙江水系、横江、白水江等60余条河流发源或流经保护区。

乌蒙山保护区是中国—喜马拉雅和中国—日本两大森林植物区系的交汇区域，植物区系组成表现出明显的边缘性和过渡性特点。植被类型多样，可划分出4个植被型、5个植被亚型、19个群系和44个群丛。目前在乌蒙山保护区内已记录有维管植物179科756属2174种，其中有珙桐、南方红豆杉、连香树、香果树、十齿花等国家一级、二级重点保护野生植物13种，云南省级重点保护植物15种，《中国物种红色名录》中的保护种66种，以及《濒危野生动植物种国际贸易公约》附录中的保护种19种。乌蒙山保护区还是我国特有珍稀保护植物——筇竹的起源与分布中心，野生毛竹的唯一分布区，以及我

图1 云南乌蒙山国家级自然保护区自然景观

国天麻的原产地。乌蒙山保护区内的中山湿性常绿阔叶林生态系统是我国亚热带山地湿性常绿阔叶林的典型代表，是该植被生态系统保存最为完好的区域之一，对研究长江流域亚热带湿性常绿阔叶林的结构组成和生态功能具有重要科学价值。

乌蒙山保护区广阔的森林资源和良好的生态环境也为野生动物提供了优越的栖息条件，分布有哺乳动物9目28科71属92种，其中有金钱豹、云豹、林麝3种国家一级重点保护野生动物，以及黑熊、小熊猫、水獭、金猫、中华鬣羚、中华斑羚等16种国家二级重点保护野生动物；有鸟类18目54科363种，其中属于国家一级重点保护的有黑鹳、四川山鹧鸪、白冠长尾雉、黑颈鹤4种，属于国家二级重点保护的有白琵鹭、凤头蜂鹰等30种；同时还记录有爬行动物54种、两栖动物39种及鱼类47种。

乌蒙山保护区的前身可追溯到1984年建立的海子坪和三江口省级自然保护区、1998年建立的朝天马省级自然保护区、2003年建立的小岩方和罗汉坝市级自然保护区。上述5个保护区于2006年合并成为乌蒙山省级自然保护区，2013年晋升为乌蒙山国家级自然保护区。乌蒙山保护区自建立以来，特别是晋升为国家级自然保护区后，各级主管部门高度重视保护区的建设管理，以生物多样性保护和改善周边社区群众的生活水平作为重要目标，组建成立了云南乌蒙山国家级自然保护区管护局，建立健全以局、站、点为基础的三级网格化管理机制，开展了勘界立标、保护地优化整合、生物多样性本底调查、森林生态系统监测等一系列专项行动，有力地改善了保护区内的生境质量，使得生物群落更加稳定。

二、昆虫生物多样性研究概述

昆虫是地球上最为繁盛的生物类群之一，目前已描述的种类约有100万种，占全部已知动物种数的2/3以上。昆虫广泛分布在世界各地，除物种多样性丰富外，其个体数量往往十分庞大，所占据的生态位亦十分多样，构成了食物网的基本环节，在生态系统的能量转换、物质循环和信息传递中发挥着举足轻重的作用，是生物多样性不可或缺的组成部分之一。同时，昆虫与人类生产、生活关系密切，其中农业、林业、仓储害虫取食经济作物和仓储粮食，造成经济损失，卫生害虫吸血传病、危害人畜健康，而包括天敌昆虫、传粉昆虫、食药用昆虫在内的资源昆虫则在绿色农林发展和生态环境保护等方面发挥着积极作用。研究昆虫的生物多样性对于理解生命的起源与演化、生态系统的功能与维持以及人类经济社会的运行与发展具有重要意义。然而，由于气候变化和人类活动加剧，昆虫多样性正面临重大危机，在世界范围内呈现加速灭绝的态势。关于昆虫多样性的评估、编目和保育工作迫在眉睫，已被列为优先发展领域。

生物多样性包含物种多样性、遗传多样性、生态系统多样性等不同层次，其中物种多样性是指特定生态系统或生物群落中不同生物的种类和数量，是其他各个层次的基础。对昆虫物种多样性开展本底调查，其结果不仅能够直观体现昆虫的物种丰富度，而且可用于评估环境变化和生态恢复状况，从而实现生态环境的动态监测、珍稀濒危昆虫的保护以及资源昆虫的开发利用。我国目前已记录的昆虫约有13万种，随着调查的深入其物种总数将继续增加。例如，2021～2023年我国共报道昆虫新种3600余个，平均每年报道的昆虫新种数量在1000个以上。未来本底调查依然是昆虫分类学研究与多样性编目的重点发展方向，尤其是在研究薄弱地区、生物多样性热点地区和特殊生境开展系统的调查采集，有助于提高我们对我国昆虫物种多样性资源更全面的认识。

三、云南乌蒙山国家级自然保护区昆虫物种多样性调查与研究

云南乌蒙山国家级自然保护区因其特殊的地理位置和复杂的生态环境，成为我国生物多样性的热点研究区域和重要保护地带。此前在乌蒙山保护区境内共记录到昆虫7目70科423种，但专门针对昆虫多样性的本底调查较少且相对分散，缺乏系统性，部分历史资料的记录仅精确到省、市级，远不能反映该地区昆虫物种多样性的特征。

为了进一步完善对乌蒙山保护区昆虫物种多样性资源的认识，为该地区的生物多样性保护提供科学依据和基础资料，云南乌蒙山国家级自然保护区管护局与中国农业大学植物保护学院、昭通市绿色食品发展中心开展项目合作，并联合中国科学院动物研究所、中国林业科学研究院森林生态环境与保护研究所、浙江大学、南开大学、东北林业大学、西北农林科技大学、南京农业大学、云南农业大学、河北大学、华南农业大学、湖南农业大学、西南大学、重庆师范大学等国内20余家高校和科研院所，于2023年和2024年多次组织联合考察队对乌蒙山保护区开展较为系统的昆虫物种多样性本底调查（图2），踏查范围涵

图 2　参加云南乌蒙山国家级自然保护区昆虫资源调查的部分人员

盖了保护区全部3个片区共12个重点调查区域，覆盖了山地湿性常绿阔叶林、常绿落叶阔叶混交林、寒温性针叶林等主要生态类型。

由于不同昆虫的生活方式大相径庭，其栖息环境各不相同。针对不同昆虫类群的生物学习性来选用不同的采集方法，对于提高采集效率、加强对特定地区昆虫物种多样性的客观评估起到至关重要的作用。因此，本次昆虫物种多样性本底调查采用了多种主动式或被动式采集方法（图3），常见的采集方法列述如下。

图3　昆虫物种多样性本底调查的基本方法
A 和 B：观察搜索法；C：样线扫网法；D：马氏网法；E：灯诱法；F：地被物筛选

1. 观察搜索法

　　很多昼行性昆虫在日间停留在植物表面，夜行性昆虫在天黑后会外出活动，通过肉眼观察就可以锁定这些昆虫。对于很多生境比较隐蔽的昆虫，需要针对性地搜索特定生境来采集标本。例如，很多昆虫生活在朽木中或树皮下，需要剥开朽木或树皮才能找到它们；一些昆虫喜爱黑暗潮湿的环境，如树洞、石缝或洞穴等；很多昆虫经常躲藏在石块下方，需要通过翻找石块的方式来采集。

2. 样线扫网法

基于全面性、代表性、可达性原则，在乌蒙山保护区内布设调查样线，并采用扫网法沿样线采集昆虫。样线布设应尽可能覆盖保护区的主要生态类型及不同海拔梯度。

3. 马氏网法

马氏网由黑色的网体和白色的顶布组合而成，并在顶端最高一侧设置收集瓶。将马氏网架设在林间，当行进中的昆虫遇到黑色网体阻截后会不断向上爬行，最终落入收集瓶内。使用马氏网可以在特定地点进行持续不间断的收集，对采集双翅目、膜翅目、半翅目等类群的昆虫具有较好的效果，而且能够采集到十分稀有的标本。本次调查在乌蒙山保护区内架设了48套马氏网，覆盖了代表性的生态类型，平均每月收集1次。

4. 灯诱法

灯诱法是最常用的被动式采集方法之一，充分利用了昆虫的趋光性，能够在短时间内收集到相当数量的标本。常规的灯诱装备是由连接固定电源的照明系统（灯泡）和一块幕布组成的，而本次调查还采用了包含移动电源、照明系统和灯诱帐篷的灯诱装备，满足了随时随地进行灯诱的需要。

5. 地表陷阱法

地表陷阱法主要用于地表昆虫调查。将容器放置到土壤中，容器上沿与地面平齐，在距离容器口2/3处设置出水口。容器内使用糖、醋、乙醇及水等配制成引诱剂，或者防腐剂。

6. 地被物筛选

对生活在土壤和落叶层中的昆虫，需要通过筛选地被物的方法来采集。例如，将收集到的土壤和落叶样品放在筛子内，通过人工振动的方法将土壤昆虫抖落出来；或将土壤和落叶样品放入一个架有铁丝网的漏斗状容器内，在容器顶端用灯泡照射样品，土壤昆虫会因为逃避光和热而主动向下移动，最终掉落到下方的收集器中。

7. 水网法

针对生活在水中的昆虫，需要使用水网进行采集。相对于一般的捕网，水网需要克服水的阻力，因此网袋更浅、网质更硬、网圈更牢固、网柄更长且不易变形。采集时，使用水网在水草丰茂的河沟或池沼中进行捕捞，然后从中进一步挑拣昆虫标本。

本次云南乌蒙山国家级自然保护区昆虫物种多样性本底调查共采集到昆虫标本18 000余号，拍摄生态照片1000余幅。基于相关单位前期的研究积累和本次调查获得的昆虫标本，经后期室内整理研究，共鉴定出20目171科1268种昆虫，也发表了一些新物种：乌蒙山宽突苔甲 *Euconnus wumengshanus* Yin & Zhou、昭通亮黑缟蝇 *Minettia zhaotongensis* Li, Chen & Yang, 2020、彝良新蜻 *Neoperla yiliangensis* Mo, Li & Murányi, 2024、乌蒙四齿隐翅虫 *Nazeris wumengensis* Yang & Hu、昭通四齿隐翅虫 *N. zhaotongus* Yang & Hu、罗汉坝泥

蛉 *Sialis luohanbaensis* Liu, Hayashi & Yang, 2012等（图4），其名称中也包含了与乌蒙山和昭通相关的地名。本次调查还首次记录到北越二节蚊猎蝽 *Empicoris laocaiensis* Ishikawa, Truong & Okajima, 2012在我国的分布，同时将其已知的分布范围向北推进约5个纬度，进一步体现了我国西南山地与中南半岛北部在生物区系上的密切联系。在调查过程中还记录到国家二级重点保护野生动物金裳凤蝶 *Troides aeacus* (Felder & Felder, 1860)（图5）和安达刀锹甲 *Dorcus antaeus* Hope, 1842，以及国家"三有"保护野生动物冬青大蚕蛾 *Archaeoattacus edwardsii* (White, 1859)。

图4　本次调查过程中发现的部分昆虫新种和新记录种
A：乌蒙山宽突苔甲 *Euconnus wumengshanus*；B：宽体喜马苔甲 *Himaloconnus obesus*；C：中华苔甲 *Scydmaenus chinensis*；D：密毛苔甲 *S. vestitus*；E：乌蒙四齿隐翅虫 *Nazeris wumengensis*；F：昭通四齿隐翅虫 *N. zhaotongus*；G：国豪四齿隐翅虫 *N. guohaoi*；H：齿茎四齿隐翅虫 *N. serratimarginatus*（腹部末端移除）

　　昆虫多样性组成分析表明，乌蒙山保护区内科级阶元多样性最丰富的5个目依次是半翅目（57科，占31.32%）、鳞翅目（27科，占14.84%）、鞘翅目（21科，占11.54%）、双翅目（18科，占9.89%）、膜翅目（9科，占4.95%）；种级阶元多样性最丰富的5个目依次是鳞翅目（607种，占44.02%）、鞘翅目（210种，占15.23%）、半翅目（212种，占

15.37%）、双翅目（113种，占8.19%）、膜翅目（76种，占5.51%）；其中，半翅目、鳞翅目、鞘翅目、双翅目、膜翅目中科数占总科数的70.77%、种数占总物种数的88.32%，虽然上述结果可能受到采样方法和类群鉴定偏好的影响，但足以说明这些类群是乌蒙山保护区昆虫物种多样性组成中的优势类群。三江口片区是全区昆虫多样性最高的区域；朝天马片区的小草坝景区昆虫物种多样性要高于同片区内的其他区域。从生境的角度来看，山地湿性常绿阔叶林、常绿落叶阔叶混交林、暖温性稀树灌木草丛和亚高山草甸4种生境的昆虫物种多样性明显高于其他生境，其中以暖温性稀树灌木草丛的最高。

　　基于上述调查结果，我们汇总完成了云南乌蒙山国家级自然保护区昆虫物种名录，共收录昆虫20目182科1390种，较之以往记录新增了13目959种，丰富了对该地区昆虫物种多样性资源的认识，为未来开展昆虫生物多样性的长期持续监测和合理开发利用提供了坚实可靠的本底资料。

图5　云南乌蒙山国家级自然保护区代表昆虫物种

A：金裳凤蝶 *Troides aeacus*；B：罗汉坝泥蛉 *Sialis luohanbaensis*；C：云南华泽蛉 *Sinoneurorthus yunnanicus*；D：眉纹大蚕蛾 *Samia cynthia*；E：北越二节蚊猎蝽 *Empicoris laocaiensis*

各 论

衣鱼目
Zygentoma

■ 衣鱼科 Lepismatidae

001 糖衣鱼 *Lepisma saccharina* Linnaeus, 1758

【鉴别特征】体长 10～12mm。体黑褐色，全身覆盖着银灰色的鳞片。复眼左右分离，无单眼。触角细长，长度达体长的 1/2。

【主要习性】避光性，昼伏夜出。取食多种有机物质，如书本、衣物等。

蜉蝣目
Ephemeroptera

■ 四节蜉科 Baetidae

002 紫假二翅蜉 *Pseudocloeon purpurata* Gui, Zhou & Su, 1999

【鉴别特征】体长约 4 mm。复眼上部暗棕褐色，边缘窄、色较淡。胸沥青淡紫色，前翅较窄。腹部淡紫色。尾丝 2 根，灰白色，稍长于体长。

【主要习性】稚虫水生，对水质变化敏感，常作为水质指示生物。

■ 扁蜉科 Heptageniidae

003 宜兴亚非蜉 *Afronurus yixingensis* (Wu & You, 1986)

【鉴别特征】体长 7～9mm。复眼在头部相互接触，上下分层。中胸背板缝隙近似平直。尾丝 2 根，苍白色，环节处具褐色环纹，整体呈黑白相间状。

【主要习性】稚虫水生，对水质变化敏感，常作为水质指示生物。成虫寿命短。

■ 蜉蝣科 Ephemeridae

004 梧州蜉

Ephemera wuchowensis Hsu, 1937

【鉴别特征】体长 15～25mm。触角窝边缘具黑色斑块，柄节具 2 黑色斑块，梗节端部具 1 黑点。前翅透明，前缘区与亚前缘区褐色，半透明。尾丝 3 根。

【主要习性】稚虫水生，对水质变化敏感，常作为水质指示生物。具趋光性。

■ 小蜉科 Ephemerellidae

005 红天角蜉 *Uracanthella rufa* (Imanishi, 1937)

【鉴别特征】体长 5～10mm。体棕红色。翅透明。前足跗节第 2 节比第 3 节稍长。尾丝 3 根，略长于体长，其上具棕色环纹。

【主要习性】稚虫水生，对水质变化敏感，常作为水质指示生物。

■ 细裳蜉科 Leptophlebiidae

006 显著似宽基蜉

Choroterpides magnifica Zhou, 2002

【鉴别特征】体长 20～30mm。后翅的前缘突较圆钝，位于前缘中央，翅缘骨化部分向翅内延伸。雌虫第 9 腹板后缘稍凹陷。

【主要习性】稚虫水生，对水质变化敏感，常作为水质指示生物。具趋光性。

蜻蜓目
Odonata

■ 溪蟌科 Euphaeidae

007 庆元异翅溪蟌 *Anisopleura qingyuanensis* Zhou, 1982

【鉴别特征】体长 41～47mm，腹长 30～36mm，后翅长 29～30mm。雄虫面部黑色，具蓝斑；胸部黑色，具淡蓝色和黄色条纹；腹部黑色，具黄色条纹，第 9～10 节具粉霜。

【主要习性】稚虫水生，主要栖息在海拔 2000m 以下森林中的溪流附近。

008 巨齿尾溪蟌 *Bayadera melanopteryx* Ris, 1912

【鉴别特征】体长44～51mm，腹长34～40mm，后翅长28～30mm。雄虫面部黑色，上唇淡蓝色；胸部黑色，具蓝灰色粉霜，翅端具甚大的褐色斑；腹部黑色。

【主要习性】稚虫水生，主要栖息在海拔500～2500m森林中的溪流附近。

■ 色蟌科 Calopterygidae

009 透顶单脉色蟌

Matrona basilaris Sélys, 1853

【鉴别特征】体长63～70mm，腹长51～57mm，后翅长38～48mm。雄虫面部金属绿色；胸部深绿色，具金属光泽，后胸具黄色条纹，翅黑色；腹部第8～10节腹面黄褐色。

【主要习性】稚虫水生，主要栖息在海拔1500m以下的开阔溪流和河流附近。

■ 扇螅科 Platycnemididae

010 黄纹长腹扇螅
Coeliccia cyanomelas Ris, 1912

【鉴别特征】体长 46～51mm，腹长 39～44mm，后翅长 24～27mm。雄虫胸部背面具 4 个淡蓝色斑，侧面具 2 条淡蓝色条纹。雌虫胸部具黄色条纹。

【主要习性】稚虫水生，主要栖息在海拔 2000m 以下的林荫小溪和小型水潭附近。

011 白狭扇螅 *Copera annulata* (Sélys, 1863)

【鉴别特征】体长 43～45mm，腹长 37～38mm，后翅长 22～24mm。雄虫面部黑色，具淡蓝色条纹；胸部黑色，具蓝白色的肩前条纹，侧面具 2 条蓝白色条纹。

【主要习性】稚虫水生，主要栖息在海拔 1500m 以下、水草茂盛的湿地。

012　叶足扇螅 *Platycnemis phyllopoda* Djakonov, 1926

【鉴别特征】体长 35～45mm。雄虫面部黑色，上唇和唇基淡蓝色；胸部黑色，具淡黄色肩条纹和肩前条纹；中足和后足胫节具叶状扩展。雌虫胫节不膨大。

【主要习性】稚虫水生，主要栖息在海拔 2000m 以下、流速缓慢的溪流和湿地附近。

■ 螅科 Coenagrionidae

013　长尾黄螅 *Ceriagrion fallax* Ris, 1914

【鉴别特征】体长 37～47mm，腹长 30～38mm，后翅长 20～24mm。雄虫面部和胸部黄绿色；腹部黄色，第 7～10 节具黑斑。雌虫腹部褐色，末端黑色。

【主要习性】稚虫水生，主要栖息在海拔 2500m 以下、水草茂盛的静水环境。

014 赤黄蟌 *Ceriagrion nipponicum* Asahina, 1967

【鉴别特征】体长 36～41mm，腹长 29～33mm，后翅长 20～21mm。雄虫头部和胸部红褐色，腹部红色。雌虫头部和胸部绿色，腹部褐色。

【主要习性】稚虫水生，主要栖息在海拔 1500m 以下、水草茂盛的静水环境。

015 东亚异痣蟌
Ischnura asiatica (Brauer, 1865)

【鉴别特征】体长 35～45mm。雄虫面部黑色，具蓝色斑点；胸部背面黑色，具黄绿色肩前条纹；腹部第 8～10 节具蓝斑。雌虫成熟后黄绿色或褐色，具黑色条纹。

【主要习性】稚虫水生，主要栖息在海拔 2000m 以下、水草茂盛的静水环境。

016 赤斑异痣蟌 *Ischnura rufostigma* Sélys, 1876

【鉴别特征】体长 29～33mm，腹长 23～26mm，后翅长 10～12mm。雄虫面部黑色，具蓝色和绿色斑纹；腹部第 2～6 节橙色。雌虫全身黄褐色，具黑色条纹。

【主要习性】稚虫水生，主要栖息在海拔 2500m 以下、水草茂盛的池塘附近。

017 捷尾蟌 *Paracercion v-nigrum* (Needham, 1930)

【鉴别特征】体长 34～38mm，腹长 27～30mm，后翅长 20～23mm。雄虫体蓝色，具黑色条纹。雌虫多型，体黄色或淡蓝色，具黑色条纹。

【主要习性】稚虫水生，主要栖息在海拔 2500m 以下、水草茂盛的池塘附近。

■ 蜻科 Libellulidae

018 长尾红蜻
Crocothemis erythraea
(Brullé, 1832)

【鉴别特征】体长 39～40mm，腹长 25～28mm，后翅长 30～32mm。雄虫通体红色，翅透明，后翅基部具橙色斑。雌虫多型，分为黄色型和红色型。

【主要习性】稚虫水生，主要栖息在海拔 2000m 以下、水草茂盛的湿地。

019 高斑蜻 *Libellula basilinea* McLachlan, 1894

【鉴别特征】体长 42～52mm，腹长 28～34mm，后翅长 28～40mm。头部复眼褐色，面部黄色，翅结处和基部具黑色斑。腹部第 2～9 节侧面具黄色斑点。

【主要习性】稚虫水生，主要栖息在海拔 1500～2500m 的高山湿地。

020 白尾灰蜻 *Orthetrum albistylum* (Sélys, 1848)

【鉴别特征】体长 50～56mm，腹长 35～38mm，后翅长 37～42mm。雄虫胸部褐色，腹部第1～6节覆盖蓝白色粉霜，其余各节黑色。雌虫多型，包括蓝色型和土黄色型。

【主要习性】稚虫水生，主要栖息在海拔 2000m 以下、流速缓慢的湿地。

021 黑尾灰蜻
Orthetrum glaucum
(Brauer, 1865)

【鉴别特征】体长 40～50mm。雄虫复眼深绿色，成熟后胸部和腹部覆盖蓝色粉霜，后翅基部具琥珀色斑。雌虫黄色，具褐色条纹，老熟后腹部覆盖灰色粉霜。

【主要习性】稚虫水生，主要栖息在海拔 2000m 以下的湿地和沟渠附近。

022 赤褐灰蜻 *Orthetrum pruinosum* (Burmeister, 1839)

【鉴别特征】体长 46～50mm，腹长 31～33mm，后翅长 35～38mm。雄虫复眼灰褐色，胸部褐色，翅透明，后翅基部具褐斑，腹部粉红色。雌虫黄褐色。

【主要习性】稚虫水生，主要栖息在海拔 2500m 以下、各类流速缓慢的水体附近。

023 异色灰蜻

Orthetrum triangulare (Sélys, 1878)

【鉴别特征】体长 51～55mm，腹长 33～35mm，后翅长 40～43mm。雄虫全身覆盖蓝色粉霜，翅端稍染褐色，腹部末端黑色。雌虫体主要为黄色，具黑色条纹。

【主要习性】稚虫水生，主要栖息在海拔 2000m 以下的湿地和沟渠附近。

024 条斑赤蜻
Sympetrum striolatum (Charpentier, 1840)

【鉴别特征】体长 40～43mm，腹长 27～29mm，后翅长 31～33mm。雄虫面部红色，胸部红褐色，翅透明，腹部红色，末端具黑斑。雌虫多型，腹部红色或黄色。

【主要习性】稚虫水生，主要栖息在海拔 1500～3000m、水草茂盛的湿地附近。

025 晓褐蜻 *Trithemis aurora* (Burmeister, 1839)

【鉴别特征】体长 33～35mm，腹长 22～24mm，后翅长 27～29mm。雄虫全身及翅脉均为紫红色，后翅基部具甚大的褐色斑。雌虫体黄色，具黑色条纹。

【主要习性】稚虫水生，主要栖息在海拔 2000m 以下的湿地和流速缓慢的河流。

革翅目
Dermaptera

■ 球蠼科 Forficulidae

026 异蠼 *Allodahlia scabriuscula* (Audinet-Serville, 1838)

【鉴别特征】体长 8～13mm。体暗褐色或褐色，稍具光泽。头光亮，头缝明显。前胸背板近方形，两侧平行，后缘稍呈弧形。

【主要习性】主要栖息于湿润的洞穴、枯木堆、树皮裂缝等隐蔽的地方。

027 日本张球螋 *Anechura japonica* (de Bormans, 1880)

【鉴别特征】体长 12～14mm。体黑色，鞘翅暗褐色，腹部暗褐色。头部较宽，两颊圆弧形，额缝不明显，中缝稍显。

【主要习性】夜行性，白天多在隐蔽处休息。杂食性，也取食小昆虫。

028 比球螋
Forficula beelzebub (Burr, 1900)

【鉴别特征】体长 9～15mm。体褐红色或褐色，头部深红色，鞘翅黄褐色。头部较大，头缝明显。复眼小，圆凸形。

【主要习性】夜行性，白天多在隐蔽处休息，不喜飞翔。

029 达球螋

Forficula davidi Burr, 1905

【鉴别特征】体长 9～15mm。体褐红色或褐色，头部深红色，鞘翅和尾铗暗褐红色或浅褐色。头部较大，头缝明显。

【主要习性】夜行性，白天多在隐蔽处休息，喜欢相对干燥的环境。

030 垂缘螋 *Eudohrnia metallica* (Dohrn, 1865)

【鉴别特征】体长 6～10mm。体暗褐色中微泛绿色，具强烈金属光泽。前胸背板、后翅翅柄和腹部沥青色。头部宽大。

【主要习性】夜行性，白天多在隐蔽处休息，极其常见。

031 齿球蠼 *Forficula mikado* Burr, 1904

【鉴别特征】体长 10～13mm。体稍具光泽，头部和鞘翅黑色，前胸背板两侧暗黄色，其余部分常呈红褐色。

【主要习性】通常栖息在湿润的环境中，如森林、草地或农田等地。

032 简慈蠼

Eparchus simplex (de Bormans, 1894)

【鉴别特征】体长 8～12mm。体浅红栗色。头部光滑，头缝很弱，后缘可见不发育的瘤迹。鞘翅宽，肩部圆，后翅长而突出。

【主要习性】夜行性，白天多在隐蔽处休息。具趋光性。

033 辉球蝼 *Forficula plendida* Bey-Bienko, 1933

【鉴别特征】体长 9～13mm。体褐黄色或暗褐色，具金属光泽。头部较宽，两颊平行，后缘横直，额部圆隆，头缝较细。

【主要习性】夜行性，白天多在隐蔽处休息，休息时喜欢将头部埋在植物叶腋。

襀翅目 Plecoptera

■ 叉襀科 Nemouridae

034 匙尾叉襀

Nemoura cochleocercia Wu, 1962

【鉴别特征】体长 8～12mm。体翅黑
色。触角较长，头稍宽于胸部。前翅远
超腹部末端，翅脉隆起。足纤细。

【主要习性】稚虫水生，对水质变化敏
感，成虫爬上植物叶片羽化。

■ 绿襀科 Chloroperlidae

035 周氏简绿襀

Haploperla choui Li & Yao, 2013

【鉴别特征】体长 10～14mm。体淡黄
色，头和胸部中央黑色，触角大部分暗
褐色。头稍宽于胸部，前翅远超腹部
末端。

【主要习性】稚虫水生，对水质变化敏
感。具趋光性。

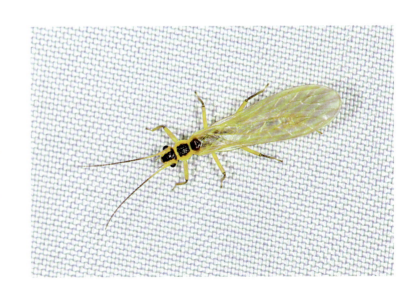

直翅目
Orthoptera

■ 剑角蝗科 Acrididae

036 青脊竹蝗 *Ceracris nigricornis* Tsai, 1929

【鉴别特征】体长 26～34mm。体大部分绿色。复眼、触角及体两侧黑色，足股节大部分黄褐色，其余黑色。

【主要习性】多栖息于林缘杂草或道路两旁的禾本科植物上，比较喜光。

037 山稻蝗 *Oxya agavisa* Tsai, 1931

【鉴别特征】体长约 23mm。体黄绿色，自复眼后方至前胸背板两侧带有明显的黑褐色条纹。后足胫节绿色。前翅短，只达后足股节的 1/2。

【主要习性】多见于草丛中，喜食禾本科植物。

038 小稻蝗 *Oxya intricata* (Stål, 1861)

【鉴别特征】体长约 23mm。体绿色，自复眼后方至前胸背板两侧带有明显的黑褐色条纹。后足股节绿色，端部褐色。前翅短，只达后足股节的 1/2。

【主要习性】多见于草丛中，善跳跃与飞行。

039 僧帽佛蝗

Phlaeoba infumata Brunner von
Wattenwyl, 1893

【鉴别特征】体长 19～31mm。体
黄褐色或暗褐色。具暗色眼后带。
额尖锐，前突。触角一色，除顶
端淡白色外，其余棕褐色。

【主要习性】多见于草丛中，喜食
禾本科植物。

040 四川凸额蝗 *Traulia szetschuanensis* Ramme, 1941

【鉴别特征】体长 19～31mm。体褐色或浅褐色。头部褐色。触角和复眼褐色。触角稍短，超
过前胸背板后缘。

【主要习性】多见于草丛中，喜食单子叶植物。

041 疣蝗
Trilophidia annulata
(Thunberg, 1815)

【鉴别特征】体长 12～16mm。体黄褐色或暗灰色，体上有许多颗粒状突起。两复眼间有 1 粒状突起。前胸背板上有 2 个较深的横沟，形成 2 个齿状突。

【主要习性】成虫出现于夏、秋两季，主要生活在低海拔山区，以植物为食。

042 短角外斑腿蝗 *Xenocatantops brachycerus* (Willemse, 1932)

【鉴别特征】体长 17～28mm。体黄褐色或暗褐色。触角短，丝状。前胸背板具细颗粒状突起，中部略收缩，前胸背板后缘侧面有 1 条黄白色斜纹。

【主要习性】一年发生一代，以成虫越冬。

■ 锥头蝗科 Pyrgomorphidae

043 长额负蝗 *Atractomorpha lata* (Motschoulsky, 1866)

【鉴别特征】体长 22～47mm。体淡褐色。体小形或中形，细长，匀称，被细小颗粒。头呈锥形，头顶自复眼之前较长地向前突出。

【主要习性】喜生活在竹类、杂草、水稻、麦类作物等生境中。

044 短额负蝗

Atractomorpha sinensis
Bolívar, 1905

【鉴别特征】体长 21～45mm。体绿色或褐色。头部削尖，向前突出，侧缘具黄色瘤状小突起。前翅绿色，超过腹部，后翅基部红色，端部淡绿色。

【主要习性】成虫多善跳跃或近距离迁飞，不能远距离飞翔。

■ 蚱科 Tetrigidae

045 宽顶波蚱 *Bolivaritettix lativertex* (Brunner von Wattenwyl, 1893)

【鉴别特征】体长 9～11mm。体灰褐色。头顶宽为一复眼宽的 1.45～1.60 倍，前缘平直，侧缘直，与前缘形成直角形，略反折。

【主要习性】喜生活在土表、枯枝落叶和碎石上。

046 白须拟科蚱
Cotysoides albipalpulus
Zheng & Jiang, 2003

【鉴别特征】体长 4～6mm。触角白色或浅色。头顶前缘突出于复眼之前，触角丝状，着生于复眼前缘下 1/3 处。

【主要习性】喜生活在湿润的环境，具有一定的拟态性。

047 钝优角蚱
Eucriotettix dohertyi
(Hancock, 1915)

【鉴别特征】体长 9～11mm。体浅褐色。头稍隆起，略高于前胸背板。头顶前缘平截，中隆线和侧隆线在端半部明显，两侧微凹陷。

【主要习性】喜生活在土表、枯枝落叶和碎石上。

048 梅氏刺翼蚱 *Scelimena melli* Günther, 1938

【鉴别特征】体长 10～13mm。体黄绿色。后足胫节黑褐色，中部具 2 淡色环。头短，触角丝状。

【主要习性】喜生活在土表、枯枝落叶和碎石上。具拟态性。

049 日本蚱
Tetrix japonica (Bolívar, 1887)

【鉴别特征】体长 5～7mm。体灰褐色。头前缘近平截，中隆线明显，且略向前突出，两侧浅凹陷，侧隆线在端半部略翘起。

【主要习性】喜生活在土表、枯枝落叶和碎石上。体色变化大，具拟态性。

■ 螽斯科 Tettigoniidae

050 悦鸣草螽 *Conocephalus melaenus* Haan, 1843

【鉴别特征】体长 22～25mm。成虫体绿色，若虫红褐色，前翅除体背中央外均为黑色。各足股节和胫节间为黑色，后足股节外侧具 1 明显黑斑。

【主要习性】成虫出现于夏季，于 7～9 月发生最多。

051 日本条螽 *Ducetia japonica* Thunberg, 1815

【鉴别特征】体长 35～40mm。头部背面黄褐色，延伸至前胸、背板和前翅背面，翅上有黑斑。后足细长，胫节棕黄色。

【主要习性】栖息于林地环境或农田，常在夏、秋夜晚鸣唱。

052 素色似织螽 *Hexacentrus unicolor* Serville, 1831

【鉴别特征】体长 37～42mm。体一般为淡绿色。头部背面淡褐色，前胸背板背面具褐色纵带。雄虫前翅发音部具褐色，跗节第 1 节和第 2 节暗黑色。

【主要习性】栖息于林地环境或农田，鸣声较大。雌虫产卵于植物组织。

053 黑角平背螽 *Isopsera nigroantennata* Xia & Liu, 1993

【鉴别特征】体长 33～40mm。体黄绿色。触角黑色，具稀疏的白色环纹，基部两节外侧黑褐色。前胸背板侧缘黄褐色。

【主要习性】栖息于林地环境或农田，喜欢在夜间鸣叫。

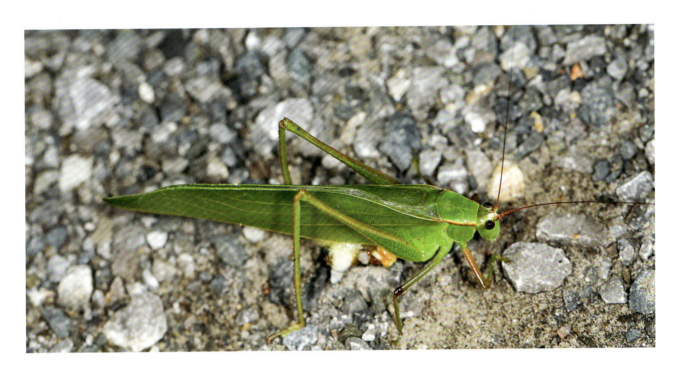

054 黑膝大蛩螽 *Megaconema geniculata* (Bey-Bienko, 1962)

【鉴别特征】体长 31～37mm。体黄绿色。触角长，黄褐色。头部、前胸背板、前翅背部黄褐色。后足膝部黑色。前足胫节有成列的长刺。

【主要习性】栖息于林地环境或农田，鸣声急促。

055 镰尾露螽
Phaneroptera falcata
(Poda, 1761)

【鉴别特征】体长 32～39mm。体绿色，触角红棕色。前胸背板末端及前翅背面具红棕色条带。前足胫节有成列的长刺。

【主要习性】栖息于低矮灌木，夜间鸣叫，鸣声微弱。

056 叉尾拟库螽 *Pseudokuzicus furcicaudus* (Mu, He & Wang, 2000)

【鉴别特征】体长 29～37mm。体暗绿色，具暗褐色斑纹。前翅较短，不超过后足股节端部，后翅与前翅约等长。

【主要习性】栖息于低矮灌木，不甚常见。具有较强的拟态性。

057 中华糙颈螽 *Ruidocollaris sinensis* Liu & Kang, 2014

【鉴别特征】体长 39～51mm。体大型，淡绿色。前胸背板后缘呈钝三角形突出。前翅或多或少革质，具弱光泽。

【主要习性】栖息于低矮灌木，鸣声甚大，但不易被发现。

058 覆翅螽

Tegra novaehollandiae (Haan, 1843)

【鉴别特征】体长 24～38mm。体暗褐色。头顶锥形，顶端超过触角窝内隆缘顶端，具弱凹口，背面具弱沟。复眼球形，突出。

【主要习性】栖息于低矮灌木，常见，夜间活动，也取食小昆虫尸体。

059 佩带畸螽
Teratura cincta (Bey-Bienko, 1962)

【鉴别特征】体长 27～32mm。体暗褐色，具杂色斑纹。前足胫节具 4 对刺和 1 对端距。雄虫腹部末节背板后缘中央呈半圆形凹入。

【主要习性】栖息于低矮灌木，不喜跳跃，受到惊吓后抬起后侧身体。

060 匙尾简栖螽 *Xizicus spathulatus* (Tinkham, 1944)

【鉴别特征】体长 22～28mm。体褐黄色，头部背面具 4 条较模糊的暗黑色纵纹，在头顶基部聚合。头顶向前呈圆锥形突出，顶端较圆钝，背面具纵沟。

【主要习性】栖息于低矮灌木，取食禾本科植物。

■ 蟋蟀科 Gryllidae

061 黑脸油葫芦
Teleogryllus occipitalis
(Serville, 1838)

【鉴别特征】体长 26～32mm。体
黑褐色，被绒毛。头部背面黑褐
色至黑色，颜面褐色，额突及复
眼内缘黄褐色。前胸背板横宽，
后缘略呈波浪形。

【主要习性】栖息于农田或草丛
中，在土中筑洞生活。

■ 树蟋科 Oecanthidae

062 长瓣树蟋 *Oecanthus longicauda* Matsumura, 1904

【鉴别特征】体长 16～25mm。体绿色。头宽略窄于前胸背板，前胸背板横宽，后缘略呈波浪
形。雌虫产卵管黑色，超出翅末端。

【主要习性】主要栖息于灌木和乔木，一般不离开植物，鸣声悦耳。

䗛目
Phasmatodea

■ 䗛科 Phasmatidae

063 粗脊介䗛 *Interphasma carinatum* Liu, Yang, Gu & Wang, 2024

【鉴别特征】体长 45～60mm。体杆状，黄褐色至黑褐色。雌虫体表粗糙，具许多粒状突。雄虫体表较光滑。头稍延伸，触角分节明显。

【主要习性】植食性，栖息于寄主植物上，拟态枯枝，难以被发现。

螳螂目
Mantodea

■ 角螳科 Haaniidae

064 淡色缺翅螳

Arria pallida (Zhang, 1987)

【鉴别特征】体长 20～30mm。棕色。前足基节着生处明显扩展。雌雄明显异型，雄虫纤细，前后翅发达。雌虫粗壮，触角纤细而短，完全无翅，腹部宽大。

【主要习性】栖息于荆棘灌丛，日间少见，多在夜间活动，捕食小型昆虫。

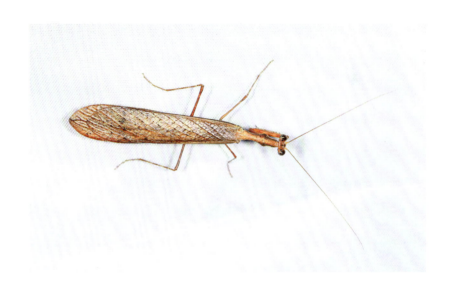

■ 花螳科 Hymenopodidae

065 四川齿螳

Odontomantis laticollis
Beier, 1933

【鉴别特征】体长 15～20mm。成虫绿色。复眼内侧具 1 小突起。额盾片横行，缺端齿，无凹刻。前足跗节内侧全部黑色。后翅臀域基部烟色，其余均为红褐色。

【主要习性】常栖息于日照条件良好的小灌木，活动敏捷，捕食小型昆虫。

■ 螳科 Mantidae

066 广斧螳 *Hierodula patellifera* Serville, 1839

【鉴别特征】体长 60～90mm。体色多变。头三角形。前胸稍短，近等于前足基节。前足内侧无黑斑，基节内侧具 2～4 个明黄色三角状突起。

【主要习性】活动于林缘和城市绿化带。在温带地区一年一代，热带全年可见。

067 中华大刀螳

Tenodera sinensis (Saussure, 1871)

【鉴别特征】体长 70～120mm。体绿色或褐色。头无角或突起。前胸修长。前后翅发达，后翅宽大，紫黑色，具不规则形深色斑。腹部狭长。

【主要习性】常活动于林缘和农田。适应能力强，在温带地区以卵越冬。

蜚蠊目 Blattodea

■ 硕蠊科 Blaberidae

068 贵州弯翅蠊

Panesthia guizhouensis Wang,
Wang & Che, 2014

【鉴别特征】体长 20～24mm。体深棕色或黑色。雄虫头顶具不明显的凹痕。前后翅均发育完全。肛上板后缘圆弧状，偶见小钝齿。

【主要习性】生活于潮湿的朽木中，善于钻入各种朽木缝隙。

069 卡氏大光蠊

Rhabdoblatta krasnovi
(Bey-Bienko, 1969)

【鉴别特征】体长 28～33mm。雄虫黄褐色。前胸和前翅黄褐色，密布浅色和褐色斑点。肛上板横阔，后缘具 3 个突出部分，下生殖板对称，后缘呈半圆形。

【主要习性】栖居于潮湿环境，具趋光性，飞行能力较强。

■ 姬蠊科 Ectobiidae

070 中华拟歪尾蠊
Episymploce sinensis
(Walker, 1869)

【鉴别特征】体长 15～22mm。体黄褐色。前胸背板近椭圆形。雄虫前翅和后翅发达。第 1 腹节背板基部中央具毛簇，肛上板横宽，后缘具斜缺刻。

【主要习性】杂食性，在草丛、落叶、杂草内活动。

■ 蜚蠊科 Blattidae

071 黑胸大蠊 *Periplaneta fuliginosa* (Serville, 1838)

【鉴别特征】体长 24～34mm。体黑褐色，具较强的光泽。雄虫腹部背板第 1 节特化，下生殖板宽短；雌虫尾须黑褐色，端部尖锐。

【主要习性】喜在室内阴湿场所栖息，昼伏夜出。食性复杂，喜食糖类食物。

啮虫目
Psocodea

■ **狭啮科** Stenopsocidae

072 颊斑狭啮
Stenopsocus genostictus Li, 2002

【鉴别特征】体小型。触角黑色，较粗。头部和胸部黑色，颈部红色。腹部较大，红褐色，末端黑色。翅痣前部黄色，后缘黑色，狭长。前翅缘具毛。

【主要习性】栖息在树枝和树叶表面，行动较为缓慢。

073 黑痣狭啮
Stenopsocus phaeostigmus Li, 1992

【鉴别特征】体小型。触角黑色，较粗。胸部高于头部。翅透明，翅脉褐色。各足股节黄色，胫节黑色。爪无亚端齿，爪垫宽。

【主要习性】行动迅捷，生活在树上。

074 愚笨狭蟲 *Neostenopsocus obscurus* (Li, 1997)

【鉴别特征】体中型。头部黄褐色，触角褐色。前翅透明，翅脉褐色；后翅透明无斑，翅脉近黑色。腹部橙黄色。足腿节黄白色，胫节和跗节褐色。

【主要习性】能织简单的网，并藏匿在网下。

■ 单蟲科 Caeciliusidae

075 窄带单蟲
Caecilius loratus Li, 1992

【鉴别特征】体小型。翅暗褐色，半透明，翅脉周围有褐色晕纹。胸部稍微高于头部。翅痣后角圆，翅缘具毛。

【主要习性】栖息在树枝和树叶表面，具趋光性。

076 中带单啮

Caecilius medivittatus Li, 1992

【鉴别特征】体小型。头、胸部背面有黑色斑纹。足黄色，跗节2节，跗节端部黑色，爪无亚端齿，爪垫宽阔。

【主要习性】取食物体表面的有机质或菌类。

■ 啮科 Psocidae

077 双角昧啮

Metylophorus bicornutus Li & Yang, 1987

【鉴别特征】体小型。体黑白杂间。翅透明，翅脉黑色。触角黑色，触角与前翅长度相近。翅痣后角尖。胸部高于头部。足淡色，关节处黑色。

【主要习性】取食植物表面的有机物碎屑。

缨翅目
Thysanoptera

■ 蓟马科 Thripidae

078 西花蓟马 *Frankliniella occidentalis* (Pergande, 1895)

【鉴别特征】体长约 1mm。体红黄色至棕褐色，腹节黄色，通常有灰色边缘。触角 8 节，第 2 节顶点简单，第 3 节凸起或轻微扭曲。

【主要习性】繁殖能力很强，已知寄主植物多达 500 余种。

半翅目
Hemiptera

■ **斑木虱科 Aphalaridae**

079 白条边木虱 *Craspedolepta leucotaenia* Li, 2005

【鉴别特征】体长 2～3mm。体绿色。触角高位端毛约为低位端毛的 2/3 长。前胸背板呈横直宽带状。后足胫节端距 8 枚。

【主要习性】植食性，寄主为菊科蒿属。

■ 裂木虱科 Carsidaridae

080 黄脊同木虱
Homotoma galbvittatum
(Yang & Li, 1984)

【鉴别特征】体长 4～5mm。体黄色，具黑斑。无颊锥，触角粗长，被稀粗壮刚毛，第 3 节最长。后足胫节无基齿，端距 5 枚（1+3+1）。

【主要习性】植食性，寄主为桑科大青树等。

■ 个木虱科 Triozidae

081 哀牢山瘿个木虱 *Cecidotrioza ailaoshanensis* (Li, 2011)

【鉴别特征】体长约 4mm。体黄绿色，具黑斑。颊锥长锥状，触角粗长，被稀粗壮刚毛，第 3 节最长。后足胫节具基齿，端距 4 枚（1+1+2）。

【主要习性】植食性，寄主不明。若虫造瘿。

082 尖翅瘿个木虱 *Cecidotrioza oxyptera* (Li, 2011)

【鉴别特征】体长 2mm。体黄绿色，具黑斑。颊锥长锥状，触角粗长，被稀刚毛，第 3 节最长。后足胫节具基齿，端距 4 枚（1+3）。

【主要习性】植食性，寄主不明。若虫造瘿。

■ 旌蚧科 Ortheziidae

083 艾旌蚧
Orthezia yashushii Kuwana, 1923

【鉴别特征】雌虫体椭圆形，背面稍隆起，边缘围绕长棒状白色蜡丝，背中有大小不等的蜡块片排成 2 纵条。眼发达，触角 8 节，每节具短刺毛。

【主要习性】植食性，寄主为菊花、蒿等植物。成虫、若虫可在叶和嫩梢上活动。

■ 尖胸沫蝉科 Aphrophoridae

084 二斑尖胸沫蝉

Aphrophora memorabilis Walker, 1858

【鉴别特征】体长 7～10mm。体黄褐色。头顶在单眼前侧、唇基端侧区之后具 1 黑色小斑点。前胸背板密布粗大刻点。前翅前缘弧形，翅脉凸出，端缘阔圆。

【主要习性】植食性，寄主为竹类植物，善于跳跃。

085 松铲头沫蝉 *Clovia conifera* (Walker, 1851)

【鉴别特征】体长 6～8mm。体褐色。头部背面和前胸背板具 4～6 黑褐色纵纹。头部外观似铲。小盾板具 1 褐色圆斑。前翅侧缘具 1 白色斜带，端部具 1 白斑。

【主要习性】植食性，寄主为禾本科等植物。若虫筑泡沫为巢，成虫善跳跃。

086 一带中脊沫蝉
Mesoptyelus fascialis
Kato, 1933

【鉴别特征】体长 7～8mm。体黄褐色。前翅具深褐色与黄白色斑块，近基部 1/3 处具 1 不规则的白色带纹，近端部 1/3 处具 1 近方形的白色带纹。

【主要习性】植食性，在植物上活动。若虫生活在自己分泌的泡沫中。

087 黄翅象沫蝉 *Philagra dissimilis* Distant, 1908

【鉴别特征】体长 10～14mm。体黄褐色至深褐色。头突短而粗，与前胸背板近等长。前胸背板后缘中央有 1 个黄色小斑点。小盾片顶端黄色。

【主要习性】植食性，寄主为山黄麻等植物。若虫会在枝条或叶面筑泡沫为巢。

088 单纹象沫蝉
Philagra semivittata Melichar, 1915

【鉴别特征】体长约 10mm。体黄褐色。头部具 2 黄褐色窄纵带，头突黑褐色，长于前胸背板。前翅中部后方具 1 黄白色斜斑，向后延伸至前翅中部。

【主要习性】植食性，在植物上活动，受惊后快速跳跃。

■ 沫蝉科 Cercopidae

089 紫胸隆背沫蝉 *Cosmoscarta exultans* (Walker, 1858)

【鉴别特征】体长约 14mm。体蓝黑色。前胸背板宽大。小盾片血红色，中央凹陷。前翅基部血红色，端部黑色，中部黄白色，具 6 个黑色大斑点，排成 2 列。

【主要习性】植食性，常聚集在灌木上。若虫筑泡沫为巢。

090 橘红隆背沫蝉 *Cosmoscarta mandarina* Distant, 1900

【鉴别特征】体长 14～17mm。体黑色。前胸背板宽大，后缘中部内凹。小盾片中央凹陷。前翅基部具红色横带，亚基部和亚端部各具 1 浅黄色横带。

【主要习性】植食性，在植物上活动，飞行能力较强，受惊后快速跳跃并飞行。

091 黑腹曙沫蝉 *Eoscarta assimilis* (Uhler, 1896)

【鉴别特征】体长 6～8mm。体黄褐色至黑褐色。头部额近长方形隆起，中央具 2 近平行的纵脊，两侧具 8 稍斜的脊线。前翅外缘常为红褐色。

【主要习性】植食性，寄主包括蒿、鸭跖草、刺槐等多种植物。

092 红头凤沫蝉
Paphnutius ruficeps (Melichar, 1915)

【鉴别特征】体长 5～7mm。体黑色。头部除基部外血红色。前胸背板具浅横皱纹。前足股节基半部黄褐色。前翅基部血红色。

【主要习性】植食性，寄主包括泡桐、玉米、漆树等植物。

093 施氏凤沫蝉 *Paphnutius schmidti* (Haupt, 1924)

【鉴别特征】体长 5～7mm。体黑色。头部橙黄色至红色，颜面强烈隆起。后足股节橙黄色至红色，后足胫节具 2 侧刺。前翅基部红色。腹部黑褐色。

【主要习性】植食性，在植物上活动，善于跳跃。

094 曲脉拟管尾沫蝉

Parastenaulophrys curvavena
Chou & Wu, 1992

【鉴别特征】体长 6～10mm，浅黄褐色。头部额宽为长的 2 倍。前胸背板明显隆起，前部横纹和后部 1/3 褐色。小盾片中央具 1 深褐色纵斑。前翅大部黑褐色。

【主要习性】植食性，在植物上活动。具有一定的拟态性。

■ 蝉科 Cicadidae

095 黄蚱蝉 *Cryptotympana mandarina* Distant, 1891

【鉴别特征】体长约 43mm。体黑色。头冠宽短。中胸背板中央隆起，两侧各具 3 个红褐色斑点。前翅基部红褐色至黑褐色，端部 2/3 半透明，无明显斑纹。

【主要习性】植食性，在乔木上活动。摩擦响板发声，鸣声甚大。

096 蟪蛄

Platypleura kaempferi
(Fabricius, 1794)

【鉴别特征】体长 19～25mm。体黑褐色。头、胸部具绿色斑纹。前翅基半污褐色或灰褐色，基室黑褐色，前缘具绿色斑纹。后翅外缘透明，其余深褐色，不透明。

【主要习性】植食性，寄主包括桉树、相思、柑橘等多种植物。

097 灿暗翅蝉

Scieroptera splendidula
(Fabricius, 1775)

【鉴别特征】体长 36～38mm。体黑褐色。头冠宽于中胸背板基部。触角黄褐色。胸部背板具黄色条纹。前翅深褐色，前缘基半黄色。腹部红色或红褐色。

【主要习性】植食性，在植物上活动。若虫生活在土里，取食植物根茎。

■ 叶蝉科 Cicadellidae

098 宽凹大叶蝉 *Bothrogonia lata* Yang & Li, 1980

【鉴别特征】体长 12～13mm。体橙红色。头冠在单眼间及头顶各具 1 黑斑。前胸背板向后渐宽，近前缘中央及后缘中央两侧各具 1 黑斑。小盾片中央具 1 黑斑。

【主要习性】植食性，在植物上活动，取食植物汁液。

099 白边脊额叶蝉
Carinata kelloggii (Baker, 1923)

【鉴别特征】体长约 6mm。体绿色。头部黄白色，头冠前缘具 1 黑色圆斑。前胸背板前缘和后缘各具 1 褐色横带。前翅前缘域和端部翅室灰白色，半透明。

【主要习性】植食性，寄主为竹类植物。

100 蒂卡蒂小叶蝉

Distantasca tiaca

(Dworakowska, 1994)

【鉴别特征】体长约 3mm。体绿色。头部冠缝两侧具浅绿色斑块。前胸背板宽阔。后足胫节具 2 列明显的刺。前翅和后翅半透明。

【主要习性】植食性，在植物上活动。具明显趋光性。

101 宽胫槽叶蝉 *Drabescus ogumae* Matsumura, 1912

【鉴别特征】体长约 10mm。体黄褐色至深褐色。头、胸部沿盾间沟两端具 1 黄色纵带。小盾片中央黄色。前翅半透明，翅脉黑褐色，其上散布白色斑点。

【主要习性】植食性，寄主为枣、桑、榆、杨等植物。

102 沥青胫槽叶蝉
Drabescus piceatus Kuoh, 1985

【鉴别特征】体长约 8mm。体沥青色。前翅半透明，翅脉与端缘区黑褐色，爪片端部浅黑褐色，前缘区散生有许多浅黑褐色小斑点，翅脉上散布浅黄色小斑点。

【主要习性】植食性，在植物上活动。取食禾本科植物。

103 褐带横脊叶蝉 *Evacanthus acuminatus* (Fabricius, 1794)

【鉴别特征】体长 5～6mm。体黄绿色。头冠黑色。复眼红褐色，单眼黄褐色。前胸背板黑色。小盾片黑色。各足浅绿色。前翅具灰褐色纵带。

【主要习性】植食性，在灌木上活动。善于跳跃。

104 红带铲头叶蝉 *Hecalus arcuatus* (Motschulsky, 1859)

【鉴别特征】体长 3～6mm。体黄绿色、绿色或海蓝色，背面具橙红色带纹。头冠向前呈角状突出。小盾片具 3 深色纵纹。前翅黄绿色，具黄白色斑点。

【主要习性】植食性，寄主主要为禾本科植物。

105 黑条边大叶蝉 *Kolla nigrifascia* Yang & Li, 2000

【鉴别特征】体长 5～7mm。体浅绿色。头部背面具 4 黑斑。前胸背板大部黑褐色。小盾片基部具 1 对三角形黑色斑块。前翅除前缘外深褐色。

【主要习性】植食性，寄主为竹类植物。

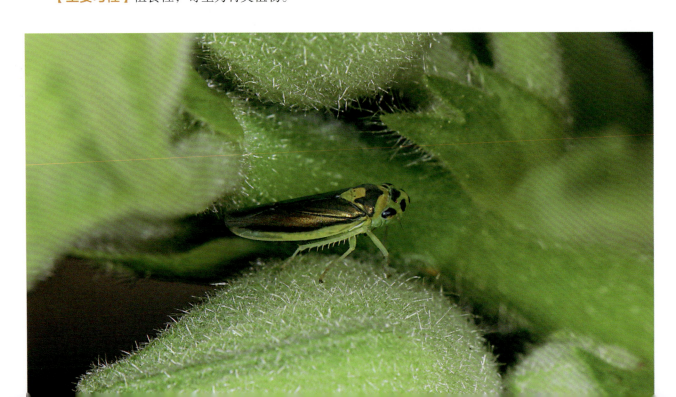

106 窗翅叶蝉 *Mileewa margheritae* Distant, 1908

【鉴别特征】体长 4～6mm。体背面蓝黑色，腹面黄白色。头冠呈圆锥形向前突出。小盾片端半黄白色。各足浅黄色。前翅具数个白色半透明斑块。

【主要习性】植食性，寄主包括艾等植物。停歇时喜欢展开前翅。

107 双斑纹翅叶蝉 *Nakaharanus bimaculatus* Li, 1988

【鉴别特征】体长约 5mm。体黄褐色，具不规则的褐色斑纹。头冠窄于前胸，前端呈三角形突出，颜面黄褐色，基部具 2 个黑色斑点。前翅具深褐色斑点。

【主要习性】植食性，在植物上活动。取食菊科蒿属植物。

108 稻黑尾叶蝉

Nephotettix cincticeps (Uhler, 1896)

【鉴别特征】体长 4～6mm。体黄绿色。头冠与前胸背板等宽，向前呈钝角形突出，头顶近前缘处具 1 黑色横纹。各足深褐色。前翅端部 1/3 黑色或浅褐色。

【主要习性】植食性，寄主包括水稻、茭白等植物。具趋光性。

109 白色拟隐脉叶蝉

Sophonia albuma Li & Wang, 1991

【鉴别特征】体长 4～5mm。体乳白色。前翅端缘区具黄褐色晕斑，端半前缘区具 3 浅褐色斜纹，爪片末端具 1 个褐色小斑点，第 2 端室内具 1 个黑褐色圆斑。

【主要习性】植食性，在植物上活动。具趋光性。

110 指片叶蝉 *Thagria digitata* Li, 1989

【鉴别特征】体长 9～11mm。体黑褐色。头冠中部具 1 黄白色横纹。前胸背板和小盾片具不规则黄褐色斑纹。前翅具白色和浅黄色透明斑，翅脉具浅黄白色斑点。

【主要习性】植食性，寄主包括竹类植物等。

■ 角蝉科 Membracidae

111 羚羊矛角蝉

Leptobelus gazella (Fairmaire, 1846)

【鉴别特征】体长 9～10mm。体深褐色。前胸背板前角突塔楼状，向两侧生出上肩角，向后生出后凸起，上肩角向外伸张，顶端尖锐。前翅大部半透明，翅脉红色。

【主要习性】植食性，寄主包括中华猕猴桃、泡桐、苹果、栗、赤杨叶等植物。

112 弯刺无齿角蝉 *Nondenticentrus curvispineus* Chou & Yuan, 1992

【鉴别特征】体长 7～8mm。体黑褐色。上肩角发达，伸向外侧方，顶部尖长，向后弯曲，长为两基间距离的 2 倍。前翅浅褐色，半透明，顶端前缘具褐色斑纹。

【主要习性】植食性，在植物上活动。善于跳跃。

■ 飞虱科 Delphacidae

113 白背飞虱

Sogatella furcifera (Horváth, 1899)

【鉴别特征】体长 3～5mm。体灰褐色。头顶、前胸背板、中胸背板中域黄白色，头顶端部中侧脊与侧脊间黑褐色。各足黄白色。前翅浅黄褐色，半透明。

【主要习性】重要农林害虫。植食性，寄主包括早熟禾、稗、水稻等禾本科植物。

114 山类芦长突飞虱

Stenocranus montanus
Huang & Ding, 1980

【鉴别特征】体长约 5mm。体浅褐色。头顶端部中侧脊和侧脊间黑色。后胸侧板具 1 黑色圆斑。各足黄白色。前翅黑褐色，后缘颜色较浅。

【主要习性】植食性，在植物上活动，跳跃能力强。

■ 袖蜡蝉科 Derbidae

115 红袖蜡蝉 *Diostrombus politus* Uhler, 1896

【鉴别特征】体长约 4mm。体橘红色。前翅窄长，浅黄褐色，前缘颜色较深。后翅小，黄褐色，外缘具褐色宽带纹，前缘近中部具 1 褐色圆斑。

【主要习性】植食性，寄主包括水稻、麦类作物、玉米等禾本科植物，在玉米田中常见。

116 基斑萨袖蜡蝉
Saccharodite basipunctulata
(Melichar, 1915)

【鉴别特征】体长约 4mm。体浅黄白色。头部白色，额脊橙红色。中胸背板基部大部灰色，端部 1/4 白色。前翅白色，半透明，密被蜡粉，具浅褐色横纹。

【主要习性】植食性，在植物上活动，具趋光性。

■ 广翅蜡蝉科 Ricaniidae

117 圆纹宽广蜡蝉 *Pochazia guttifera* Walker, 1851

【鉴别特征】体长 8～9mm。体褐色。前胸背板具 1 中纵脊，两侧刻点明显。前翅宽三角形，具若干黑褐色斑纹，近中部处具 1 较小的近圆形半透明斑。

【主要习性】植食性，寄主范围较广，包括小叶女贞、红枫、日本樱花等多种植物。

■ 扁蜡蝉科 Tropiduchidae

118 嘉氏斧扁蜡蝉 *Zema gressitti* Fennah, 1956

【鉴别特征】体长约 6mm。体褐色。头顶前端至中胸背板后部具 1 深褐色纵带纹。前翅透明，翅脉褐色，爪片端部具黑褐色晕斑。

【主要习性】植食性，寄主包括大叶黄杨等植物。

■ 黾蝽科 Gerridae

119 圆臀大黾蝽
Aquarius paludum (Fabricius, 1794)

【鉴别特征】体长 11～17mm。体黑褐色。触角褐色。各足股节稍长于胫节。后足股节明显长于中足股节。腹部末端具 1 对长而明显的刺突。

【主要习性】在水面生活，取食落水的昆虫或其尸体。

120 短足始黾蝽 *Eotrechus brevipes* Andersen, 1982

【鉴别特征】体长 7～9mm。体褐色，背面具亮绿色毛被，侧面和腹面黑褐色。前足股节在雄虫中明显加粗，在雌虫中加粗程度稍弱。具长翅型或无翅型。

【主要习性】见于小瀑布及溪流附近杂草丛生的环境中，喜在干燥表面活动。

■ 宽肩蝽科 Veliidae

121 荷氏小宽肩蝽

Microvelia horvathi Lundblad, 1933

【鉴别特征】体长 1～2mm。体灰色。前胸背板五角形或梯形，具深色中纵纹。各足褐色，股节基半部黄褐色。前翅具若干白色斑块。

【主要习性】生活于静水水面，集群，捕食性。

■ 跳蝽科 Saldidae

122 华南长跳蝽 *Rupisalda austrosinica* Vinokurov, 2015

【鉴别特征】体长 3～4mm。体黑褐色。触角第 3 节中部有时黄白色，第 4 节基部或大部白色。前胸背板后缘内凹。前翅前缘白色，革片具数个白色和黄色斑点。

【主要习性】见于溪流附近的潮湿环境，捕食性，善于跳跃。

123 弯斑华跳蝽
Sinosalda insolita Vinokurov, 2004

【鉴别特征】体长 4～5mm。体黑褐色。触角第 1 节大部黄白色。前胸背板侧缘中部黄褐色。前翅前缘基半白色，革片具若干黄白色斑点，顶角具 1 个白色弯斑。

【主要习性】见于溪流附近的潮湿环境，捕食性。

■ 蟾蝽科 Gelastocoridae

124 亚洲泥蟾蝽 *Nerthra asiatica* (Horváth, 1892)

【鉴别特征】体长 11～12mm。体深褐色。头部横宽。前胸背板极为宽大，中央明显鼓起。前足股节强烈加粗，黄褐色，腹面具沟槽。前翅膜片翅脉清晰可见。

【主要习性】在潮湿的地面活动，捕食性。具拟态性。

■ 蜍蝽科 Ochteridae

125 黄边蜍蝽
Ochterus marginatus (Latreille, 1804)

【鉴别特征】体长 4～6mm。体深褐色。前胸背板、小盾片和前翅具灰白色至蓝紫色碎斑。前胸背板侧缘形成 1 黄褐色片状扩展，后缘中部具 1 黄褐色横斑。

【主要习性】生活在水边地面，捕食性，若虫背负泥沙拟态。

■ 花蝽科 Anthocoridae

126 黑头叉胸花蝽

Amphiareus obscuriceps
(Poppius, 1909)

【鉴别特征】体长 2～3mm。体黄褐色。头顶黑褐色。前胸背板前侧角和后侧角各具 1 长毛。小盾片中央凹陷。后胸腹板凸起，末端分叉。前翅膜片灰褐色。

【主要习性】捕食性，取食蚜虫、螨类及双翅目和鳞翅目的幼虫等。具趋光性。

■ 盲蝽科 Miridae

127 苜蓿盲蝽

Adelphocoris lineolatus
(Goeze, 1778)

【鉴别特征】体长 7～9mm。体浅黄绿色。头部约为前胸背板宽的 1/2。前胸背板前部具 2 个黑色斑纹，有时相连，后部具 1 对黑色圆斑。小盾片具 1 对黑色纵纹。

【主要习性】植食性，取食棉花、苜蓿、豌豆等多种植物。

128 绿后丽盲蝽

Apolygus lucorum (Meyer-Dür, 1843)

【鉴别特征】体长 4～6mm。体绿色。触角第 2 节褐色，第 3 节、第 4 节深褐色。后足股节端部具 2 隐约的褐色环纹。前翅革片内角及周围常具深色晕斑。

【主要习性】重要农林害虫。植食性，取食桃、棉、苜蓿等多种植物。

129 全北点翅盲蝽 *Compsidolon salicellum* (Herrich-Schaeffer, 1841)

【鉴别特征】体长约 4mm。体浅灰黄色，密被褐色小斑点。后足股节稍加粗，端部深褐色至黑褐色。前翅楔片内侧常具红色或黄色斑纹，膜片具褐色晕斑。

【主要习性】在植物上活动，捕食性。行动迅速。

130 东方齿爪盲蝽 *Deraeocoris onphoriensis* Josifov, 1992

【鉴别特征】体长约 5mm。体褐色。头部黑色，具黄色中纵纹，唇基中央及两侧浅黄色。各足胫节浅黄褐色，基部和中部具褐色或红褐色环纹。

【主要习性】在植物上活动，捕食性，飞行能力较强。

131 小艳盾齿爪盲蝽

Deraeocoris scutellaris
(Fabricius, 1794)

【鉴别特征】体长约 7mm。体黑色。触角第 1 节、第 2 节较粗，第 3 节、第 4 节细长。小盾片橙红色，光滑。前翅革片密被刻点。腹部腹面深红褐色，端部黑褐色。

【主要习性】在植物上活动，捕食性。具趋光性。

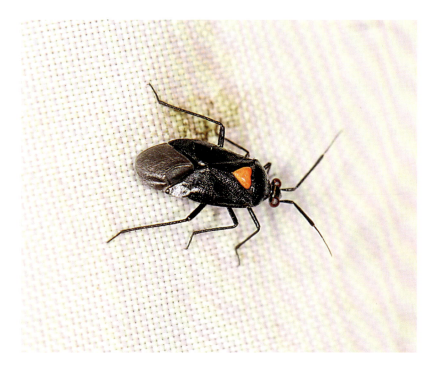

132 狄盲蝽
Dimia inexspectata
Kerzhner, 1988

【鉴别特征】体长 7～10mm。体深褐色。头部横宽,后部形成明显的颈。前胸背板由横缢分为前、后叶。小盾片具 1 浅黄色纵纹。各足黄褐色,具深色环纹。

【主要习性】植食性,已知的寄主为榭树,具趋光性。

133 眼斑厚盲蝽
Eurystylus coelestialium
(Kirkaldy, 1902)

【鉴别特征】体长 6～8mm。体黑褐色。触角第 2 节、第 4 节基部和第 3 节基半白色。前胸背板后部具 1 对黑色眼斑。各足股节基部大半白色。前翅后部下折。

【主要习性】植食性,取食槐、桃、构树等多种植物。

134 灰黄厚盲蝽
Eurystylus luteus Hsiao, 1941

【鉴别特征】体长5～7mm。体灰黄褐色。触角黑色，第1节宽扁，第2节棒状，第3节、第4节基部白色。中、后足股节基部颜色稍浅。前翅后部下折。

【主要习性】在植物上活动，植食性，偶见趋光性。

135 明翅盲蝽
Isabel ravana (Kirby, 1891)

【鉴别特征】体长约8mm。体褐色。头部和前胸背板黄褐色至浅褐色，具深色纵纹。触角第3节、第4节基部黄白色。后足股节稍加粗。前翅大部透明，具深色斑纹。

【主要习性】在植物上活动，植食性，飞行能力强。

136 条赤须盲蝽 *Trigonotylus caelestialium* (Kirkaldy, 1902)

【鉴别特征】体长 5～7mm。体浅绿色。触角红色，第 1 节具 3 鲜红色纵纹。前胸背板有时具 4 隐约的褐色纵纹。各足胫节端部和跗节红褐色。前翅膜片浅褐色。

【主要习性】重要农林害虫。植食性，取食小麦、水稻、玉米等多种植物。

■ 网蝽科 Tingidae

137 耳壳背网蝽
Cochlochila conchata
(Matsumura, 1913)

【鉴别特征】体长约 4mm。体深褐色。触角黄褐色。前胸背板具 3 纵脊，头兜小。侧背板向侧上方强烈扩展，翻卷呈贝壳状，外缘大部内凹，后部形成 1 刺状突起。

【主要习性】植食性，寄主包括菊科、商陆科等类群植物。

138 广翅网蝽
Collinutius alicollis
(Walker, 1873)

【鉴别特征】体长约 5mm。体褐色。前胸背板具 3 纵脊。头兜侧扁，超过复眼前缘。侧背板向前侧方扩展，半圆形。三角突末端稍钝。前翅宽大，具黑褐色带纹。

【主要习性】在植物上活动，植食性，集群。

139 硕裸菊网蝽 *Tingis veteris* Drake, 1942

【鉴别特征】体长约 4mm。体灰褐色。触角粗短，第 4 节黑褐色。前胸背板具 3 纵脊，头兜较宽。侧背板宽大，向侧上方翘起，外缘弓状。前翅具深色斑纹。

【主要习性】在植物上活动，植食性，寄主为菊科植物。

■ 姬蝽科 Nabidae

140 角肩高姬蝽 *Gorpis humeralis* (Distant, 1904)

【鉴别特征】体长 13～15mm。体黄绿色。前胸背板前叶两侧具褐色和白色纵纹。前足股节加粗。前翅革片黄色，革片和爪片具褐色及白色纵纹，膜片透明。

【主要习性】在植物上活动，捕食性，不喜运动，常贴在叶背。

141 昆明希姬蝽
Himacerus erigone
(Kirkaldy, 1901)

【鉴别特征】体长 8～9mm。体褐色。头部和前胸背板两侧深褐色。各足股节和胫节具浅色环纹。前翅革片和爪片具橙褐色色泽，膜片浅褐色，具灰色小斑点。

【主要习性】在植物上活动，捕食性，偶尔也在地面及树干表面觅食。

142 波姬蝽 *Nabis potanini* Bianchi, 1896

【鉴别特征】体长 5～6mm。体黄褐色。头部背面中央黑褐色。前胸背板中央具黑褐色纵纹，前叶具深色云斑。前足股节稍加粗。前翅革片和爪片具数个深色斑点。

【主要习性】在植物上活动，捕食性。

■ 猎蝽科 Reduviidae

143 北越二节蚊猎蝽

Empicoris laocaiensis Ishikawa, Truong & Okajima, 2012

【鉴别特征】体长 5～6mm。体深褐色。前胸背板侧缘具白色纵脊，后叶具 1 对白色纵纹，后部中央具 1 小突起。各足具大量深浅相间的环纹。前翅十分斑驳。

【主要习性】捕食性。成虫具趋光性。也在蜘蛛网上觅食。

144 黑角嗯猎蝽 *Endochus nigricornis* Stål, 1859

【鉴别特征】体长 16～22mm。体橙黄色至黄褐色，具多变的深褐色至黑褐色斑纹。前胸背板侧角短刺状，黑褐色，向两侧伸出。各足股节亚端部具 1 深色环纹。

【主要习性】在植物上活动，捕食性。

145 二色赤猎蝽

Haematoloecha nigrorufa
(Stål, 1867)

【鉴别特征】体长 13～15mm。体红黑相间，色斑多变化。触角 8节，黑褐色。前胸背板稍圆鼓，前叶具中纵沟，向后延伸至后叶中部之后。小盾片具 2 端突。

【主要习性】在地面活动，以倍足纲动物为食。

146 污黑盗猎蝽 *Peirates turpis* Walker, 1873

【鉴别特征】体长 13～15mm。体黑褐色。前胸背板前叶长约为后叶的 2 倍，后部中央具 1 凹陷。前足基节稍侧扁，股节加粗。前翅具深黑色斑块。

【主要习性】在地面活动，捕食性。多栖息在石块、朽木下，卵散产。

147 污刺胸猎蝽

Pygolampis foeda Stål, 1859

【鉴别特征】体长 13～18mm。体褐色至深褐色。触角第 1 节长于头部，腹面具 1 列刺状刚毛。头部眼后区腹面具分枝的刺突。前胸腹板前角呈刺状突出。

【主要习性】捕食性。成虫具趋光性。

148 云斑瑞猎蝽 *Rhynocoris incertis* (Distant, 1903)

【鉴别特征】体长 15～18mm。体黑褐色，具可变的红色斑纹。触角第 2 节长于第 3 节。前胸背板前叶表面具云形刻纹。腹部侧接缘均匀扩宽，各节后侧角黄褐色。

【主要习性】在植物上活动，捕食性。

149 齿缘刺猎蝽 *Sclomina erinacea* Stål, 1861

【鉴别特征】体长 14～16mm。体黄褐色至褐色。体表具大量长短不一的刺突。触角黑褐色，具浅色环纹。腹部侧接缘第 3 节刺状突出，其余各节尖叶状突出。

【主要习性】在植物上活动，捕食性。具明显的拟态性。

150 红缘猛猎蝽 *Sphedanolestes gularis* Hsiao, 1979

【鉴别特征】体长 11～13mm。体黑褐色。头部腹面黄白色。触角第 2 节短于第 3 节。前胸背板后叶中央具 1 宽浅凹陷。腹部红色，腹面两侧有时具黑褐色斑纹。

【主要习性】在植物上活动，捕食性。

151 环塔猎蝽 *Tapirocoris annulatus* Hsiao & Ren, 1981

【鉴别特征】体长 10～11mm。体背面深褐色，腹面黄褐色。前胸背板前叶和侧缘黑褐色。前足股节稍加粗，腹面具成列刺突。中、后足胫节具 2 浅色环纹。

【主要习性】在植物上活动，捕食性。

■ 蛛缘蝽科 Alydidae

152 中稻缘蝽 *Leptocorisa chinensis* Dallas, 1852

【鉴别特征】体长 17～18mm。体绿色。头部眼后区两侧具黑色纵纹。触角黑褐色，具橙黄色环纹。各足胫节黄褐色，后足胫节基部黑褐色。前翅革片浅褐色。

【主要习性】植食性，寄主主要为禾本科植物。

153 条蜂缘蝽
Riptortus linearis
(Fabricius, 1775)

【鉴别特征】体长 14～16mm。体褐色。头部三角形。头、胸部两侧具光滑的黄色斑块，连续呈完整的条带状。后足股节加粗，腹面具成列刺突，后足胫节弯曲。

【主要习性】植食性，寄主主要为豆科植物。善于飞行。

■ 缘蝽科 Coreidae

154 瘤缘蝽

Acanthocoris scaber
(Linnaeus, 1763)

【鉴别特征】体长 10～14mm。体褐色至深灰褐色。前胸背板和各足股节表面具大量颗粒。前胸背板侧角呈锐角状突出。后足股节加粗，腹面具齿突。

【主要习性】植食性，寄主包括茄科、旋花科等植物。

155 短肩棘缘蝽 *Cletus pugnator* (Fabricius, 1787)

【鉴别特征】体长 7～8mm。体黄褐色，背面稍带红褐色色泽。触角红褐色，第 4 节较深。前胸背板侧角短刺状，稍向两侧伸出。前翅革片内角附近具 1 个白色斑点。

【主要习性】在植物上活动，植食性。

156 稻棘缘蝽
Cletus punctiger (Dallas, 1852)

【鉴别特征】体长 9～11mm。体黄褐色，背面稍带红褐色色泽。触角红褐色。前胸背板前部色浅而后部色深，侧角呈刺状伸出。前翅革片内角附近具 1 个白色斑点。

【主要习性】植食性，寄主主要为禾本科植物。

157 广腹同缘蝽 *Homoeocerus dilatatus* Horváth, 1879

【鉴别特征】体长 13～14mm。体浅褐色，密布黑褐色细刻点。触角第 1～3 节三棱形，红褐色。前翅革片中部具 1 个深色斑点。腹部侧接缘明显向两侧扩宽。

【主要习性】植食性，寄主为葛藤等豆科植物。

158 一点同缘蝽 *Homoeocerus unipunctatus* (Thunberg, 1783)

【鉴别特征】体长 13～15mm。体浅褐色，密布黑褐色细刻点。触角第 2 节、第 3 节圆柱形。前胸背板前侧缘浅黄褐色，狭边状。前翅革片中部具 1 个黑褐色斑点。

【主要习性】在植物上活动，植食性。

159 环胫黑缘蝽

Hygia lativentris (Motschulsky, 1866)

【鉴别特征】体长 10～12mm。体黑褐色。触角第 1 节短于头宽，第 4 节端部橙色。前胸背板前部具 1 浅横沟，中央具 1 细纵沟。后足胫节中部常具浅色环纹。

【主要习性】植食性，寄主包括虎杖、葎草、蒿类等植物。有时群集。

160 月肩莫缘蝽 *Molipteryx lunata* (Distant, 1900)

【鉴别特征】体长 23～28mm。体褐色。前胸背板两侧强烈扩展，呈角状向前延伸，超过前胸背板前缘，但不明显超过头端。雄虫后足股节加粗，表面具疣突。

【主要习性】在植物上活动，植食性。

161 锈赭缘蝽

Ochrochira ferruginea
Hsiao, 1963

【鉴别特征】体长 20～25mm。体深褐色。前胸背板前侧缘具小齿突。雄虫后足股节加粗，腹面具 1 大齿突，雌虫后足较简单。前翅革片和爪片具红褐色色泽。

【主要习性】在植物上活动，植食性。

■ 姬缘蝽科 Rhopalidae

162 点伊缘蝽
Rhopalus latus (Jakovlev, 1883)

【鉴别特征】体长 8～10mm。体褐色。前胸背板、小盾片、各足和前翅具若干黑褐色斑点。前胸背板中纵脊明显。腹部侧接缘各节基部黄褐色，端部黑褐色。

【主要习性】植食性，寄主包括小麦、粟、油菜等多种植物。

163 开环缘蝽 *Stictopleurus minutus* Blöte, 1934

【鉴别特征】体长 6～8mm。体黄绿色至深绿褐色。前胸背板前部横沟在两侧弯曲，但不闭合，形成半环。前翅大部透明。腹部背面黑褐色，具数个浅色斑纹。

【主要习性】植食性，常见于菊花、向日葵、旋覆花等多种植物的花上。

■ 跷蝽科 Berytidae

164 锤胁跷蝽
Yemma signata (Hsiao, 1974)

【鉴别特征】体长6～7mm。体黄褐色。头部侧面具黑褐色纵纹。前胸背板表面密被刻点。小盾片具直立长刺。各足股节端部膨大，橙色。腹部背面中央色深。

【主要习性】杂食性，取食泡桐等植物，也可捕食其上的蚜虫、蓟马、粉虱等昆虫。

■ 杆长蝽科 Blissidae

165 小巨股长蝽 *Macropes harringtonae* Slater, Ashlock & Wilcox, 1969

【鉴别特征】体长约4mm。体黑褐色。前胸背板后叶颜色较浅，后缘内凹。前足股节加粗，腹面具刺突。前翅革片和爪片黄白色，具浅褐色晕斑。

【主要习性】植食性，可见于竹类植物上。

■ 大眼长蝽科 Geocoridae

166 宽大眼长蝽 *Geocoris varius* (Uhler, 1860)

【鉴别特征】体长 4～5mm。体黑褐色。头部横宽，橙色。前胸背板后侧角或整个侧缘黄褐色。各足股节端部具 1 深色环纹。前翅革片和爪片浅黄褐色。

【主要习性】在低矮的植物上活动，捕食性。

■ 室翅长蝽科 Heterogastridae

167 缢身长蝽

Artemidorus pressus Distant, 1903

【鉴别特征】体长 6～8mm。体黑褐色。前胸背板后叶黄褐色。各足股节棒状，基半黄白色，端半橙褐色或黑褐色。腹部基部细缩，侧接缘具黄白色斑块。

【主要习性】在植物上活动，食性不详。

■ 长蝽科 Lygaeidae

168 方红长蝽

Lygaeus quadratomaculatus Kirby, 1891

【鉴别特征】体长 8～10mm。体橙黄色至红色。前胸背板前部具 2 条黑色横纹，后部具 2 个黑色方斑。各足黑色。前翅革片和爪片中部各具 1 个黑色圆斑。

【主要习性】在地面或植物上活动，植食性。

169 谷子小长蝽 *Nysius ericae* (Schilling, 1829)

【鉴别特征】体长 4～5mm。体浅褐色。触角深褐色。前胸背板密被黑色粗刻点。各足股节具大量深色斑点。前翅革片和爪片半透明，革片端缘具 3 个深色斑点。

【主要习性】植食性，寄主包括玉米、高粱、葎草等多种植物。发生量常较大。

170 灰褐蒴长蝽 *Pylorgus sordidus* Zheng, Zou & Hsiao, 1979

【鉴别特征】体长 4～5mm。体褐色。头部前端较尖。小盾片具黄褐色"Y"形脊起。前翅宽大，半透明，革片具深褐色斑纹，膜片具 1 对黑褐色横斑。

【主要习性】在植物上活动，植食性。

■ 束长蝽科 Malcidae

171 短小突眼长蝽 *Chauliops bisontula* Banks, 1909

【鉴别特征】体长约 2mm。体浅褐色至褐色。头部横宽，前部下倾。复眼向两侧突出，基部具柄。前胸背板具粗刻点，前部下倾。各足股节稍加粗。

【主要习性】植食性，寄主主要为豆科植物。

■ 梭长蝽科 Pachygronthidae

172 拟黄纹梭长蝽
Pachygrontha similis Uhler, 1896

【鉴别特征】体长 6～8mm。体黄褐色。头部黑褐色。前胸背板前叶明显隆起，侧缘弯曲。前足股节加粗，腹面具刺突。前翅革片具黑褐色斜斑。

【主要习性】植食性，取食单子叶植物。

■ 皮蝽科 Piesmatidae

173 黑斑皮蝽 *Piesma maculatum* (Laporte, 1833)

【鉴别特征】体长约 2mm。体黄褐色至浅褐色，体色及斑纹具多种形式的变化。头部侧叶明显长于中叶，并在中叶前方内弯。前胸背板前部具 2 纵脊。

【主要习性】在植物上活动，植食性。

■ 地长蝽科 Rhyparochromidae

174 网宽翅长蝽
Atkinsonianus reticulatus Distant, 1909

【鉴别特征】体长约 4mm。体黑褐色。前胸背板红褐色，后叶具 3 黄褐色纵纹。小盾片红褐色。前足股节稍加粗。前翅具斑驳的黄褐色和灰褐色斑点。

【主要习性】在地面活动，植食性。

175 小林长蝽
Drymus parvulus Jakovlev, 1881

【鉴别特征】体长约 3mm。体黑褐色。前胸背板明显分为前、后叶，侧缘弯曲。前翅革片具 1 个黄白色斑点，膜片内角和端缘具黄白色晕斑。

【主要习性】在地面活动，植食性。

176 中国云长蝽
Eremocoris sinicus Zheng, 1981

【鉴别特征】体长 5～6mm。体深褐色。前胸背板后叶红褐色，侧缘中部具 1 个白色斑点。前足股节稍加粗。前翅革片具白色斑块，膜片具白色晕斑。

【主要习性】见于森林地面的落叶层中，取食植物种子。

177 长毛斜眼长蝽
Harmostica hirsuta
(Usinger, 1942)

【鉴别特征】体长 6～8mm。体橙褐色。头部前端较尖。前胸背板梯形，后部黑褐色，后缘黄褐色。小盾片褐色。前翅革片具 1 个黑褐色斜斑，膜片浅黄褐色。

【主要习性】在地面活动。成虫具趋光性。

178 白边刺胫长蝽
Horridipamera lateralis
(Scott, 1874)

【鉴别特征】体长 5 ～ 7mm。体黑褐色。前胸背板明显分为前、后叶，前叶长于后叶。前足股节强烈加粗。前翅前缘基半、革片内角和膜片脉纹黄白色。

【主要习性】在地面活动。成虫具趋光性。

179 紫黑刺胫长蝽
Horridipamera nietneri
(Dohrn , 1860)

【鉴别特征】体长 6 ～ 7mm。体紫黑色，稍带黑褐色色泽。前胸背板前叶长于后叶。前足股节强烈加粗。前翅前缘黄白色，革片顶角之前具 1 个黄白色横斑。

【主要习性】在地面活动，植食性。

180 小黑毛肩长蝽

Neolethaeus esakii

(Hidaka, 1962)

【鉴别特征】体长 4～6mm。体黑褐色。前胸背板后缘近直，后侧角附近具 1 个黄色斑点。前翅革片亚基部和亚端部各具 1 个黄色斑块，爪片具 2 个黄色斑点。

【主要习性】在地面活动。成虫具趋光性。

181 斑翅细长蝽

Paromius excelsus

Bergroth, 1924

【鉴别特征】体长 6～8mm。体黄褐色。前胸背板前叶黑褐色，鼓起，后叶具若干褐色晕斑。小盾片顶端黄白色。前翅革片具可变的深色斑点，膜片半透明。

【主要习性】在地面活动，植食性。

182 中国斑长蝽

Scolopostethus chinensis
Zheng, 1981

【鉴别特征】体长 3～5mm。体黑褐色。前胸背板侧缘中部具 1 个黄白色斑点。前翅革片具不规则的黄白色斑纹，膜片基缘和内角具黄白色晕斑。

【主要习性】在地面活动，植食性。

183 山地浅缢长蝽

Stigmatonotum rufipes
(Motschulsky, 1866)

【鉴别特征】体长约 4mm。体褐色。头部黑褐色。触角黄褐色，第 4 节黑褐色。前胸背板前、后叶近等长。前翅革片内角具黄白色斑纹，膜片翅脉白色。

【主要习性】在地面活动。成虫具趋光性。

■ 同蝽科 Acanthosomatidae

184 川同蝽
Acanthosoma sichuanense
(Liu, 1980)

【鉴别特征】体长约 13.5mm。体
黄绿色。前胸背板后部深红褐色，
侧角呈长刺状向两侧突出并翘起，
角体黄色至橙色。前翅革片大部
和爪片深红褐色。

【主要习性】在植物上活动，植
食性。

185 直同蝽
Elasmostethus interstinctus
(Linnaeus, 1758)

【鉴别特征】体长 9～12mm。体
黄绿色。前胸背板后缘红褐色，
侧角稍突出，末端圆钝。小盾片
基部中央具 1 个红褐色晕斑。前
翅革片和爪片具深红褐色斑纹。

【主要习性】植食性，寄主包括白
桦、蔷薇、梨等多种植物。

186 灰匙同蝽

Elasmucha grisea (Linnaeus, 1758)

【鉴别特征】体长 7～9mm。体灰褐色。前胸背板侧角稍向两侧突出。小盾片中央具 1 条深色的弧形横纹，通常界线依稀。各足黄褐色。前翅革片端缘具褐色晕影。

【主要习性】在植物上活动，植食性。

187 伊锥同蝽

Sastragala esakii Hasegawa, 1959

【鉴别特征】体长 9～13mm。体背面红褐色，腹面浅黄绿色。前胸背板侧角粗短，末端圆钝。小盾片中部具 1 个光滑的黄白色心形斑，形状在不同个体间有差异。

【主要习性】植食性，寄主包括柞木、鹅耳枥等多种植物。

■ 兜蝽科 Dinidoridae

188 兜蝽 *Coridius chinensis* (Dallas, 1851)

【鉴别特征】体长 16～19mm。体黑褐色，稍带紫铜色光泽。触角第 5 节橙色。前胸背板和小盾片表面具明显的横皱纹。腹部侧接缘各节中部具 1 个黄褐色小斑点。

【主要习性】植食性，寄主主要为葫芦科植物。

■ 蝽科 Pentatomidae

189 华麦蝽
Aelia fieberi Scott, 1874

【鉴别特征】体长 8～9mm。体黄褐色。头部、前胸背板和小盾片具灰褐色纵带纹。头部三角形。各足股节近中部处具 2 个黑色小斑点。前翅革片中部翅脉依稀。

【主要习性】植食性，寄主为小麦、水稻及其他禾本科植物。

190 宽缘伊蝽 *Aenaria pinchii* Yang, 1934

【鉴别特征】体长 11～13mm。体背面绿色，腹面浅黄褐色。头部前端宽圆。前胸背板前侧缘浅黄绿色，宽边状。前翅革片外侧浅黄绿色，内侧和爪片褐色。

【主要习性】在植物上活动，植食性。

191 辉蝽
Carbula humerigera
(Uhler, 1860)

【鉴别特征】体长 9～11mm。体褐色。前胸背板前侧缘具 1 个黄白色光滑斑块，侧角呈角状突出，末端圆钝。小盾片顶端稍呈黄白色。各足具大量黑褐色斑点。

【主要习性】植食性，寄主包括核桃、刺槐、大叶白蜡等多种植物。

192 斑须蝽

Dolycoris baccarum

(Linnaeus, 1758)

【鉴别特征】体长 8～14mm。体背面黄褐色，腹面浅黄褐色。触角黑色，具白色环纹。前胸背板后半稍带玫红色色泽。前翅革片玫红色。腹部侧接缘各节黄黑相间。

【主要习性】植食性，寄主范围广泛，包括苹果、梨、大豆、小麦等多种植物。

193 菜蝽 *Eurydema dominulus* (Scopoli, 1763)

【鉴别特征】体长 6～10mm。体橙黄色至红色。前胸背板具 6 个黑色斑块。小盾片基部中央具 1 个黑色大斑。各足黑色。前翅革片具 1 个黑色大斑和 2 个黑色小斑。

【主要习性】植食性，寄主主要为十字花科植物。

194 玉蝽 *Hoplistodera fergussoni* Distant, 1911

【鉴别特征】体长 8～9mm。体黄绿色。前胸背板具红褐色晕斑，侧角呈长角状向两侧突出，角体末端尖锐。小盾片宽舌形，具红褐色斑块。各足浅绿色。

【主要习性】在植物上活动，植食性。

195 红玉蝽

Hoplistodera pulchra Yang, 1934

【鉴别特征】体长 6～10mm。体红褐色。前胸背板具黄白色纵带纹，侧角呈长角状向两侧突出，角体末端尖锐。小盾片宽舌形，表面具不规则的黄白色斑纹。

【主要习性】植食性，已知的寄主为悬钩子属植物。

196 紫蓝曼蝽

Menida violacea Motschulsky, 1861

【鉴别特征】体长 8～10mm。体背面紫金色，腹面浅黄褐色。前胸背板后部黄白色。小盾片顶端宽圆，黄白色。腹部侧接缘黑褐色，各节中部具黄褐色半圆形斑。

【主要习性】植食性，寄主包括梨、山楂、榆等多种植物。

197 川甘碧蝽 *Palomena chapana* (Distant, 1921)

【鉴别特征】体长 11～15mm。体绿色。触角深绿褐色，第 4 节、第 5 节红色。前胸背板侧角稍向两侧突出，或呈角状明显突出，末端圆钝。前翅膜片深褐色。

【主要习性】在植物上活动，植食性。

198 昆明真蝽
Pentatoma kunmingensis
Xiong, 1981

【鉴别特征】体长 10～14mm。体背面浅褐色，腹面黄白色并具红色斑纹。前胸背板前侧缘内凹，侧角向前侧方伸出，边缘扁薄，端部稍内凹。各足黄褐色。

【主要习性】在植物上活动，植食性。

199 绿点益蝽 *Picromerus viridipunctatus* Yang, 1934

【鉴别特征】体长 11～16mm。体灰褐色，具铜绿色金属光泽。前胸背板前侧缘具 1 条黄白色宽边，侧角向两侧突出，末端分叉。前足股节腹面具 1 个大刺突。

【主要习性】捕食性，可取食多种鳞翅目和鞘翅目的幼虫。

200 褐普蝽

Priassus testaceus
Hsiao & Cheng, 1977

【鉴别特征】体长 11～16mm。体背面褐色，腹面浅黄白色。前胸背板前侧缘内凹，具黄白色小齿突，侧角呈角状伸出。小盾片最顶端黑色。各足浅黄色。

【主要习性】在植物上活动，植食性。

■ 龟蝽科 Plataspidae

201 双列圆龟蝽 *Coptosoma bifarium* Montandon, 1897

【鉴别特征】体长 3～4mm。体黑褐色，体表光亮。头部前端方形或弧形。触角褐色。前胸背板侧缘黄色。小盾片基胝具 1 对黄色斑点。各足褐色。

【主要习性】植食性，寄主主要为菊科植物。

202 小筛豆龟蝽

Megacopta cribriella
Hsiao & Ren, 1977

【鉴别特征】体长 3～4mm。体绿褐色。头部侧叶长于中叶，并在中叶前方相接。前胸背板前部具 2 条弯曲的深色横纹。小盾片后部两侧黑褐色。

【主要习性】在植物上活动，植食性。

■ 盾蝽科 Scutelleridae

203 扁盾蝽 *Eurygaster testudinaria* (Geoffroy, 1785)

【鉴别特征】体长 8～11mm。体灰黄褐色至深褐色，具可变的斑纹。头部宽大于长。前胸背板侧缘近直，侧角宽于前翅基部。小盾片十分发达，稍伸过腹末。

【主要习性】植食性，寄主包括禾本科和菊科植物。

204 金绿宽盾蝽
Poecilocoris lewisi
(Distant, 1883)

【鉴别特征】体长 16～18mm。体背面绿色并具金属光泽，腹面黄褐色。前胸背板和小盾片具橙黄色至玫红色斑纹，具各式变化。腹部腹面中央和两侧具深色斑点。
【主要习性】植食性，寄主包括侧柏、榆、桑等多种植物。

■ 荔蝽科 Tessaratomidae

205 硕蝽 *Eurostus validus* Dallas, 1851

【鉴别特征】体长 25～34mm。体紫褐色，具金属光泽。触角第 4 节橙黄色。小盾片两侧和顶端金绿色。后足股节加粗，雄虫后足股节腹面近基部具 1 个大刺突。
【主要习性】植食性，寄主主要为壳斗科植物。

■ 异蝽科 Urostylididae

206 四星华异蝽

Tessaromerus quadriarticulatus Kirkaldy, 1908

【鉴别特征】体长 9～10mm。体褐色，密被黑色细刻点。触角黑褐色。前胸背板具 1 对黄色斑点，侧缘稍翘起，中部稍内凹。前翅革片具黑褐色晕斑。

【主要习性】生活在植物上，植食性。

■ 大红蝽科 Largidae

207 突背斑红蝽 *Physopelta gutta* (Burmeister, 1834)

【鉴别特征】体长 14～18mm。体黄褐色至浅褐色。触角第 4 节基部黄白色。前胸背板前叶鼓起。前足股节加粗，腹面具刺突。前翅革片中央圆斑和端角黑褐色。

【主要习性】植食性，已知寄主为野桐属植物。成虫具趋光性。

208 四斑红蝽 *Physopelta quadriguttata* Bergroth, 1894

【鉴别特征】体长 12～16mm。体浅褐色。触角第 4 节基部黄白色。前足股节稍加粗，腹面具刺突。前翅革片中央圆斑和端角处的斑点黑褐色，膜片浅灰褐色。

【主要习性】植食性。成虫具趋光性。

膜翅目
Hymenoptera

■ 叶蜂科 Tenthredinidae

209 中华小唇叶蜂 *Clypea sinica* Wei, 2012

【鉴别特征】体长约 9mm。头胸部黑色，足褐色至黑褐色，翅基片黑褐色至浅褐色，腹部黄褐色，第 1 节、第 2 节背板和锯鞘黑色。

【主要习性】植食性。

210 光盾麦叶蜂 *Dolerus glabratus* Wei, 2002

【鉴别特征】体长约 8mm。头、足与翅均为黑色。前胸背板、中胸前盾板赤褐色。翅近透明，雌虫腹末有锯状产卵器。

【主要习性】植食性，主要为害小麦。

211 红角合叶蜂 *Tenthredopsis ruficornis* Malaise, 1945

【鉴别特征】体长 10～12mm。体黄色。复眼与单眼均为黑色，头顶及前胸具红褐色斑。触角和足呈红色，翅透明，前翅有褐色条纹。

【主要习性】幼虫植食性，成虫具有访花习性。

■ 三节叶蜂科 Argidae

212 杜鹃黑毛三节叶蜂 *Arge similis* (Vollenhoven, 1860)

【鉴别特征】体长 7～10mm。体蓝黑色，有光泽。触角 3 节黑色，其上生深褐色毛。胸背具钝棱形瘤状突起，上生浅倒箭头状纹，下方具 1 横波纹。

【主要习性】植食性，寄主主要为杜鹃花等植物，对杜鹃花危害严重。

■ 胡蜂科 Vespidae

213 黄侧异腹胡蜂

Parapolybia crocea Saito-Morooka, Nguyen & Kojima, 2015

【鉴别特征】体长 12～17mm。体橙褐色至褐色。体型狭长，中胸背板有 2 黄色纵纹，后缘具黄色横纹。腹部有 4 或 5 条黄色横带，中间不相连。

【主要习性】捕食性，会筑巢，群生。

214 斯马蜂 *Polistes snelleni* Saussure, 1862

【鉴别特征】体长约 13mm。体黑色至深棕色。两复眼内缘下侧略呈黄色，上缘上侧有 1 黄斑。前胸背板两肩角上部和小盾片棕色，腹部有黄色横斑。

【主要习性】捕食性，以小型节肢动物为食，也访花。

■ 蚁科 Formicidae

215 安宁弓背蚁 *Camponotus anningensis* Wu & Wang, 1989

【鉴别特征】体长 4～5mm。体黑色。上颚、触角柄节基部多半部分和足跗节深红色，足其余部分褐黑色至褐红色。腹节后缘具浅黄色窄带。

【主要习性】群居，真社会性昆虫，有放牧行为。

216 日本弓背蚁 *Camponotus japonicus* Mayr, 1866

【鉴别特征】体长 12～13mm。体黑色，腹节后缘浅黄色。中型工蚁和小型工蚁体长 7～10mm。头较小，长大于宽，侧缘平行，后头缘凸。

【主要习性】群居，真社会性，有品级分化现象。

217 平和弓背蚁 *Camponotus mitis* (Smith, 1858)

【鉴别特征】工蚁体长 8～12mm，蚁后体长约 14mm。中小型工蚁体色较浅，毛被稀疏。头较小，触角柄节 1/2 长度超过后头缘。

【主要习性】群居，真社会性，有品级分化现象。

218 上海举腹蚁
Crematogaster zoceensis
Santschi, 1925

【鉴别特征】体长 4～5mm。体深棕色至黑色。头光亮，全身被稀疏刚毛。前、中胸背板或多或少具纵长细刻纹。并腹胸较暗，无光泽，具 2 较长的刺。

【主要习性】后腹永远保持略向上倾斜的姿态，会用尾部喷射毒液。

219 东方行军蚁 *Dorylus orientalis* (Westwood, 1838)

【鉴别特征】大型工蚁体长约 7.4mm。体栗褐色至褐黄色。体柔毛稀、短，具有密刻点，无复眼。头前、后腹部腹面及末端具立毛。后腹部色较浅。

【主要习性】可抑制土栖白蚁，但也会对幼树、作物幼苗等造成危害。

220 亮毛蚁 *Lasius fuliginosus* (Latreille, 1798)

【鉴别特征】工蚁体长 4～6mm。体亮黑色。体柔毛稀疏，体背面有散生立毛。足黄褐色。
【主要习性】巢穴一般建立在立木或倒木内。多蚁后。

221 中华光胸臭蚁 *Liometopum sinense* Wheeler, 1921

【鉴别特征】工蚁体长 3～4mm。体红褐色。头三角形，两侧隆起，向后端收缩，后头部宽而浅凹，后头角钝圆。后腹部暗褐色，其各节后缘黄色。
【主要习性】喜在具有一定腐殖质层的松软潮湿土壤中营巢。巢浅。

222 山大齿猛蚁 *Odontomachus monticola* Emery, 1892

【鉴别特征】兵蚁体长 10～11mm。体褐黄色至黑褐色。头、并腹胸和结节毛被缺。上颚、触角和足色较淡。足和后腹有一些长立毛。

【主要习性】腹部有螯针，被蜇刺后有明显疼痛感。

223 宽结大头蚁
Pheidole nodus Smith, 1874

【鉴别特征】兵蚁体长约 4.5mm，工蚁体长约 3mm。头部和柄后部棕褐色，其余地方红棕色。

【主要习性】单后制，栖息在林地、平原或两者之间。

224 史氏大头蚁 *Pheidole smythiesii* Forel, 1902

【鉴别特征】工蚁体长 3～4mm。体黄褐色。上颚、唇基侧缘及头侧面具细纵刻纹。中胸侧板、并胸腹节及两结节具密集刻点，体其余部分光亮。

【主要习性】单后制，栖息在林地、平原或两者之间。

■ 泥蜂科 Sphecidae

225 日本蓝泥蜂
Chalybion japonicum
(Gribodo, 1882)

【鉴别特征】体长 18～22mm。体蓝色，有金属光泽。体型瘦长，体侧密生灰白色短毛，具细长的腹柄。翅狭长，但不及腹端，末端蓝黑色。

【主要习性】常见于住家墙角或竹筒上筑泥巢，会利用其他种类泥蜂的巢产卵。

■ 蜜蜂科 Apidae

226 中华蜜蜂 *Apis cerana* Fabricius, 1793

【鉴别特征】工蜂体长 10～13mm。头胸部黑色，腹部黄黑色，全身披黄褐色绒毛。头部呈三角形，前端窄小。唇基中央稍隆起，中央具三角形黄斑。

【主要习性】传粉昆虫，对瓦螨有抗性，容易迁飞。

227 双色熊蜂
Bombus bicoloratus Smith, 1879

【鉴别特征】体长约 25mm。头部及胸部密布黑色长绒毛，腹部背面为黄橙色，有黑色的环状纹。各足为黑色，跗节为褐色，后足股节密生毛丛，能携带花粉。

【主要习性】传粉昆虫。分布于低、中海拔山区，常在阳光下飞行及吸蜜。

228 白背熊蜂
Bombus festivus Smith, 1861

【鉴别特征】蜂王体长 22～26mm，工蜂体长 12～17mm。蜂王胸背毛为黑色，中央有一个大的白点。工蜂胸背毛大面积为棕色。

【主要习性】常见于中低海拔林间空地、农田边缘、城市公园，访花。

229 弗里熊蜂 *Bombus friseanus* Skorikov, 1933

【鉴别特征】蜂王体长 19～22mm，工蜂体长 10～16mm。胸背毛有黄色带，胸部侧面黄色，腹部第 3～5 节红色。

【主要习性】常见于中低海拔林间空地、农田边缘、城市公园，访花。

230 重黄熊蜂
Bombus picipes Richards, 1934

【鉴别特征】体长 12mm。毛被颜色较为多变。体背可见黑色，腹部各节末端的黄毛较为密集。各足末端红褐色，腹部末端有时带有红色毛被。

【主要习性】常见于中低海拔林间空地、农田边缘、城市公园，访花。

231 黄胸木蜂
Xylocopa appendiculata Smith, 1852

【鉴别特征】体长 24～26mm。体被黄褐色毛。胸部及腹部第 1 节背板毛黄色，腹部末端后缘被黑毛，颅顶后缘、中胸、小盾片及腹部第 1 节背板前缘被黄毛。

【主要习性】独居生活，常在干燥的木材上蛀孔营巢。

■ 隧蜂科 Halictidae

232 铜色隧蜂 *Seladonia aeraria* (Smith, 1873)

【鉴别特征】体长 6～8mm。体铜黑色。唇基微隆起，端部中央凹陷。唇基、额唇基刻点中等大小，深而不均匀。

【主要习性】传粉昆虫，访问月季等植物。

广翅目 Megaloptera

■ 齿蛉科 Corydalidae

233 普通齿蛉

Neoneuromus ignobilis
Navás, 1932

【鉴别特征】体长 37～55mm。触角柄节和梗节黄褐色。复眼后侧及前胸背板两侧具 1 个宽的黑色纵带斑。前翅端半部黄褐色而基半部无色。

【主要习性】幼虫水生，捕食能力较强。成虫寿命较短，活动能力不强。

234 双斑星齿蛉

Protohermes dimaculatus
Yang & Yang, 1988

【鉴别特征】体长 35～42mm。头顶后侧具 1 个不规则黑斑。触角柄节和梗节黑褐色。前胸背板两侧具 1 个宽的黑色纵带斑。前翅径脉与中脉间具 3 个暗黄色圆斑。

【主要习性】幼虫水生，捕食性。幼虫从水中爬出化蛹。

235 炎黄星齿蛉
Protohermes xanthodes Navás, 1914

【鉴别特征】体长 33～35mm。头顶两侧各具 3 个黑斑。前胸背板近侧缘具 2 对黑斑。前翅浅烟褐色，基部具 3 或 4 个淡黄色斑，端部具 1 个淡黄色小圆斑。

【主要习性】幼虫生活在流水底的石缝中，捕食能力较强。成虫具趋光性。

■ 泥蛉科 Sialidae

236 罗汉坝泥蛉 *Sialis luohanbaensis* Liu, Hayashi & Yang, 2012

【鉴别特征】体长 9～11mm。头完全黑色，无浅色斑纹。胸部黑色。足黑色。翅灰黑色，翅脉灰褐色。腹部黑色。

【主要习性】幼虫生活在流水底的石缝中，捕食能力较强。

脉翅目
Neuroptera

■ 溪蛉科 Osmylidae

237 胜利离溪蛉 *Lysmus victus* Yang, 1997

【鉴别特征】体长 10mm。头褐色至暗褐色。触角黄色至褐色。胸部褐色至黑色。前翅内阶脉处覆有浅色斑，CuP 脉末端有 1 个明显的褐斑。

【主要习性】幼虫半水生，捕食性。成虫喜阴凉潮湿环境。

■ 螳蛉科 Mantispidae

238 汉优螳蛉
Eumantispa harmandi (Navás, 1909)

【鉴别特征】体长 14～17mm。头大部分黄色，头顶后缘中央具 1 个黑褐色斑。触角基部具褐色大斑。前胸具心形褐色斑。翅大部分透明，翅痣红褐色。

【主要习性】成虫多生活在乔木、灌木上，且多在树冠的上层。

■ 褐蛉科 Hemerobiidae

239 全北褐蛉 *Hemerobius humulinus* Linnaeus, 1758

【鉴别特征】体长 5～7mm。复眼后方沿两颊至上颚具褐带。沿胸部背板两侧缘具褐色纵带。后足胫节端部具梭形褐斑。前翅椭圆，翅面具黄褐色矢状纹。

【主要习性】幼虫活跃，捕食能力强。成虫具趋光性。

240 薄叶脉线蛉

Neuronema laminatum

Tjeder, 1936

【鉴别特征】体长 8～9mm。头顶基部具 2 个褐斑。额区具 1 个 "人"字形褐斑。前胸背板两侧各具 1 褐色纵纹。中胸盾片褐色。前翅后缘中央具 1 个三角形透明斑。

【主要习性】成虫通常在黄昏或夜间活动，休息时翅呈屋脊状。

■ 草蛉科 Chrysopidae

241 大草蛉

Chrysopa pallens

(Rambur, 1838)

【鉴别特征】体长 11～14mm。头部具 5～7 个斑。前胸背板中央具黄色纵带。足胫端及跗节黄褐色。前翅翅痣淡黄色，翅脉绿色。

【主要习性】幼虫具捕食性，捕食蓟马、飞虱、蚜虫、蚧虫等。

242 红痣意草蛉

Italochrysa uchidae
(Kuwayama, 1927)

【鉴别特征】体长 14～16mm。头部红褐色。触角长于前翅。胸部与腹部红褐色。足跗节黄褐色。前翅狭长，翅痣长，红褐色。

【主要习性】成虫具趋光性。

■ 蚁蛉科 Myrmeleontidae

243 闽溪蚁蛉

Epacanthaclisis minana
(Yang, 1999)

【鉴别特征】体长 30～40mm。头顶中央有 1 对小的黄斑。触角棒状。前胸背板有 2 对黑色纵斑。足大部分黑色。前翅翅脉深浅相间，翅痣白色。

【主要习性】幼虫陆生，口器大，具捕食性。

鞘翅目
Coleoptera

■ 步甲科 Carabidae

244 金斑虎甲

Cicindela juxtata
Acciavatti & Pearson, 1989

【鉴别特征】体长 13～18mm。头、前胸背板、体腹面和足大部分蓝绿色，具强烈金属光泽。体腹面两侧和足密被粗长白毛。

【主要习性】地栖性，奔跑迅速，善飞，有趋光性。可作为天敌昆虫。

245 星斑虎甲

Cylindera kaleea (Bates, 1866)

【鉴别特征】体长 7～9mm。体背墨绿色或黑色，有光泽；腹面黑色具绿色光泽。鞘翅斑纹金黄色，很小，肩斑呈小星斑。鞘翅行距平坦，条沟很浅，具密集细刻点。

【主要习性】地栖性，奔跑迅速，善飞，有趋光性。可作为天敌昆虫。

246 股二叉步甲
Dicranoncus femoralis
Chaudoir, 1850

【鉴别特征】体长 7～10mm。头与前胸背板及体腹面黑色。鞘翅蓝色，具金属绿色，具强烈金属光泽。前胸背板圆形。鞘翅条沟浅，沟底无刻点，行距平坦。爪二叉。

【主要习性】树栖性，善飞，具趋光性。

247 布氏细胫步甲
Metacolpodes buchanani
(Hope, 1831)

【鉴别特征】体长 11～13mm。头与前胸背板红褐色。鞘翅金属绿色，具强烈金属光泽，鞘翅基部及侧边红棕色。鞘翅条沟平坦，行距平坦。

【主要习性】树栖性，善飞，具趋光性。

248 黄铜树栖虎甲 *Neocollyris orichalcina* (Horn, 1896)

【鉴别特征】体长 11～14mm。头、前胸背板和鞘翅深紫色，具微弱金属光泽。触角和各足略变为红棕色。前胸背板狭长，近梯形。鞘翅狭长，向后逐渐加宽。

【主要习性】树栖性，善飞，具趋光性。

249 黑掘步甲
Scalidion nigrans (Bates, 1889)

【鉴别特征】体长 13～14mm。头部、前胸背板和鞘翅黑色，前胸背板侧边黄色。前胸背板横宽，侧缘具稀疏细刻点。鞘翅宽阔，条沟深，沟内有粗大刻点。

【主要习性】树栖性，善飞，具趋光性。

■ 隐翅虫科 Staphylinidae

250 伯仲突眼隐翅虫
Stenus fraterculus Puthz, 1980

【鉴别特征】体长约5mm。体黑色，具光泽。全身密布粗刻点。头圆形，上颚较发达，复眼突出。
【主要习性】捕食性，常见于水边。

■ 葬甲科 Silphidae

251 红胸丽葬甲
Necrophila brunnicollis
(Kraatz, 1877)

【鉴别特征】体长18～24mm。前胸背板橙红色，其余体节黑色。体宽扁，近圆形，或后部因鞘翅平截而显方。
【主要习性】腐食性，常见于动物尸体附近。

252 尼泊尔覆葬甲
Nicrophorus nepalensis
(Hope, 1831)

【鉴别特征】体长 15～24mm。体黑色，具橙红色斑，额部具 1 个小红斑。前胸背板具横向和纵向的沟。

【主要习性】腐食性，有亚社会性，成虫会抚育后代。

■ 锹甲科 Lucanidae

253 毛角大锹 *Dorcus hirticornis* Jakovlev, 1896

【鉴别特征】雄虫体长 25～60mm，雌虫体长 23～31mm。体黑色。上颚发达，腹面有鳞毛。
【主要习性】成虫具植食性，喜食树木汁液，具有趋光性。

254 黄胫深山锹甲
Lucanus boileaui Planet, 1897

【鉴别特征】雄虫体长 39～60mm，雌虫体长 29～30mm。雄虫大内齿位于上颚基部且锐利，雌虫前胸背板后角向内侧斜。

【主要习性】成虫具植食性，喜食树木汁液，幼虫栖息于朽木中。

255 四川深山锹甲 *Lucanus fairmairei* Planet, 1897

【鉴别特征】雄虫体长 37～58mm，雌虫体长 27～35mm。雄虫上颚向内弯曲明显，雌虫眼缘前角模糊且通常在眼外侧。

【主要习性】成虫具植食性，喜食树木汁液，幼虫栖息于朽木中。

256 泥圆翅锹甲
Neolucanus doro Mizunuma, 1994

【鉴别特征】体长 25～33mm。体黑色，具光泽。雄虫上颚短，内侧具 4 或 5 枚齿突；雌虫鞘翅极圆宽。

【主要习性】成虫具植食性，喜食树木汁液，幼虫栖息于朽木中。

257 三顶鬼锹甲 *Prismognathus triapicalis* (Houlbert, 1915)

【鉴别特征】雄虫体长 27～36mm，雌虫体长 17～22mm。雄虫上颚端部三叉状，有长齿型和短齿型之分。

【主要习性】成虫具植食性，喜食树木汁液，幼虫栖息于朽木中。

■ 金龟科 Scarabaeidae

258 双叉犀金龟 *Allomyrina dichotoma* (Linnaeus, 1771)

【鉴别特征】雄虫体长 40～80mm，雌虫体长 30～50mm，体长卵圆形，体表背面光滑或长有微绒毛，体色个体间差异大。

【主要习性】成虫具植食性，喜食树木汁液，幼虫栖息于朽木或腐殖质中。

259 波氏异丽金龟
Anomala potanini Medvedev, 1949

【鉴别特征】体长 8～9mm。体乳白色，具微弱铜绿色闪光。触角 9 节，鳃部 3 节，雄虫鳃片长约为触角前 5 节之和的 1.5 倍，雌虫稍长于前 5 节之和。

【主要习性】植食性，成虫有趋光性，幼虫栖息于地下。

260 三带异丽金龟
Anomala trivirgata
Fairmaire, 1888

【鉴别特征】体长 14～17mm。体黄褐色，带金属光泽，偶有臀板和腹部暗红褐色，或后足胫节、跗节红褐色。

【主要习性】植食性，成虫有趋光性，幼虫栖息于地下。

261 毛额异丽金龟
Anomala vitalisi Ohaus, 1914

【鉴别特征】体长 11～13mm。体浅黄褐色。头部、前胸背板盘区、小盾片及鞘翅基部和后部 2 条横带有时甚宽，占鞘翅大部分。

【主要习性】植食性，成虫有趋光性，幼虫栖息于地下。

262 日本阿鳃金龟
Apogonia niponica Lewis, 1895

【鉴别特征】体长约 7mm。体黑褐色至黑色，略带紫铜色金属光泽，触角及口须棕色，体背光滑无毛。

【主要习性】植食性，成虫有趋光性，幼虫栖息于地下。

263 赭翅臀花金龟
Campsiura mirabilis
(Faldermann, 1835)

【鉴别特征】体长 19～22mm。体黑色，光亮。唇基前部具"U"形白斑，前胸背板两侧白色，翅胸侧面具白斑，鞘翅除周缘外赭黄色。

【主要习性】幼虫取食腐殖质或植物根。成虫对蚜虫的捕食能力很强，也可食花。

264 镰粪蜣螂 *Copris lunaris* (Linnaeus, 1758)

【鉴别特征】体长 20～30mm。体黑色，光亮。头宽阔，足粗壮，前足胫节外缘具大齿。

【主要习性】昼伏夜出，取食新鲜粪便。

265 斑青花金龟

Gametis bealiae (Gory & Percheron, 1833)

【鉴别特征】体长 11～14mm。头黑色。唇基前缘中部深陷，前胸背板半椭圆形，前窄后宽，栗褐色至橘黄色，两侧具斜阔暗古铜色大斑各 1 个。

【主要习性】幼虫以腐殖质及植物根部为食，成虫食花、芽及嫩叶。

266 小青花金龟
Gametis jucunda
(Faldermann, 1835)

【鉴别特征】体长 12～14mm。体色多变，古铜色、暗绿色、铜红色、黑褐色等，具金属光泽。体背具大小不等的淡黄白色斑。

【主要习性】幼虫以腐殖质为食，成虫食花。

267 滇草绿彩丽金龟
Mimela passerinii diana
Lin, 1993

【鉴别特征】体长 25～30mm。体翠绿色，具金属光泽。足棕红色，胫节及跗节黑色。

【主要习性】植食性，成虫有趋光性，幼虫栖息于地下。

268 墨绿彩丽金龟
Mimela splendens
(Gyllenhal, 1817)

【鉴别特征】体长 15～21mm。体墨绿色，甚光耀，通常体背具强烈金绿色金属光泽。

【主要习性】植食性，成虫有趋光性，幼虫栖息于地下。

269 棉花弧丽金龟 *Popillia mutans* Newman, 1838

【鉴别特征】体长 9～14mm。体色多变，蓝黑色、蓝色、墨绿色、暗红色或红褐色，具强烈金属光泽。

【主要习性】植食性，成虫有趋光性，幼虫栖息于地下。

■ 吉丁虫科 Buprestidae

270 布氏纹吉丁 *Coraebus businskyorum* Xu & Kubáň, 2013

【鉴别特征】体长 8～12mm。体椭圆形或长椭圆形，黑褐色，鞘翅上具小绒毛构成的斑纹。

【主要习性】植食性，幼虫钻蛀植物茎秆。

271 铜胸纹吉丁
Coraebus cloueti Théry, 1895

【鉴别特征】体长 8～12mm。全体铜绿色或前胸背板铜绿色，鞘翅蓝色，具强烈金属光泽。

【主要习性】植食性，幼虫钻蛀植物茎秆。

■ 花萤科 Cantharidae

272 斑胸异花萤 *Lycocerus asperipennis* (Fairmaire, 1891)

【鉴别特征】体长 13～15mm。头大部分黄褐色，头顶具 1 个大黑斑。前胸背板及小盾片黄褐色，鞘翅黑色。

【主要习性】捕食性，成虫常见于植物上。

273 亮翅异花萤
Lycocerus metallicipennis
(Fairmaire, 1887)

【鉴别特征】体长 12～15mm。头及鞘翅黑色，具光泽，前胸背板黑色，侧缘黄褐色，各足基节黑色，基半部黄褐色。

【主要习性】捕食性，成虫常见于植物上。

274 类暗圆胸花萤 *Prothemus subobscurus* (Pic, 1906)

【鉴别特征】体长 9～12mm。体暗红色或红褐色。足黑色，鞘翅上具 2 条不明显的纵脊。

【主要习性】成虫具捕食性，常见于植物上，成虫具趋光性。

■ 叩甲科 Elateridae

275 暗胸锥尾叩甲

Agriotes obscuricollis (Jiang, 1999)

【鉴别特征】体长约 5mm。体栗褐色至栗黑色，光亮，足黄色至红褐色，跗节颜色略深，腹面栗褐色或黑色。

【主要习性】植食性，幼虫取食根茎或朽木。

276 二疣槽缝叩甲 *Agrypnus binodulus* (Motschulsky, 1861)

【鉴别特征】体长 14～17mm。体黑色，密被褐色和灰色的鳞片状扁毛，几乎形成一些模糊的云状斑，尤其是在鞘翅上。

【主要习性】植食性，幼虫取食根茎或朽木。

277 心槽缝叩甲

Agrypnus costicollis

(Candèze, 1857)

【鉴别特征】体长 14～15mm。体红棕色，体背密布刻点和短毛，鞘翅刻点呈平行纵向排列。

【主要习性】植食性，幼虫取食根茎或朽木。

■ 伪瓢虫科 Endomychidae

278 狭斑华伪瓢虫

Sinocymbachus angustefasciatus (Pic, 1940)

【鉴别特征】体长 9～11mm。体黑色，具光泽。触角端部 3 节膨大成棒状。鞘翅具 4 条红色斑纹。

【主要习性】植食性，成虫及幼虫常栖息于朽木或其他植物上。

■ 瓢虫科 Coccinellidae

279 四斑裸瓢虫

Calvia muiri (Timberlake, 1943)

【鉴别特征】体长 4～6mm，宽 3～5mm。虫体卵圆形。头部淡黄色。前胸背板前缘和侧缘有镶边，背面黄褐色，近基缘具 4 个横向排列的淡黄色斑点。

【主要习性】捕食性，具趋光性，可作为天敌昆虫。

280 红点唇瓢虫
Chilocorus kuwanae
Silvestri, 1909

【鉴别特征】体长 3～5mm，宽 3～5mm。虫体近圆形，端部稍收窄，背面拱起。头部黑色，唇基前缘红棕色。前胸背板黑色。

【主要习性】捕食性，具趋光性，可作为天敌昆虫。

281 七星瓢虫
Coccinella septempunctata
Linnaeus, 1758

【鉴别特征】体长 5～7mm，宽 4～6mm。虫体周缘卵形。头黑色，前胸背板黑色，小盾片黑色。鞘翅红色或橙红色，其上共有 7 个黑斑。

【主要习性】捕食性，具趋光性，可作为天敌昆虫。

282 横斑瓢虫

Coccinella transversoguttata
Faldermann, 1835

【鉴别特征】体长 5～8mm，宽
4～6mm。虫体长卵圆形。头部
黑色，前胸背板黑色。前角各有
1 个四边形黄斑。小盾片黑色。
鞘翅黄褐色。

【主要习性】捕食性，具趋光性，
可作为天敌昆虫。

283 七斑隐势瓢虫

Cryptogonus schraiki
Mader, 1933

【鉴别特征】体长 2～4mm，宽
2～3mm。虫体卵圆形，被金黄
色细毛。头部雄虫红棕色，雌虫
黑色。前胸背板黑色，前缘具红
棕色窄边。

【主要习性】捕食性，具趋光性，
可作为天敌昆虫。

284 瓜茄瓢虫

Epilachna admirabilis
Crotch, 1874

【鉴别特征】体长6～9mm，宽
5～7mm。虫体近心形，中部之
前最宽、端部收窄。背面棕色至
棕红色。前胸背板侧缘弧形，基
缘两侧内弯，后角突出。

【主要习性】植食性，取食植株叶
片，具趋光性。

285 眼斑食植瓢虫 *Epilachna ocellataemaculata* (Mader, 1930)

【鉴别特征】体长4～6mm，宽3～5mm。虫体周缘长卵形，背面拱起，中部最宽。前胸背板
横宽于长，呈横四边形。头部浅棕红色，无黑斑。

【主要习性】植食性，取食植株叶片，具趋光性。

286 异色瓢虫
Harmonia axyridis (Pallas, 1773)

【鉴别特征】体长 5～8mm，宽 3～5mm。虫体卵圆形。虫体背面的色泽及斑纹变异大。小盾片橙黄色至黑色。鞘翅末端有横形背状突起。

【主要习性】捕食性，可作为天敌昆虫。具趋光性。具有明显的聚集行为。

287 马铃薯瓢虫 *Henosepilachna vigintioctomaculata* (Motschulsky, 1857)

【鉴别特征】体长 6～8mm，宽 5～7mm。虫体近卵形或心形，背面拱起，红棕色至黄红色。每个鞘翅上有 6 个基斑及 8 个变斑。

【主要习性】植食性，取食植株叶片，具趋光性。

288 黄斑盘瓢虫 *Lemnia saucia* (Mulsant, 1850)

【鉴别特征】体长 6～7mm，宽 5～6mm。虫体圆形。体基色为黑色。头部雄虫橙黄色，雌虫黑色。小盾片宽大，三角形，侧缘平直。

【主要习性】捕食性，具趋光性，可作为天敌昆虫。

289 十斑大瓢虫
Megalocaria dilatata
(Fabricius, 1775)

【鉴别特征】体长 9～13mm，宽 8～12mm。虫体圆形。虫体基色为橙黄色至橘红色。小盾片黑色。每个鞘翅上有 5 个大小相似的黑斑。

【主要习性】捕食性，具趋光性，可作为天敌昆虫。

290 龟纹瓢虫 *Propylea japonica* (Thunberg, 1781)

【鉴别特征】体长 3～5mm，宽 2～3mm。虫体长圆形。前胸背板中央有 1 个大黑斑。小盾片黑色。鞘翅基色为黄色，有龟纹状黑色斑纹。

【主要习性】捕食性，具趋光性，可作为天敌昆虫。

291 红环瓢虫
Rodolia limbata
(Motschulsky, 1866)

【鉴别特征】体长 5～6mm，宽 3～4mm。虫体长圆形，两侧近于平行。头部黑色，复眼黑色而常具浅色的周缘。小盾片黑色。鞘翅周缘均为红色。

【主要习性】捕食性，具趋光性，可作为天敌昆虫。

292 西昌褐菌瓢虫

Vibidia xichangiensis
Pang & Mao, 1979

【鉴别特征】体长约 3mm，宽约 2mm。虫体卵形。头部乳白色，口器、触角褐色。小盾片褐色。鞘翅褐色，每个鞘翅上有 6 个乳白色斑。

【主要习性】菌食性，取食真菌孢子，具趋光性。

■ 大蕈甲科 Erotylidae

293 月斑沟蕈甲 *Aulacochilus luniferus* (Guérin-Méneville, 1841)

【鉴别特征】体长约 10mm。体黑色，光滑，具光泽，腹面较亮。鞘翅有 1 个红色或红棕色斑，背面基半部有 1 个橘色齿斑，其前缘和内缘各 2 齿、后缘 3 齿，形似角鹿。

【主要习性】一般栖息于腐朽的树干或真菌上。

294 格瑞艾蕈甲
Episcapha gorhami Lewis, 1879

【鉴别特征】体长约 15mm。体黑色。鞘翅具 2 色斑，第 1 斑位于肩角后，前缘 2 齿，第 2 斑后缘呈不规则波状，向前凹，前缘 4 齿，后缘 4 或 5 齿。

【主要习性】一般栖息于腐朽的树干或真菌上。

295 三斑特拟叩甲 *Tetraphala collaris* (Crotch, 1876)

【鉴别特征】体长 10～16mm。头部黑色。前胸背板橙红色，具 3 个黑色圆斑。翅鞘长筒状，黑色，具光泽。

【主要习性】常见于接骨草叶片上觅食。

■ 拟花蚤科 Scraptiidae

296 筛额拟花蚤
Scraptia cribriceps Champion, 1916

【鉴别特征】体长约 4mm。体黄褐色，体形狭长。头部小，背面密生黄色短毛。复眼黑色，呈"U"形，触角在复眼下方。前胸背板褐色，具圆形的刻点。

【主要习性】成虫通常在花朵上活动，幼虫则栖息于枯木中，具趋光性。

■ 蚁形甲科 Anthicidae

297 暗肩齿蚁形甲 *Anthelephila degener* Kejval, 2006

【鉴别特征】体长约 6mm。头与前中足深红褐色，前胸红褐色。鞘翅黑色，近基部后方有 1 个红色或橙黄色的横斑，左右部相连，斑型很窄。

【主要习性】吸食植物蜜腺。

■ 芫菁科 Meloidae

298 纤细短翅芫菁
Meloe gracilior Fairmaire, 1891

【鉴别特征】体长约 12mm。体黑色，具金属光泽。鞘翅短缩，露出大部分腹节，质地柔软，两翅端部分离，不合拢。足细长，腹部肥大。

【主要习性】复变态，当受到惊扰时，会分泌含有斑蝥素的黄色液体。

■ 拟步甲科 Tenebrionidae

299 结胸角伪叶甲 *Cerogria nodocollis* Chen, 1997

【鉴别特征】体长约 14mm。头部、触角及足黑色，前胸背板及鞘翅黑褐色，腹面及腿节基部黄褐色。密被半竖立的绒毛，背面的毛更长。

【主要习性】成虫多见于乔木、灌木及草本植物上。

300 普通角伪叶甲
Cerogria popularis Borchmann, 1936

【鉴别特征】体长 14～16mm。体黑色。
鞘翅有金绿色至紫铜色的光泽，前胸
背板多有紫绿色光泽，背面被直立的
白色长毛。

【主要习性】成虫多见于乔木、灌木及
草本植物上。

301 四斑角伪叶甲 *Cerogria quadrimaculata* (Hope, 1831)

【鉴别特征】体长 8～11mm。体栗褐色。鞘翅中部近鞘缝具 1 个圆形黑斑，端部 1/3 近边缘具
1 个斜黑斑，密布较长而半竖立的白色绒毛。

【主要习性】成虫多见于乔木、灌木及草本植物上。

302 凹㭴甲

Cteniopinus foveicollis
Borchmann, 1930

【鉴别特征】体长约 9mm。体黄
色，触角每节末端黑色。鞘翅有
棕色年轮状花纹。体细长，鞘翅
鼓起，有纵刻纹。

【主要习性】成虫多见于乔木、灌
木及草本植物上，具有趋光性。

303 弗氏角舌甲 *Derispiola fruhstorferi* Kaszab, 1946

【鉴别特征】体长约 3mm。体棕黑色，具光泽。体短卵形，前胸背板梯形。鞘翅高拱，基部稍
窄于前胸背板后缘，具 5 个黄色近圆形斑。

【主要习性】成虫多见于潮湿环境中。

304 多斑舌甲

Derispia maculipennis
(Marseul, 1876)

【鉴别特征】体长 3～4mm。头和
前胸背板黄色或橘黄色，前胸背
板基部通常色深，鞘翅黄色或橘
黄色，有黑色斑。足和触角黄色，
末端颜色略深。

【主要习性】成虫多见于潮湿环
境中。

305 二纹土甲 *Gonocephalum bilineatum* (Walker, 1858)

【鉴别特征】体长 9～12mm。体暗黑褐色。身体轮廓近似平行，前胸背板侧缘宽，侧缘略呈宽
弧形。鞘翅轻微横皱。

【主要习性】主要栖息于土壤、枯木、落叶层等环境中，取食腐殖质。

306 亚刺土甲 *Gonocephalum subspinogum* (Fairmaire, 1894)

【鉴别特征】体长 8～11mm。体暗黑褐色。头部前缘凹入较深，颊三角形向外突出。鞘翅前面宽扁，有简单颗粒和稠密的刻点行。

【主要习性】主要栖息于土壤、枯木、落叶层等环境中，取食腐殖质。

307 黑胸伪叶甲

Lagria nigricollis Hope, 1843

【鉴别特征】体长 7～9mm。体黑色，隆凸，具金属光泽。眼间距宽于复眼横径，触角端节平直。鞘翅黄褐色，密被竖立的黄色长绒毛。

【主要习性】栖息于植物叶片上，食性较广，可取食玉米、小麦、月季等。

308 盾伪叶甲
Lagria scutellaris Pic, 1910

【鉴别特征】体长 7～10mm。体黑褐色，具光泽。头部、触角第1节、前胸背板、前足腿节棕色，触角第2～11节、鞘翅黑色或黑褐色。

【主要习性】栖息于植物上，爬行速度较快，但飞行能力不强，有一定的群聚性。

309 瘤翅窄亮轴甲 *Morphostenophanes papillatus* Kaszab, 1941

【鉴别特征】体长 13～16mm。体黑色，具金属光泽。头横宽，触角线状。前胸背板圆鼓。鞘翅左右愈合，表面具较密集的瘤状突起，无后翅。各足细长。

【主要习性】成虫栖息于树干或朽木表面，幼虫生活于木头内。

310 红翅树甲 *Strongylium rufipenne* Redtenbaeher, 1844

【鉴别特征】体长 17～22mm。体黑色，长椭圆形。鞘翅红色，具平行的刻点列，鞘翅端部的刻点较细，各足细长。

【主要习性】成虫栖息于树干或朽木表面，幼虫生活在朽木中，具趋光性。

■ 天牛科 Cerambycidae

311 华星天牛

Anoplophora chinensis
(Forster, 1771)

【鉴别特征】体长 25～35mm。体黑色，具金属光泽。鞘翅上白色斑点较小，排列不规则，较稀疏。鞘翅基部具密集而明显的颗粒。

【主要习性】成虫常出现在树木上，取食枝叶。幼虫有蛀干习性。

312 桃红颈天牛 *Aromia bungii* (Faldermann, 1835)

【鉴别特征】体长 28～37mm。体黑色，光亮。头黑色，触角蓝紫色，基部两侧各有 1 叶状突起。前胸背板黑色或红色，前胸背板前、后缘黑色且下陷。

【主要习性】成虫常出现在桃等核果类果树上，幼虫有蛀干习性。

313 绒脊长额天牛 *Aulaconotus atronotatus* Pic, 1927

【鉴别特征】体长 18～28mm。体黑色，被黑色和灰黄色绒毛。头、前胸背板中部、触角、足、鞘翅侧缘中后部黑色。

【主要习性】常见于八角金盘等五加科植物上。

314 红缘长绿天牛
Chloridolum lameeri (Pic, 1900)

【鉴别特征】体长 10～18mm，体狭长。头金属绿或带蓝色，头顶紫红色。前胸背板红铜色，两侧缘金属绿或蓝色，小盾片蓝黑带紫红色光泽。

【主要习性】成虫飞行能力较强，幼虫蛀干，可蛀食苹果、桃、梨等多种果树。

315 拟蜥并脊天牛 *Glenea hauseri* Pic, 1933

【鉴别特征】体长约 12mm。体黑色，被灰色和黄色绒毛。触角黑色，各节基部具白环。前胸被黄色绒毛，中部具 1 个小黑点，侧面各具 2 个小黑点。

【主要习性】栖息于植被较茂盛的生境，有啃食叶柄习性。

316 榆茶色天牛
Oplatocera oberthuri Gahan, 1906

【鉴别特征】体长 24～32mm。体茶褐色，较宽扁。体表被金黄色细短毛。触角红棕色，第 1 节、第 3～10 节末端黑色。前胸背板中区有 1 个钝三角形黑色绒毛斑。

【主要习性】常出现在榆树上。

317 二点小筒天牛 *Phytoecia guilleti* Pic, 1906

【鉴别特征】体长 6～10mm。体红褐色，长圆筒形，体表具灰白色粉被。前胸背板砖红色，中部具 2 个黑色斑点。

【主要习性】常栖息于草丛中。

■ 叶甲科 Chrysomelidae

318 北锯龟甲
Basiprionota bisignata
(Boheman, 1862)

【鉴别特征】体长约 12mm。体椭圆形，橙黄色。触角淡黄色，末3 或 4 节黑色。前胸背板向外延伸。鞘翅背面鼓起，中间有两条隆起线，鞘翅两侧向外扩展。

【主要习性】寄主为泡桐等，主要取食叶片。

319 拉底台龟甲 *Cassida rati* Maulik, 1923

【鉴别特征】体长 4～6mm。体近圆形。触角淡黄色，末 5 节黑色。前胸背板向外延伸。鞘翅背面鼓起，鼓起处金黄色。两侧向外扩展，形成边缘。

【主要习性】常栖息于植物叶片上，植食性。

320 苹果台龟甲 *Cassida versicolor* (Boheman, 1855)

【鉴别特征】体长 4～7mm。体近圆形,扁平,背中部隆起。敞边半透明,盘区黑褐色,鞘翅中部有 1 条明显的淡色"X"形纹,由隆脊形成。

【主要习性】常栖息于苹果、梨、桃等果树上,以叶片为食。

321 黑斑柱萤叶甲

Gallerucida nigropicta
(Fairmaire, 1888)

【鉴别特征】体长 5～7mm。头部、触角、前胸背板、鞘翅、胸部腹面及足黑色。鞘翅肩角处及亚端部各具 1 个黄色横斑。前胸背板两侧较圆。

【主要习性】寄主为水麻属植物,以叶片为食。

322 老挝负泥虫 *Lilioceris laosensis* (Pic, 1916)

【鉴别特征】体长 8～11mm。体椭圆形，具光泽。头、前胸背板、触角、足黑色。鞘翅红色，具较深的刻点列，鞘翅后部 1/3 刻点减弱，端部刻点不消失。

【主要习性】植食性，栖息于植物上。

323 云南负泥虫 *Lilioceris yunnana* (Weise, 1913)

【鉴别特征】体长 7～10mm。体椭圆形，具金属光泽。头、触角、前胸背板、足、体腹面黑色。鞘翅棕红色或棕黄色。腹部各节密被绒毛，各足腿节膨粗。

【主要习性】植食性，栖息于植物上。

324 双斑长跗萤叶甲
Monolepta signata
(Olivier, 1808)

【鉴别特征】体长 3～5mm。头部、前胸背板、腹部及各足腿节橘红色。前胸背板宽为长的 2 倍，表面隆凸，具细刻点。鞘翅红褐色至黑褐色，每片具 2 个淡色斑，分别位于基部和亚端部。

【主要习性】植食性，寄主较广，包括大豆、棉花、玉米、花生等。

325 宽缘瓢萤叶甲 *Oides maculata* (Olivier, 1807)

【鉴别特征】体长 9～13mm。体黄褐色，卵形。触角末端 4 节黑褐色。前胸背板具不规则的褐色斑纹，有时消失。每个鞘翅具 1 条较宽的黑色纵带。

【主要习性】植食性，寄主为葡萄、榛子等。

326 斑鞘豆叶甲
Pagria signata
(Motschulsky, 1858)

【鉴别特征】体长 1～3mm。体近圆形。体色变异大，浅色个体体背淡棕黄色或棕色，腹面暗褐色，触角完全黄色或端节暗褐色至黑色，足黄色或褐黄色。

【主要习性】植食性，寄主为豆类作物、苹果等。

327 柳圆叶甲
Plagiodera versicolora
(Laicharting, 1781)

【鉴别特征】体长 3～5mm。体近圆形，深蓝色，具金属光泽。头横宽，触角褐色至深褐色，上生细毛。前胸背板光滑。鞘翅表面具排列成行的细刻点。

【主要习性】植食性，寄主为柳属植物。

328 黄色凹缘跳甲
Podontia lutea (Olivier, 1790)

【鉴别特征】体长 13～16mm。体近长方形。背腹面黄色至棕黄色，触角基部第 2～4 节棕黄色。各足胫节、各足跗节黑色。

【主要习性】成虫有群集性，常聚集于野漆等寄主植物上，喜啃食嫩芽。

■ 卷象科 Attelabidae

329 小蔷薇卷象 *Compsapoderus minimus* Legalov, 2003

【鉴别特征】体长 4～8mm。体红黑二色，略闪光。头黑色，眼后区向后渐细缩，前口式。前胸背板红色，圆鼓。鞘翅基部 2/3 褐红色，端部 1/3 黑色。

【主要习性】栖息于蔷薇科植物上。

■ 象甲科 Curculionidae

330 亚洲栎象 *Cyrtepistomus castaneus* (Roelofs, 1873)

【鉴别特征】体长 6～9mm。体灰色、灰绿色或红褐色，长卵形，体表密被绒毛。头部中部细缩，复眼大，位于头顶基部。

【主要习性】植食性，寄主为栎树等。

331 玉米象

Sitophilus zeamais
(Motschulsky, 1855)

【鉴别特征】体长 3～4mm。体暗褐色。鞘翅常有 4 个橙红色椭圆形斑。喙长，除端部外密被细刻点。触角位于喙基部之前，柄节长，索节 6 节。

【主要习性】寄生于玉米、豆类、仓储谷物中，幼虫蛀食禾谷类种子。

毛翅目
Trichoptera

■ **沼石蛾科 Limnophilidae**

332 红颈长须沼石蛾 *Nothopsyche ruficollis* (Ulmer, 1905)

【鉴别特征】体长约 6mm。体黑褐色。下颚须长，触角略长于体长。翅黑色，翅面密布细毛。前胸橙黄色，前足转节为橙黄色。

【主要习性】幼虫生活于清洁溪流中，可携巢移动。

鳞翅目
Lepidoptera

■ **凤蝶科 Papilionidae**

333 绿带翠凤蝶 *Papilio maackii* Ménétriès, 1859

【鉴别特征】翅展 80～130mm，底色黑色，翅满布金绿色或蓝色鳞片，前翅亚缘具翠绿色横带纹，外缘有 6 个略呈新月形的红斑，尾突背面中央有 1 条蓝绿色线。

【主要习性】幼虫寄主为芸香科黄檗、吴茱萸等植物，成虫具访花习性。

334 金裳凤蝶 *Troides aeacus* (Felder & Felder, 1860)

【鉴别特征】翅展 125～170mm，底色黑色，雌雄异型。雄蝶后翅金黄色，雌蝶后翅可见 5 个标志性的金色"A"字。

【主要习性】幼虫寄主为马兜铃属植物；成虫喜欢滑翔飞行，具访花习性。

■ 弄蝶科 Hesperiidae

335 紫斑锷弄蝶

Aeromachus catocyanea
(Mabille, 1876)

【鉴别特征】翅展约 10mm，翅背面黑褐色。腹面深褐色，具暗蓝紫色斑块或点，后翅腹面中域连成较宽斑带。

【主要习性】成虫见于 6～8 月，可见于潮湿地面吸水。

336 绿弄蝶

Choaspes benjaminii
(Guérin-Méneville, 1843)

【鉴别特征】翅展 45～50mm，翅腹面暗褐色，基部绿色，后翅臀角沿外缘有橙黄色带。翅背面为暗绿色，翅脉细长，后翅臀角有鲜明的橘红边围以黑斑。

【主要习性】寄主为清风藤科植物，雄蝶可见于潮湿地面吸水。

337 双带弄蝶 *Lobocla bifasciatus* (Bremer & Grey, 1853)

【鉴别特征】翅展 40～49mm，翅腹面黑褐色，前翅中区有 1 条透明斜行白带，由 5 个白斑组成，斑间由翅脉分开，亚端有 3 个小白斑。后翅无斑纹。

【主要习性】成虫访花，亦喜在湿地表面吸水，多见于 5～6 月。

338 宽纹袖弄蝶 *Notocrypta feisthamelii* (Boisduval, 1832)

【鉴别特征】翅展35～45mm，体色以黑色为主，前翅中域具白斑，且腹面白斑达前翅前缘，可与近似种区分。

【主要习性】1年多代，成虫多见于3～11月，幼虫寄主为姜科多种植物。

339 西藏赭弄蝶
Ochlodes thibetana (Oberthür, 1886)

【鉴别特征】翅展35～45mm，翅赭黄色，前翅中域有黑色性标，整体形态与白斑赭弄蝶近似，但本种前翅斑橙黄色，后翅腹面常呈暗绿色。

【主要习性】1年1代，成虫多见于6月，喜访花。

340 曲纹稻弄蝶 *Parnara ganga* Evans, 1937

【鉴别特征】翅展 35～42mm，整体灰褐色。前翅通常有 7 或 8 个半透明白斑，呈弧形排列。后翅中部有 4 个白色透明斑。

【主要习性】幼虫取食水稻、玉米等叶片，以老熟幼虫越冬。

341 华西孔弄蝶

Polytremis nascens (Leech, 1893)

【鉴别特征】翅展 35～40mm，整体褐色。前翅正面中室 2 个白斑分开，下面 1 个向基部延伸，长刺状。后翅中央的 4 个白点排列呈前后交替分布。

【主要习性】1 年 1 代，成虫多见于 7～9 月，具访花习性。

342 豹弄蝶 *Thymelicus leonina* (Butler, 1878)

【鉴别特征】翅展 30～45mm，雄蝶前翅具黑色线状性标，前后翅边缘无黑色区。雌蝶翅边缘的黑带较宽。

【主要习性】1 年 1 代，成虫多见于 6～8 月，寄主为禾本科植物。

■ 粉蝶科 Pieridae

343 橙黄豆粉蝶

Colias fieldii Ménétriès, 1855

【鉴别特征】翅展 43～58mm，翅橙黄色，前翅中室端具 1 个小黑斑。雌雄异型，雄蝶的黑带中间无斑纹，而雌蝶在黑带中则有 1 列橙黄色的斑纹。

【主要习性】幼虫寄主为豆科紫花苜蓿等，成虫具访花习性。

344 宽边黄粉蝶 *Eurema hecabe* (Linnaeus, 1758)

【鉴别特征】翅展 35～50mm，翅深黄色至黄白色，前翅前缘黑色，外缘有宽的黑色带，从前缘直到后角，后翅外缘黑带窄而界限模糊，翅背面布满褐色小点。

【主要习性】1 年多代，幼虫寄主为豆科决明属植物，成虫具访花习性。

345 淡色钩粉蝶

Gonepteryx aspasia
Ménétriès, 1859

【鉴别特征】翅展 52～65mm，整体淡黄色，前翅外缘前段平直，顶角尖突小，与同属的圆钩粉蝶相比，该种的前翅顶角和后翅 Cu 脉更为突出。

【主要习性】幼虫寄主植物为鼠李属植物。成虫越冬，具访花习性。

346 东方菜粉蝶 *Pieris canidia* (Sparrman, 1768)

【鉴别特征】翅展 43～55mm，翅白色，前后翅基部散布黑色鳞，前翅外中域有 2 个黑斑。后翅中部有 1 个醒目的黑斑，外缘有数个小黑斑。

【主要习性】幼虫寄主植物为十字花科蔬菜，是重要的农业害虫。

347 菜粉蝶 *Pieris rapae* (Linnaeus, 1758)

【鉴别特征】翅展 35～55mm，整体与东方菜粉蝶近似，但该种翅背面黑斑区域往往较小，后翅白色，中部及外缘无黑斑。

【主要习性】习性与东方菜粉蝶一致，常与之混合发生，且数量更大。

■ 蛱蝶科 Nymphalidae

348 苎麻珍蝶
Acraea issoria (Hübner, 1819)

【鉴别特征】翅展 53～70mm，体翅棕黄色。前翅前缘、外缘灰褐色，外缘具黄色斑 7～9 个。后翅外缘生灰褐色锯齿状纹并具三角形棕黄色斑 8 个。

【主要习性】1 年 3 代，幼虫取食荨麻科植物，具群居习性。

349 柳紫闪蛱蝶 *Apatura ilia* (Denis & Schiffermüller, 1775)

【鉴别特征】翅展 55～72mm。整体暗褐色，雄蝶翅背面具蓝紫色光泽，雌蝶相对暗淡。前翅约有 10 个白斑，后翅中央有 1 条白色横带，前后翅各具 1 个眼斑。

【主要习性】1 年 3～4 代，幼虫取食垂柳等，以幼虫越冬。

350 老豹蛱蝶
Argynnis laodice (Pallas, 1771)

【鉴别特征】翅展 55～70mm。翅面橙黄色，中室内有 1 枚黑线围成的肾形斑，外侧另有 2 个黑斑。后翅中室端有 1 个黑斑。前后翅中带为 1 列曲折排列的黑斑。

【主要习性】1 年 1 代，幼虫取食堇菜属植物，成虫多见于 6～8 月。

351 多型艳眼蝶 *Callerebia polyphemus* (Oberthür, 1876)

【鉴别特征】翅展 50～65mm。翅背面棕褐色，前翅顶角具镶橙黄色圈的黑眼斑，眼斑具 2 个白瞳点。后翅臀角内具 1 或 2 个小眼斑，且内有白瞳点。

【主要习性】1 年 1 代，成虫多见于夏季，具访花习性。

352 网丝蛱蝶
Cyrestis thyodamas
Boisduval, 1846

【鉴别特征】翅展 45～55mm。翅背面通常白色或淡黄色，布有黑褐色或黄褐色的斑纹，与翅脉相交，形成纵横交织的丝网状图案。

【主要习性】1 年多代，幼虫寄主为多种榕属植物。

353 翠蓝眼蛱蝶 *Junonia orithya* (Linnaeus, 1758)

【鉴别特征】翅展 50～60mm，雌雄异型。雄蝶整体呈深蓝色，雌蝶深褐色。前后翅的外缘具亚缘线 3 条，线内各具 2 枚眼斑。

【主要习性】1 年多代，幼虫寄主为爵床科、马鞭草科等多种植物。

354 白条黛眼蝶
Lethe albolineata
(Poujade, 1884)

【鉴别特征】翅展 50～55mm，前翅背面具 3 条白色窄带，靠翅基部带最短。后翅背面则具白色波状外缘线和 6 个眼状纹，围有白色或黄色框。

【主要习性】成虫多见于 5～7 月，喜食动物粪便中的无机盐。

355 曲纹黛眼蝶
Lethe chandica
(Moore, 1858)

【鉴别特征】翅展 50～55mm，雌蝶前翅具白色斜带，翅背面前翅端半部浅色区有眼状斑 3 或 4 个，后翅中部条纹黑色，亚缘具眼状纹 6 条。

【主要习性】1 年多代，幼虫寄主为竹属植物。

356 戟眉线蛱蝶
Limenitis homeyeri Tancré, 1881

【鉴别特征】翅展 50～55mm，翅腹面红褐色，后翅基部及臀区暗蓝色，后翅中横带外缘整齐，前后翅亚缘线明显。

【主要习性】1 年 1 代，幼虫寄主为忍冬科植物，成虫可见于地面吸水。

357 草原舜眼蝶 *Loxerebia pratorum* (Oberthür, 1886)

【鉴别特征】翅展约 50mm，翅面以灰褐、黑褐色为主，具较醒目的外横列眼状斑或圆斑。腹面后翅亚缘有 1 列白点。

【主要习性】成虫多见于 8～9 月，可见于潮湿地面吸水。

358 山地白眼蝶
Melanargia montana
(Leech, 1890)

【鉴别特征】翅展 55～65mm，中室大部分为白色，前翅端区无完整的斜带。除缘线及亚缘线外，只前、后缘及中室端有褐斑，而后翅背面眼斑区无褐斑。

【主要习性】幼虫寄主为多种禾本科及莎草科植物，成虫具访花习性。

359 黑网蛱蝶 *Melitaea jezabel* Oberthür, 1888

【鉴别特征】翅展 30～40mm，翅背面以红褐色为主，中室外侧有 2 列黑斑。翅腹面橘红色，后翅基部、中域及外缘内侧具黄色斑带。

【主要习性】1 年 1 代，成虫多见于 6 月，具访花习性。

360 链环蛱蝶

Neptis pryeri Butler, 1871

【鉴别特征】翅展 52～55mm，翅背面底色黑色，前翅中室有 1 条白色纵纹，断续状，中室端部下方有 4 个白斑，弧形排列。后翅有 2 条白色带纹。

【主要习性】1 年多代，幼虫寄主植物为绣线菊。

361 大绢斑蝶 *Parantica sita* (Kollar, 1844)

【鉴别特征】翅展 80～90mm，前翅翅缘及脉纹为棕褐色，翅面为白色蜡质半透明的斑纹。后翅棕红色，基半部为白色蜡质半透明的条状斑。

【主要习性】1 年多代，幼虫寄主为多种夹竹桃科植物，成虫具访花习性。

362 白斑眼蝶 *Penthema adelma* (Felder & Felder, 1862)

【鉴别特征】翅展 80～92mm，翅无眼纹，前翅背面亚外缘有 2 列小白点，前缘中部斜向后角有 1 列大白斑。后翅背面亚外缘有 1 列白斑。

【主要习性】1 年多代，幼虫寄主为多种竹属植物，成虫多见于 5～8 月。

363 秀蛱蝶
Pseudergolis wedah
(Kollar, 1844)

【鉴别特征】翅展 50～60mm，翅背面呈赭色，前后翅中室内各有 2 个肾形纹，前翅端半部有 3 条黑线，亚缘线内侧有等距离排列的黑点。

【主要习性】幼虫寄主为爵床科、大戟科等植物，具访花、吸粪习性。

364 华西箭环蝶 *Stichophthalma suffusa* Leech, 1892

【鉴别特征】翅展 95～110mm，整体黄色，后翅背面外缘箭形纹较为粗大，且靠近后缘的黑斑几乎融合成一片，基本不显示独立的箭纹形。

【主要习性】1 年 1 代，幼虫寄主为多种禾本科植物，成虫有聚集取食习性。

365 大红蛱蝶

Vanessa indica (Herbst, 1794)

【鉴别特征】翅展 50～60mm，翅背面黑褐色。前翅顶角有几个白色小点，亚顶角斜列 4 个白斑。后翅暗褐色，外缘红色，内有 2 列黑色斑。

【主要习性】1 年 2 或 3 代，幼虫寄主为荨麻科、榆科等植物。

366 矍眼蝶
Ypthima balda (Fabricius, 1775)

【鉴别特征】翅展 33～40mm，翅背面灰褐色细纹相间，前翅背面亚端部具大眼斑，后翅背面有多个眼斑，每两个互相靠近，臀角上的两个最小。

【主要习性】1 年多代，幼虫越冬，寄主为禾本科的刚莠竹等。

■ 蚬蝶科 Riodinidae

367 豹蚬蝶 *Takashia nana* (Leech, 1893)

【鉴别特征】翅展约 40mm，翅面底色为橙黄色，前缘和外缘为黑色，基室、中室和缘室中均有大而相连的黑斑，形似豹纹。

【主要习性】幼虫寄主为菊科蓟属植物，成虫多见于 6～7 月。

368 波蚬蝶
Zemeros flegyas (Cramer, 1780)

【鉴别特征】翅展 32～37mm，翅背面绯红褐色，脉纹色浅，翅腹面有白点，每个白点内均连有 1 个深褐色斑。翅背面色淡，但斑纹清晰。

【主要习性】1 年多代，幼虫寄主为紫金牛科鲫鱼胆等，成虫喜访花。

■ 灰蝶科 Lycaenidae

369 大紫琉璃灰蝶 *Celastrina oreas* (Leech, 1893)

【鉴别特征】翅展 30～35mm，翅背面蓝紫色，前翅中室内有数条黑色纵纹。翅腹面颜色多为灰色、白色、赭色、褐色等，后翅黑斑分布不规则。

【主要习性】1 年多代，幼虫寄主为蔷薇科多种植物，成虫多见于 4～10 月。

370 依彩灰蝶 *Heliophorus eventa* Fruhstorfer, 1918

【鉴别特征】翅展 26～33mm，翅背面黑褐色，具金属绿色鳞片，后翅具短尾突，外缘具橙红色波纹，腹面黄色。

【主要习性】1 年多代，幼虫寄主为多种蓼科植物，成虫多见于 5～8 月。

371 雅灰蝶
Jamides bochus (Stoll, 1782)

【鉴别特征】翅展 25～33mm，翅腹面以褐色为主，前翅由白线组成"Y"形图案，后翅白线不规则排列，臀区具圆形黑斑。

【主要习性】1 年多代，幼虫寄主为多种豆科植物，成虫具访花习性。

372 亮灰蝶
Lampides boeticus (Linnaeus, 1767)

【鉴别特征】翅展 22～35mm，翅背面紫褐色，外缘褐色，后翅臀角处有 2 个黑斑。翅腹面灰白色，由许多白色细线与褐色带组成波纹状。

【主要习性】1 年多代，幼虫寄主为扁豆等，成虫具访花习性。

373 红灰蝶 *Lycaena phlaeas* (Linnaeus, 1761)

【鉴别特征】翅展 25～33mm，前翅腹面橙红色，外缘带灰褐色，带内侧有黑点。后翅背面灰黄色，亚缘带橙红色，带外侧有小黑点，端部黑色。

【主要习性】幼虫寄主为多种蓼科植物，成虫 5～9 月具访花习性。

374 酢浆灰蝶
Pseudozizeeria maha
(Kollar, 1844)

【鉴别特征】翅展 22～30mm，翅背面淡青色至灰褐色，翅腹面灰白色，翅外缘具黑色斑点，亚外缘具弯曲线斑，无尾突。

【主要习性】1 年多代，幼虫寄主为酢浆草科植物，成虫具访花习性。

■ 刺蛾科 Limacodidae

375 仿姹刺蛾
Chalcoscelides castaneipars
(Moore, 1865)

【鉴别特征】雄虫翅展 31～34mm，雌虫翅展约 45mm。身体黄白色，翅基片带黄褐色，臀毛簇暗褐色。

【主要习性】植食性，寄主为椰子属、柑橘属、樟属、决明属、槟榔青属、可可属、刺通草属等植物。

376 丽绿刺蛾
Parasa lepida (Cramer, 1799)

【鉴别特征】雄虫翅展约 36mm。前翅绿色区域外缘外凸，平滑弯曲，无深内陷，仅在中部有 1 小的凹陷。前翅棕色外缘带较窄。

【主要习性】植食性，寄主为香樟、悬铃木、红叶李、桂花、茶、咖啡、枫杨、乌桕、油桐等 36 种阔叶树木。

377 显脉球须刺蛾 *Scopelodes kwangtungensis* Hering, 1931

【鉴别特征】雄虫翅展 46～50mm，雌虫翅展约 70mm。体黑褐色，掺有银白色鳞片。下唇须长，向上伸过头顶。

【主要习性】植食性，寄主为油桐、杧果等。

378 桑褐刺蛾

Setora postornata

(Hampson, 1900)

【鉴别特征】雄虫翅展约 36mm，雌虫翅展约 41mm。头部和胸部深棕色，腹部灰棕色。前翅底色灰棕色，中横线和外横线明显。后翅灰褐色。

【主要习性】植食性，寄主广泛，如香樟、苦楝、木荷、麻栎、杜仲、乌桕等。

■ 斑蛾科 Zygaenidae

379 黄肩旭锦斑蛾 *Campylotes histrionicus* Westwood, 1839

【鉴别特征】翅展 51～56mm。胸部肩板有 1 个黄斑，腹部下侧黄色，各腹节边缘黑绿色。翅底色浓黑，前翅前缘红色，中室外斑点白色，条纹红色至黄色。

【主要习性】植食性，属于昼行性蛾类。

380 红带网斑蛾

Retina rubrivitta Walker, 1854

【鉴别特征】翅展 26～35mm。体色红黑相间，头部、胸部背面红色，前翅中部具红色弧形色带。黑色部分光照下具金属绿色闪光。
【主要习性】植食性，幼虫食叶、成虫访花。

■ 螟蛾科 Pyralidae

381 白斑黑野螟 *Pygospila tyres* (Crame, 1780)

【鉴别特征】翅展 40～45mm。翅膀表面黑色，有许多白色块状斑纹。
【主要习性】成虫出现于春、夏两季，生活在中低海拔山区。具趋光性。

■ 钩蛾科 Drepanidae

382 肾点丽钩蛾
Callidrepana patrana
(Moore, 1866)

【鉴别特征】翅展 29～36mm，翅面灰褐色或黄褐色，前翅近基部有 1 条褐色的波状横带，亚缘线由分布于翅脉上的黑褐色点状斑组成。

【主要习性】植食性，寄主为木蜡树、台湾漆藤及盐肤木。

383 钳钩蛾
Didymana bidens (Leech, 1890)

【鉴别特征】翅展约 30mm。体背面灰褐色，腹面黄褐色。前翅紫黑色，外缘茶色，翅脉白色。

【主要习性】植食性，寄主为木蜡树、台湾藤漆、盐肤木。

384 花簍波纹蛾
Gaurena florescens
Walker, 1865

【鉴别特征】翅展 35～40mm。前翅灰黑色至暗黑色，有些个体散布淡黄绿色；在各翅脉上多呈白色小点斑。后翅烟灰色至灰黑色。

【主要习性】植食性，成虫分布海拔为 800～4000m。

385 华波纹蛾
Habrosyne pyritoides
(Hufnagel, 1766)

【鉴别特征】翅展 32～40mm。头部黄棕色，具白色斑。前翅内区基部橄榄绿色，其余部分为珍珠灰色，微带黄红褐色。后翅暗褐色，缘毛黄白色。

【主要习性】植食性，寄主为山楂属、桤木属、覆盆子、黑莓、草莓、黄荆等。

386 藕太波纹蛾 *Tethea oberthueri* (Houlbert, 1921)

【鉴别特征】翅展 52～54mm。前翅棕褐色至灰褐色，散布烟黑色，亚缘线的内侧线在 M_1 脉前苍白色，其后灰色。

【主要习性】植食性，适生海拔为 2000～4000m。

■ 目夜蛾科 Erebidae

387 楔斑拟灯蛾

Asota paliura Swinhoe, 1894

【鉴别特征】翅展 48～62mm。头、胸、腹黄色。前翅黑灰色，基部具黄斑、上有黑点，中室下部有 1 白色窄带，其端部圆。

【主要习性】植食性，分布于中低海拔山区，具趋光性。

388 火丽毒蛾
Calliteara complicata
(Walker, 1865)

【鉴别特征】雄虫翅展 48～60mm，雌虫翅展 60～66mm。前翅内区黑褐色。亚基线黑褐色，锯齿形，线两侧黄白色。

【主要习性】植食性，寄主有鸢尾科、蔷薇科等。

389 首丽灯蛾 *Callindra principalis* (Kollar, 1844)

【鉴别特征】翅展 60～94mm。头顶红色，具黑斑。前翅墨绿色，有闪光，前缘脉下方有 4 个黄斑，翅近端部有 5 个黄白斑。

【主要习性】植食性，分布于中高海拔山区。

390 肾毒蛾

Cifuna locuples Walker, 1855

【鉴别特征】翅展 22～29mm。翅黄褐色至暗褐色,雄虫触角羽状,前翅有 2 条深褐色横纹带,带纹之间有 2 个分开的肾形斑。雌虫触角短栉齿状,前翅的褐色纹带较宽。

【主要习性】植食性,寄主有柳、榆、茶、荷花、月季、紫藤等。

391 八点灰灯蛾 *Creatonotos transiens* (Walker, 1855)

【鉴别特征】翅展 44～46mm。体灰白色。触角丝状,黑色。前翅中室上、下角各有 1 个黑斑。后翅灰白色,后缘下角有黑斑 2 或 3 个。

【主要习性】植食性,寄主有柑橘、桑、菜心、白菜、甘蓝和茶树等。

392 黄雪苔蛾
Cyana dohertyi (Elwes, 1890)

【鉴别特征】雄虫翅展 32～35mm，雌虫翅展 35～44mm。前翅具 3 个黑色圆点，亚基线具橙黄色短带，内线橙黄色，外线橙黄波状纹，端线具橙黄色宽带。

【主要习性】植食性，蛹附着于植物表面，外具网茧。

393 褐带东灯蛾 *Eospilarctia lewisii* (Butler, 1885)

【鉴别特征】翅展 40～50mm，白色。颈具红圈，颈板具黑点。前翅白色，翅脉黄或白色，前缘具黑边。

【主要习性】幼虫取食植物叶片。成虫夜间活动，有趋光性。

394 凡艳叶夜蛾 *Eudocima phalonia* (Linnaeus, 1763)

【鉴别特征】体长 33～38mm，翅展 93～96mm。头部及胸部赭褐色。前翅赭褐色，翅脉上分布有黑色细点。后翅橘黄色。

【主要习性】生活在中低海拔山区。成虫夜间活动，有趋光性。

395 多条望灯蛾

Lemyra multivittata
(Moore, 1866)

【鉴别特征】翅展 32～36mm。体白色。触角黑色，肩角具橙红色斑。足上方黑色。前翅前缘具明显的黑褐色亚基点、中线点及外线点。后翅横脉纹有黑褐色斑。

【主要习性】幼虫取食植物叶片。成虫夜间活动，有趋光性。

396 丛毒蛾 *Locharna strigipennis* Moore, 1879

【鉴别特征】翅展 35～37mm。体底色黄白色。触角干灰棕色，两侧白色，栉齿棕色。前翅黄白色，均匀散布褐棕色皱皮样短纹，中室顶端有 1 个近方形黄白色斑。

【主要习性】初孵幼虫聚集叶背，取食叶肉。成虫夜间活动，有趋光性。

397 络毒蛾
Lymantria concolor
Walker, 1855

【鉴别特征】翅展 42～56mm。体底色白色。触角深棕色。前翅黄白色，基部的前缘和后缘间具一系列黑色圆点。

【主要习性】成虫多在夜间或黄昏活动，夜间有趋光性。

398 淡银纹夜蛾 *Macdunnoughia purissima* (Butler, 1878)

【鉴别特征】翅展约 30mm。体灰色。触角棕色。前翅灰色，茎线黑褐色，内线后半黑褐色，2 脉基部有 2 银斑，中室端部 1 暗褐斑，外线与亚端线黑褐色。

【主要习性】幼虫取食十字花科植物叶片。成虫夜间活动，有趋光性。

399 条纹美苔蛾

Miltochrista strigipennis
(Herrich-Schäffer, 1855)

【鉴别特征】翅展 16～34mm。体黄色，触角棕色。前翅黄色，中线具黑色斜线，横脉纹具黑点，外线为 1 列不规则黑色短带。

【主要习性】成虫夜间活动且有趋光性，飞行能力较弱。

400 毛胫夜蛾
Mocis undata (Fabricius, 1775)

【鉴别特征】体长 19～22mm，翅展 46～50mm。体灰褐色。前翅紫灰褐色，基线灰黑色，止于亚中褶。

【主要习性】成虫吸食柑橘等果汁，具趋光性。

401 粉蝶灯蛾 *Nyctemera adversata* (Schaller, 1788)

【鉴别特征】体长 19～22mm，翅展 44～56mm。体灰褐色。前翅紫灰褐色，基线灰黑色，止于亚中褶。

【主要习性】成虫昼行性，喜访花。

402 褐斑毒蛾

Olene dudgeoni (Swinhoe, 1907)

【鉴别特征】翅展 16～34mm。体灰褐色。雌虫中室下方近翅基有 1 枚大的椭圆形或水滴状褐色斑，雄虫为黄色圆斑。

【主要习性】幼虫取食柑橘、野桐等植物叶片。成虫夜间活动，有趋光性。

403 白斑衫夜蛾

Phlogophora albovittata (Moore, 1867)

【鉴别特征】翅展 37～42mm。头胸部及翅基部黑色。前翅底色黑色，前半部有 1 条大弧度波浪状白色横带。

【主要习性】幼虫取食植物叶片。成虫夜间活动，有趋光性。

404 珠苔蛾

Schistophleps bipuncta

Hampson, 1891

【鉴别特征】翅展 17～22mm。体白色，前翅淡黄色，前翅前缘基部及中室具黄褐色点。

【主要习性】幼虫取食植物叶片。成虫夜间活动，有趋光性。

405 白黑瓦苔蛾

Vamuna remelana

(Moore, 1865)

【鉴别特征】翅展 42～60mm。体白色，雄虫前翅前缘边黑色，外线紫褐色。雌虫前翅外线减缩为 1 个黑点，位于中室下角下方。

【主要习性】幼虫以地衣为食。成虫夜间活动，有趋光性。

■ 夜蛾科 Noctuidae

406 朽木夜蛾
Axylia putris (Linnaeus, 1761)

【鉴别特征】翅展约28mm。头部浅褐杂白色。胸部及前翅赭黄色，翅脉纹黑色，前缘区、中褶及内线内方均带褐色。

【主要习性】幼虫取食繁缕属、车前属植物叶片。成虫夜间活动。

407 枫杨癣皮夜蛾
Blenina quinaria Moore, 1882

【鉴别特征】翅展约38mm。头胸部白色杂黑绿色，腹部灰褐色。前翅白色，有暗绿细点，外线与亚端线间有黄褐细点。

【主要习性】幼虫取食枫杨属植物叶片。成虫夜间活动，有趋光性。

408 红晕散纹夜蛾
Callopistria repleta Walker, 1858

【鉴别特征】翅展 33～40mm。头和胸部浅褐黄色，杂黑色及少许白色。前翅棕黑色，间红赭色、褐色和白色，翅脉灰白。

【主要习性】幼虫取食蕨类。成虫夜间活动，有趋光性。

409 十点秘夜蛾
Mythimna decisissima
(Walker, 1865)

【鉴别特征】翅展约 29mm。体赭黄色。前翅中脉及 3、4 脉白色，各翅脉均衬以红褐色，各脉点另有红褐线。

【主要习性】幼虫取食植物叶片。成虫夜间活动，有趋光性。

410 柳田长角夜蛾

Risoba yanagitai Nakao,
Fukuda & Hayashi, 2016

【鉴别特征】翅展 30～32mm。触角丝状。前翅褐棕色，前翅基部乳白色，中段绿色，后中线近乎呈斜直线，其内侧带白色晕，近顶角具暗棕色斑。

【主要习性】成虫夜间活动，有趋光性。

411 胡桃豹夜蛾

Sinna extrema (Walker, 1854)

【鉴别特征】翅展 32～40mm。头部及胸部白色，颈板、翅基片及前后胸有橘黄斑。前翅橘黄色，有许多白色多边形斑。后翅白色微褐。

【主要习性】幼虫为害山核桃、青钱柳等植物，寄主范围广。

■ 舟蛾科 Notodontidae

412 黑蕊尾舟蛾 *Dudusa sphingiformis* Moore, 1872

【鉴别特征】翅展 70～89mm。体黄褐色。前翅灰黄褐色，基部有 1 个黑点，前缘有 5 或 6 个暗褐色斑点，从翅顶到后缘近基部暗褐色。

【主要习性】幼虫取食栾树、槭属植物叶片。

413 黄钩翅舟蛾

Gangarides flavescens Schintlmeister, 1997

【鉴别特征】翅展 70～80mm。全身和前翅黄绿色，满布褐色鳞片。前翅具清晰的暗褐色横线 5 条。后翅灰黄褐色，具 1 条模糊的暗褐色外带。

【主要习性】植食性，夜晚具趋光性。

414 岐怪舟蛾 *Hagapteryx mirabilior* (Oberthür, 1911)

【鉴别特征】翅展 39～46mm。头和胸部暗红褐色，翅基片有 2 条模糊的暗纹。腹部黄褐色。前翅暗红褐色，所有横线灰白色衬暗边。

【主要习性】植食性，夜晚具趋光性。

415 皮霭舟蛾

Hupodonta corticalis
Butler, 1866

【鉴别特征】翅展 55～65mm。头部赭黄色至黄白色。触角基部的毛簇及触角干的颜色与头部的颜色相同。胸部赭黄色至黄白色。腹部黄褐色至黄白色。

【主要习性】植食性，寄主植物为山樱花。

■ 尺蛾科 Geometridae

416 双云尺蛾 *Biston regalis* (Moore, 1888)

【鉴别特征】翅展 59～69mm。翅膀表面灰白色。上翅具 2 条弯曲的黑色细线，黑色线的相对两侧则有深褐色斑纹。雄虫触角细双栉齿状，雌虫触角为丝状。

【主要习性】成虫出现于夏季，生活在低、中海拔山区。夜晚具趋光性。

417 油桐尺蛾

Biston suppressaria

(Guenée, 1857)

【鉴别特征】翅展 52～65mm。体灰白色，雄虫触角为双栉状，雌虫为丝状。胸部密被灰色细毛；翅基片及腹部后缘生黄色鳞片。前翅外缘为波状缺刻，缘毛黄色。

【主要习性】植食性，可为害油桐、桉树、茶、柑橘等30多种植物。

418 云纹绿尺蛾
Comibaena pictipennis
Butler, 1880

【鉴别特征】翅展 26～30mm。雄虫触角为双栉形，雌虫为线性。翅绿色。CuA_2 脉下方至臀角具 1 个红褐色大斑，其内缘深褐色。在臀角处形成紫红色大斑。

【主要习性】植食性，夜晚具趋光性。

419 台湾枯叶尺蛾 *Gandaritis postalba* Wileman, 1920

【鉴别特征】翅展约 30mm。头、胸腹部黄褐色，前翅褐色，具晕染状的色层，前翅近前缘终顶角处有 1 个黄褐色的大斑，斑型内侧弧形，后翅前半白色。

【主要习性】分布于低至中海拔山区。

420 青辐射尺蛾 *Iotaphora admirabilis* (Oberthür, 1883)

【鉴别特征】翅展 45～53mm。翅浅绿色；外缘至亚外缘为宽大的白色边带，并有密集横列的黑色细线；亚外缘具黄色带；上翅近基部具黄色弧形斑纹。

【主要习性】植食性，寄主植物为杨柳科杨属、胡桃科胡桃、桦木科桦木属等。

421 玻璃尺蛾

Krananda semihyalina
Moore, 1868

【鉴别特征】翅展 35～48mm。翅表面黄褐色，近翅基部的半部几乎全为透明，胸腹部背面灰黄色与灰褐色掺杂。前胸后缘有 1 条深褐色横线。

【主要习性】除了冬季，成虫生活在低、中海拔山区。夜晚具趋光性。

422 红带大历尺蛾 *Macrohastina gemmifera* (Moore, 1868)

【鉴别特征】翅展约 15mm。触角线形，雄虫具短纤毛。额、头顶和胸部背面深褐色，腹部背面黄白色，前翅基部至外线深褐色至黑褐色，后翅基半部淡灰黄色。

【主要习性】植食性，夜晚具趋光性。

423 橙尾皎尺蛾

Myrteta angelica Butler, 1881

【鉴别特征】翅展约 30mm。中小型，前翅有 3 条粗的黑色斜带斑纹，近外缘密布淡灰色的细纹，后翅臀角区橙褐色。

【主要习性】植食性，分布于低中海拔山区。

424 黄缘丸尺蛾
Plutodes costatus Bulter, 1886

【鉴别特征】翅展 34～38mm。触角为单栉形，体背灰褐色，带灰红色色调。翅红褐色，常有成片黑褐色或灰褐色。前翅前缘为 1 条黄色带，其下缘波状。

【主要习性】植食性。夜晚具趋光性。

425 小丸尺蛾 *Plutodes philornis* Prout, 1926

【鉴别特征】翅展 26～32mm。翅黄色，外缘弧形。前翅端部具 1 个中等大小、灰褐色的近圆形斑点。后翅基部具 1 个较小的灰褐色三角形斑纹。触角为单栉形。

【主要习性】植食性。夜晚具趋光性。

426 白眼尺蛾 *Problepsis albidior* Warren, 1899

【鉴别特征】翅展 33～39mm。体及翅白色。前后翅中室端各具 1 个大眼斑，前翅眼斑近圆形，黄褐色，斑上有 1 个银色环和 2 条短银线。

【主要习性】植食性，寄主为木樨科小叶女贞等。

427 楔碴尺蛾 *Psyra cuneata* Walker, 1860

【鉴别特征】翅展 40～45mm，前翅具 2 枚较大的黑色角状斑，前缘密布不规则大小点状斑，沿外缘具 1 排均匀分布的点状斑。

【主要习性】主要分布于中海拔山区。

428 洁尺蛾 *Tyloptera bella* (Butler, 1878)

【鉴别特征】翅展 28～36mm。通体底色白色。额上半部及头顶褐色。前翅前缘有 1 列黄褐色斑。翅背面灰白色，斑纹同正面，但颜色较深。

【主要习性】主要寄主为辽东楤木。

429 弗潢尺蛾 *Xanthorhoe cybele* Prout, 1931

【鉴别特征】翅展 27～29mm。前翅底色褐色，翅基和端部外缘浅绿色。后翅几无斑纹。前后翅背面可见外线，其中部明显凸出。

【主要习性】分布于中低海拔山地地区。

■ 枯叶蛾科 Lasiocampidae

430 高山松毛虫 *Dendrolimus angulata* Gaede, 1932

【鉴别特征】翅展 54～80mm。翅枯叶色。前翅中外横线双垂，波状或齿状，亚外缘斑列深色，中室端具小白点。雄虫阳具尖刀状，表面多有小刺，抱器发达。

【主要习性】发生于高山针叶林及亚高山针叶林内，寄主为高山松，1 年 1 代。

431 橘褐枯叶蛾
Gastropacha pardale Tams, 1935

【鉴别特征】翅展 40～73mm。体、翅淡赤褐色，略带红色。下唇须黑褐色，向前突出，触角黄褐色。前翅散布黑色小点，翅脉黄褐色。后翅较狭长，后缘区淡黄褐色。

【主要习性】成虫晚间活跃，受到干扰易发生假死。

■ 蚕蛾科 Bombycidae

432 斜线垂耳蚕蛾 *Gunda javanica* Moore, 1872

【鉴别特征】翅展 24～28mm。体、翅枯黄色。下唇须短小。触角双栉形。前翅外线细，自 M_1 脉处斜向翅基部，M_1 与 R 同柄。后翅臀角有齿形突出如耳垂。

【主要习性】寄主为桑科榕属植物。

433 钩蚕蛾

Mustilia falcipennis Walker, 1865

【鉴别特征】翅展 32～36mm。体、翅棕赭色。前翅狭长，顶角外伸呈镰钩状，内线、中线及外线均为前尖后弯的弓形纹。中室有"<"形斑。

【主要习性】分布于我国南方地区，幼虫取食山矾科植物。

■ 桦蛾科 Endromidae

434 艳齿翅桦蛾

Oberthueria yandu Zolotuhin & Wang, 2013

【鉴别特征】翅展 32～36mm。通体黄褐色。前翅狭长，具波状中外横线，外缘不规则锯齿状，顶角外伸呈镰钩状。

【主要习性】1 年 2 代，成虫分别发生于每年的 3～7 月、8～10 月。

■ 大蚕蛾科 Saturniidae

435 长尾大蚕蛾

Actias dubernardi (Oberthür, 1897)

【鉴别特征】翅展约 140mm。头黄褐色。触角两性均为长双栉形。前翅中室端有月牙纹及 1 小的圆斑，前缘在 Sc 脉处有 1 紫红色纵线。后翅后角有 1 延长的尾带。

【主要习性】幼虫寄主范围较广，包括栎、樟、柳、杨、桦、核桃和胡萝卜等。

436 绿尾大蚕蛾
Actias selene (Hübner, 1807)

【鉴别特征】翅展约 150mm。头灰褐色，头部两侧及肩板基部前缘有暗紫色横切带。翅粉绿色，后翅自 M_3 脉以后延伸呈尾状，长达 40mm，向后直伸。

【主要习性】幼虫取食柳、枫杨、栗、乌桕、木槿、苹果等。

437 眉纹大蚕蛾 *Samia cynthia* (Drury, 1773)

【鉴别特征】翅展 170～280mm。胸部具厚的棕色鳞毛。前翅内侧具 3 块褐斑，褐斑间具白纹。翅中部具弯折的浅褐色纹。顶角凸出且具黑斑。腹部第 1 节白色。

【主要习性】幼虫以樟科、李子、栾树等植物为食。

438 白瞳豹大蚕蛾 *Loepa diffundata* Naumann, Nässig & Löffler, 2008

【鉴别特征】翅展 100～110mm。翅底色黄色，中央具波状横带，各翅中央有 1 枚大眼纹，中央白色。雄虫触角羽毛状，雌虫触角栉齿状。

【主要习性】分布于低中海拔山区，乌蒙山为该物种分布北线。

439 大黄豹大蚕蛾 *Loepa mirandula* Yen, Nässig, Naumann & Brechlin, 2000

【鉴别特征】翅展 130～150mm。翅底色黄色，中央有 3 条波状横带，各翅中央有 1 枚大眼纹。雄虫触角羽毛状，雌虫触角栉齿状。

【主要习性】分布于低中海拔山区，数量较少。

440 猫目大蚕蛾 *Salassa thespis* (Leech, 1890)

【鉴别特征】翅展 110～120mm。体棕红色至褐色。前翅棕褐色，顶角白色，中线由锈红色横带及心形绿斑组成。后翅中线及外线棕褐色波状，中室有似猫眼的大斑。

【主要习性】幼虫以植物叶片为食，食量较大。成虫具较强的趋光性。

■ 天蛾科 Sphingidae

441 葡萄天蛾

Ampelophaga rubiginosa
Bremer & Grey, 1853

【鉴别特征】翅展 80～100mm，体肥大呈纺锤形。体、翅茶褐色。复眼后至前翅基部有 1 条较宽的灰白色纵线。体背中央自前胸到腹端有 1 条灰白色纵线。

【主要习性】幼虫主要取食葡萄、爬山虎等植物，成虫具较强的趋光性。

442 条背线天蛾
Cechetra lineosa (Walker, 1856)

【鉴别特征】翅展约 100mm。体、翅茶褐色。触角丝状。体呈橙褐色。胸腹背部有明显的灰白色纵条纹。前翅前缘与中部具深色斜纹，翅面具模糊的深纹和斑点。

【主要习性】幼虫主要取食葡萄、凤仙花等植物的叶片。

443 豆天蛾 *Clanis bilineata* (Walker, 1866)

【鉴别特征】翅展 100～120mm。体、翅黄褐色，头及胸部有细暗褐色背线。前翅狭长，前缘近中央具半圆形褐斑，沿 R 脉具褐绿色纵带，顶角具暗褐色斜纹。

【主要习性】幼虫主要取食豆科葛属及黎豆属植物的叶片。

444 红天蛾
Deilephila elpenor (Linnaeus, 1758)

【鉴别特征】翅展 55～70mm。头、胸、腹和翅以红色为主，具大面积豆绿色斑块。前翅中室有 1 个白色小点，后缘白色。

【主要习性】幼虫啃食植物的叶片、嫩芽等。

445 盾天蛾 *Phyllosphingia dissimilis* (Bremer, 1861)

【鉴别特征】翅展 110～120mm。体黄褐色至深褐色。触角丝状。前后翅具深色斑纹和线条，外缘的齿较深。前翅顶角尖锐。后翅的背面有 1 条白色中线。

【主要习性】幼虫主要以核桃和山核桃等胡桃科植物为食。

446 蒙古白肩天蛾

Rhagastis mongoliana
(Butler, 1876)

【鉴别特征】翅展 50～66mm。体褐色。前翅中部具不明显的茶褐色横带，外缘灰褐色，后缘基部白色。后翅灰褐色，近后角有黄褐色斑。

【主要习性】幼虫的寄主植物为绣球花、常山、葡萄、凤仙花等，以啃食叶片为生。

447 青背斜纹天蛾 *Theretra nessus* (Drury, 1773)

【鉴别特征】翅展约 130mm。体褐色。胸部与腹部背面具青绿色的斑纹和线条。前翅前缘绿色，中后部褐色与黄色斜纹相间分布。

【主要习性】幼虫主要以芋、水葱等植物为食。

长翅目 Mecoptera

■ 蝎蛉科 Panorpidae

448 黑色新蝎蛉 *Neopanorpa nigritis* Carpenter, 1938

【鉴别特征】体长约 10mm。头顶黑色，单眼三角区黑色，喙细长。胸部背板黑褐色。翅细长，前翅 1A 脉与翅后缘的交点在 Rs 起源点之前。

【主要习性】成虫出现于低矮植被间，腐食性。

双翅目
Diptera

■ 大蚊科 Tipulidae

449 新雅大蚊

Tipula nova Walker, 1848

【鉴别特征】体大型。头顶和后头灰褐色，眼眶黄色。触角鞭节基部 3 节为黄褐色，其他各节为黑褐色。翅褐色，具深褐色翅痣。

【主要习性】幼虫食腐殖质。

450 丫字蜚大蚊

Tipula reposita Walker, 1848

【鉴别特征】体中型。体棕黄色。胸部黄色，具棕色斑点及条纹。腹部第 1～5 节棕黄色，其余部分为深棕色。翅浅棕色，翅痣褐色。

【主要习性】幼虫食腐殖质。

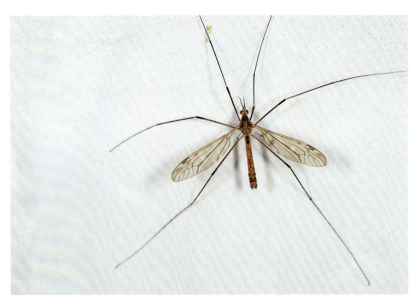

■ 蚊科 Culicidae

451 骚扰阿蚊
Armigeres subalbatus
(Coquillett, 1898)

【鉴别特征】体大型。头顶平覆宽鳞。唇基光裸，喙带侧扁而略下垂。中胸盾片覆盖稀疏铜褐色窄鳞，具侧白纵条，从盾端伸达翅基。翅黑色。

【主要习性】幼虫以水中的细菌、原生生物及有机颗粒为食，成虫血食性。

■ 毛蚊科 Bibionidae

452 红腹毛蚊 *Bibio rufiventris* (Duda, 1930)

【鉴别特征】体小型。雄虫体黑色，雌虫胸腹部红黄色，具有明显的性二型现象。复眼及腹部密布黑色长毛。翅半透明，烟棕色。

【主要习性】幼虫食腐殖质。

453 双斑棘毛蚊 *Dilophus bipunctatus* Luo & Yang, 1988

【鉴别特征】体中型。雄虫体黑色；雌虫胸部棕黄色，中央具黑斑，腹部黑色。雄虫足黑色，雌虫足基节、转节和腿节带有棕黄色，其余黑色。

【主要习性】幼虫食腐殖质。

454 缺刻蟳毛蚊 *Plecia microstoma* Yang & Luo, 1988

【鉴别特征】体小型。体黑色，近肩胛棕色，胸侧板黑棕色。翅烟棕色，半透明，前缘颜色加深。第2、第3合径脉稍长，与第4、第5合径脉成锐角一直伸达翅缘。

【主要习性】幼虫食腐殖质。

■ 水虻科 Stratiomyidae

455 日本小丽水虻
Microchrysa japonica
Nagatomi, 1975

【鉴别特征】体小型。胸部金绿色。腹部椭圆形，较扁平。足黄褐色，但基节、后足股节、后足胫节端部和第4跗节、第5跗节褐色。翅透明，翅痣浅黄色。

【主要习性】幼虫陆生，腐食性。

456 金黄指突水虻 *Ptecticus aurifer* (Walker, 1854)

【鉴别特征】体中型。体金黄色。复眼黑色，占整个头部的2/3。胸部及腹部金黄色。雄虫第3~6腹板具大块黑斑。翅端部为黑色，其余为金黄色。

【主要习性】幼虫腐食性。

■ 蜂虻科 Bombyliidae

457 黄领蜂虻
Bombylius vitellinus
(Yang, Yao & Cui, 2012)

【鉴别特征】体大型。体黑色，多被黑色毛。复眼大，前胸背板前半部被黄色毛。翅透明，基部暗黑褐色。

【主要习性】幼虫拟寄生性，成虫访花。

458 扇陇蜂虻 *Heteralonia anemosyris* Yao, Yang & Evenhuis, 2009

【鉴别特征】体中型。体黑色。胸部和腹部有红褐色的环带，腹部末端具白毛。翅黑色，边缘颜色变浅。

【主要习性】幼虫拟寄生性，成虫访花。

■ 长足虻科 Dolichopodidae

459 大沙河金长足虻

Chrysosoma dashahensis
Zhu & Yang, 2005

【鉴别特征】体小型。体表具金属光泽。颜面凸起。中胸背板中部具1对中鬃，中鬃两侧各具5根长而强的背中鬃。翅透明。

【主要习性】成虫、幼虫具捕食性。

460 大行脉长足虻

Gymnopternus grandis
(Yang & Yang, 1995)

【鉴别特征】体小型。体黑棕色。单眼瘤显著，有1对强且长的单眼鬃和1对短的后毛。中胸背板中部具7或8对中鬃。足全部为黄色，具鬃毛。翅浅黄棕色。

【主要习性】成虫、幼虫具捕食性。

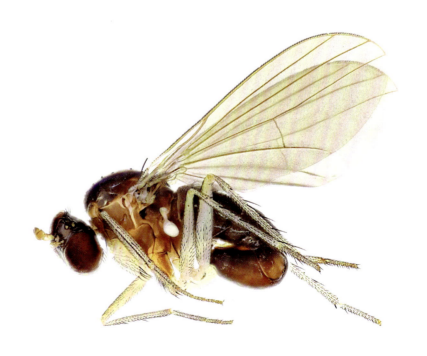

461 群行脉长足虻

Gymnopternus populus
(Wei, 1997)

【鉴别特征】体小型。体表具金属光泽。触角第 1 鞭节长度与宽度近相等，端部尖锐。中胸背板中部具 8 或 9 对中鬃。小盾片背面和端缘具短毛。翅透明。

【主要习性】成虫、幼虫具捕食性。

462 黄腹寡长足虻

Hercostomus flaviventris
Smirnov & Negrobov, 1977

【鉴别特征】体小型。体表具金属光泽。中胸背板中部具 5 或 6 对中鬃。中鬃两侧各具 6 根长而强的背中鬃。翅中脉与第 4、第 5 合径脉显著靠拢。

【主要习性】成虫、幼虫具捕食性。

■ 舞虻科 Empididae

463 峨眉驼舞虻
Hybos emeishanus
Yang & Yang, 1989

【鉴别特征】体小型。头黑色，复眼黄色。胸部黑色，明显隆凸。腹部第1～4节黄棕色。足黑色，但胫节黄褐色，跗节黄色。翅白色透明，前缘褐色。

【主要习性】成虫、幼虫具捕食性。

464 剑突驼舞虻
Hybos ensatus
Yang & Yang, 1986

【鉴别特征】体小型。头部黑褐色。胸部黑褐色，具光泽且明显隆凸。腹部褐色。足黑褐色，中足跗节黄棕褐色。前足、中足胫节具鬃毛。翅几乎透明。

【主要习性】成虫、幼虫具捕食性。

465 粗腿驼舞虻

Hybos grossipes

(Linnaeus, 1767)

【鉴别特征】体小型。体黑褐色。胸部明显隆凸，黑褐色，具光泽。足浅褐色至黑褐色，后足腿节比胫节明显粗大。翅白色透明，具浅褐色翅痣。

【主要习性】成虫、幼虫具捕食性。

466 建阳驼舞虻

Hybos jianyangensis

Yang & Yang, 2004

【鉴别特征】体小型。体黑褐色，略被灰粉。腹部中胸背板明显隆凸，有些发亮。腹部强烈向下弯曲。足全黑色，后足腿节明显加粗。翅白色透明，翅痣褐色。

【主要习性】成虫、幼虫具捕食性。

■ 食蚜蝇科 Syrphidae

467 紫额异巴蚜蝇
Allobaccha apicalis (Loew, 1858)

【鉴别特征】体中型。体黑色，具钢蓝色或青铜色光泽。头部半球形。腹部具红黄色横带或黄斑。足黄色至橘黄色。翅透明。

【主要习性】幼虫捕食性，成虫访花。

468 纤细巴蚜蝇
Baccha maculata Walker, 1852

【鉴别特征】体小型。体细长，亮黑色。中胸背板具蓝色光泽。雄虫腹部亮黑色，第3、第4背板的基部具橘黄色横斑。翅透明，具暗棕色翅痣及暗斑。

【主要习性】幼虫捕食性，成虫访花。

469 长尾管蚜蝇 *Eristalis tenax* (Linnaeus, 1758)

【鉴别特征】体中型。腹部第1背板暗黑色，第2、第3背板柠檬黄色，第2背板中部具"I"形黑斑，第3背板具倒"T"形黑斑。翅透明，翅中部具棕褐色斑。

【主要习性】幼虫食腐殖质，成虫访花。

470 大灰优蚜蝇

Eupeodes corollae
(Fabricius, 1794)

【鉴别特征】体小型。腹部第2～4背板各具1对黄斑。雄虫第3、第4背板黄斑中间常相连接，第5背板大部分黄色。翅透明，翅痣黄色。

【主要习性】幼虫捕食棉蚜、棉长管蚜、豆蚜、桃蚜等，成虫访花。

471 东方墨蚜蝇 *Melanostoma orientale* (Wiedemann, 1824)

【鉴别特征】体小型。体亮黑色，具金绿色光泽。中胸背板和小盾片亮黑色，覆黄色至褐灰色毛。足橘黄色，前足腿节基部、后足腿节黑色。翅透明。

【主要习性】幼虫捕食性，成虫访花。

■ 实蝇科 Tephritidae

472 斑翅短羽实蝇

Acrotaeniostola dissimilis Zia, 1937

【鉴别特征】体小型。头黄色。前胸背板褐色，具黑色竖条纹，小盾片黄色。腹部基部黄色，端部亮黑色。翅透明，具黑色斑。

【主要习性】幼虫植食性。

473 蜜柑大实蝇
Bactrocera tsuneonis
(Miyake, 1912)

【鉴别特征】体中型。体黄褐色。中胸背板红褐色，肩胛和背侧板胛及中胸侧板条为黄色。腹部褐色，具"十"字形、黑色中纵带。翅透明，前缘具褐色带。

【主要习性】幼虫为害柑橘。

474 四斑墨实蝇 *Cyaforma macula* (Wang, 1988)

【鉴别特征】体小型。体黄色。中胸背板两侧具宽的黑带。翅几乎全黑色，具 2 个大的和 2 个小的透明斑，位于 Sc 脉后、翅中部及后缘。

【主要习性】幼虫植食性。

475 泽兰实蝇
Procecidochares utilis
Stone, 1947

【鉴别特征】体小型。体黑色。胸部背面较隆起，着生的白色短毛近似"文"字形条斑。腹部黑色，每节有白色短毛。前翅上有 3 条宽大的褐色条纹。

【主要习性】幼虫取食紫茎泽兰。

476 南亚镞果实蝇 *Zeugodacus tau* (Walker, 1849)

【鉴别特征】体小型。体黄褐色。肩胛、中胸背侧片、中侧片的大部分和小盾片鲜黄色。腹部有黑色横带，形成"T"状黑纹。翅透明，生有暗黑色纵纹。

【主要习性】幼虫蛀食瓜果。

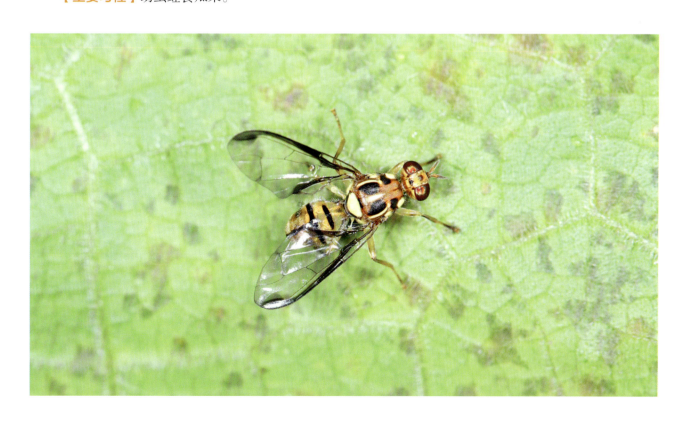

■ 缟蝇科 Lauxaniidae

477 曹氏同脉缟蝇

Homoneura caoi

Wang & Yang, 2012

【鉴别特征】体小型。体黄色。额长宽相等且两侧平行。背中鬃3根。腹部第2～5背板后缘褐色。足黄色。翅浅棕色，具黑斑。

【主要习性】幼虫食腐殖质。

478 凹缺同脉缟蝇

Homoneura concava

Sasakawa, 2002

【鉴别特征】体小型。体黄色。中胸背板大部分淡黄色至黄褐色，有4条褐色纵带。缝后第1根背中鬃位于近缝处。翅大部分透明，沿前缘有不连续的褐斑。

【主要习性】幼虫食腐殖质。

479 背尖同脉缟蝇

Homoneura dorsacerba

Gao, Shi & Han, 2016

【鉴别特征】体小型。体黑褐色。胸侧片与腹部具模糊的黄褐色斑。后足股节黑色，前、后足股节黄褐色。翅透明，具大小不一的黑褐色斑。

【主要习性】幼虫食腐殖质。

480 尖背同脉缟蝇
Homoneura dorsocuspidata
Gao & Shi, 2019

【鉴别特征】体小型。体棕色。头部黄色，额部有1对棕色条纹。足部黄色，前、中、后足的第3～5跗节棕色。翅透明，具棕色斑点。

【主要习性】幼虫食腐殖质。

481 贵州同脉缟蝇
Homoneura guizhouensis
Gao & Yang, 2002

【鉴别特征】体小型。体黄色。中胸背板有6排中鬃。腹部第2～5节背板无黑褐色后缘。背侧突不明显，端部较钝。翅黄色，透明，具黑斑。

【主要习性】幼虫食腐殖质。

482 黑龙潭同脉缟蝇
Homoneura heilongtanensis
Gao & Shi, 2019

【鉴别特征】体小型。体黄色。触角芒长羽状。胸部具6行纵向鬃毛。前足腿节有3根后背鬃。翅淡黄褐色，具云状褐斑。

【主要习性】幼虫食腐殖质。

483 长尖同脉缟蝇

Homoneura longiacutata
Gao & Shi, 2019

【鉴别特征】体小型。体黄色。腹部背板端部黑褐色。触角芒长羽状。翅浅黄色，端部及中部具浅褐色大斑。

【主要习性】幼虫食腐殖质。

484 云斑同脉缟蝇

Homoneura nubecula
Sasakawa, 2001

【鉴别特征】体小型。头部黄色，胸部和腹部褐色。中胸背板有许多不规则的褐斑或带。翅大部分褐色，有许多不规则的透明斑。

【主要习性】幼虫食腐殖质。

485 后斑同脉缟蝇

Homoneura occipitalis
Malloch, 1927

【鉴别特征】体小型。体黑褐色。后头上半部每侧后有 1 个大褐斑，伸达复眼顶缘。翅黄色、透明，有 1 条窄的棕色条纹。

【主要习性】幼虫食腐殖质。

486 多斑同脉缟蝇

Homoneura picta
(de Meijere, 1904)

【鉴别特征】体小型。体黄色至褐色。头、胸、腹部有不规则的褐斑。中胸背板缝后第1根背中鬃位于近缝处。翅褐色，有许多圆形或不规则的小透明斑。

【主要习性】幼虫食腐殖质。

487 阔缘同脉缟蝇

Homoneura platimarginata
Gao & Shi, 2019

【鉴别特征】体小型。体黄色。额部有一排黑色短毛。中胸背板有0+3根背中鬃，纵行鬃毛不规则排列成6行。翅淡黄色，具黑斑。

【主要习性】幼虫食腐殖质。

488 齿状同脉缟蝇

Homoneura serrata
Gao & Yang, 2002

【鉴别特征】体小型。体淡褐色。中胸背板有中鬃6～8排。腹部第1～6节背板端部黑色，其余部分淡褐色。翅淡黄色，具黑斑。

【主要习性】幼虫食腐殖质。

489 巫溪同脉缟蝇 *Homoneura wuxica* You, Chen & Li, 2023

【鉴别特征】体小型。体黄褐色。胸部具黑鬃。足黄色。翅黄色，透明，端半部具数个黑色大圆斑。

【主要习性】幼虫食腐殖质。

490 朱氏凹额缟蝇

Prosopophorella zhuae
Shi & Yang, 2009

【鉴别特征】体小型。体黑褐色。唇基凸出，额下凹。中胸背板有2条宽黑色中带。第9背板后面观半环形，无长背鬃。翅褐色，透明，具黑斑。

【主要习性】幼虫食腐殖质。

491 三斑斑缟蝇 *Trypetisoma trimaculata* Li, Qi & Yang, 2019

【鉴别特征】体小型。体黄棕色。小盾片上的鬃均具褐色基斑。腹部黑褐色。翅前缘褐色，遍布圆形或不规则形的透明斑和褐斑。

【主要习性】幼虫食腐殖质。

■ 茎蝇科 Psilidae

492 新月长角茎蝇

Loxocera lunata

Wang & Yang, 1998

【鉴别特征】体小型。体黑棕色。触角鞭节第 1 节极延长。前胸背板黄褐色。腹部黑褐色。足黄色。翅黄色，透明，中部与亚端部具褐色斑。

【主要习性】幼虫植食性。

■ 蝇科 Muscidae

493 铜腹重毫蝇

Dichaetomyia bibax
(Wiedemann, 1830)

【鉴别特征】体小型。体黑色，具金属光泽。后背中鬃3根，小盾腹侧缘具淡色细纤毛。翅褐色，透明，m_{1+2}脉末端稍向前弯曲，径脉腹面常具刚毛。

【主要习性】幼虫粪食性和腐食性。

494 黄端重毫蝇

Dichaetomyia fulvoapicata
Emden, 1965

【鉴别特征】体小型。体暗黑色。腹部具大片黄斑。后背中鬃4根，小盾腹侧缘和腹面裸。足黄色，跗节黑色。翅褐色，透明，干径脉裸。

【主要习性】幼虫粪食性和腐食性。

参考文献

彩万志 . 2022a. 拉英汉昆虫学词典 . 上卷 . 郑州：河南科学技术出版社 .

彩万志 . 2022b. 拉英汉昆虫学词典 . 下卷 . 郑州：河南科学技术出版社 .

彩万志 , 庞雄飞 , 花保祯 , 等 . 2011. 普通昆虫学 . 2 版 . 北京：中国农业大学出版社 .

曹玲珍 , 徐芳玲 , 杨茂发 . 2011. 贵州省蜻蜓目蜻总科昆虫种类研究 . 安徽农业科学 , 39(31): 19033-19035.

曹文聪 . 1987. 云南灯蛾科及拟灯蛾科名录 . 西南林学院学报 , 7(1): 63-67.

陈一心 . 1999. 中国动物志：昆虫纲　第十六卷　鳞翅目　夜蛾科 . 北京：科学出版社 .

陈一心 , 马文珍 . 2004. 中国动物志：昆虫纲　第三十五卷　革翅目 . 北京：科学出版社 .

杜予州 . 2020. 中国襀翅目昆虫系统分类研究进展 . 应用昆虫学报 , 57(2): 284-297.

方承莱 . 2000. 中国动物志：昆虫纲　第十九卷　鳞翅目　灯蛾科 . 北京：科学出版社：589.

冯平章 . 2002. 蜚蠊目 // 黄复生 . 海南森林昆虫 . 北京：科学出版社：45-48.

冯平章 , 郭子元 , 吴福桢 . 1997. 中国蟑螂种类及防治 . 北京：中国科学技术出版社：206.

高宇 , 史树森 . 2021. 蜻蜓目昆虫资源价值 . 生物资源 , 43(3): 276-283.

桂富荣 , 杨莲芳 . 2000. 云南毛翅目昆虫区系研究 . 昆虫分类学报 , 22(3): 212-222.

韩红香 , 薛大勇 . 2011. 中国动物志：昆虫纲　第五十四卷　鳞翅目　尺蛾科　尺蛾亚科 . 北京：科学出版社 .

和秋菊 , 易传辉 , 杨宇明 , 等 . 2012. 云南苍山洱海自然保护区蜻蜓目昆虫区系分析 . 西北林学院学报 , 27(3): 131-136.

江世宏 . 2002. 中国叩甲科区系中的优势种 . 中南林学院学报 , 22(4): 55-60.

姜应杰 , 徐芳玲 , 杨雄威 , 等 . 2021. 竹节虫研究进展 . 宁夏大学学报（自然科学版）, 42(3): 307-313.

康乐 . 刘春香 , 刘宪伟 . 2013. 中国动物志：昆虫纲　第五十七卷　直翅目　螽斯科　露螽亚科 . 北京：科学出版社：574.

李法圣 . 1989. 陕西啮虫十八新种（啮目：狭啮科，啮科）. 昆虫分类学报 , 11: 31-60.

李法圣 . 2011. 中国木虱志 . 北京：科学出版社：1976.

李鸿昌 , 夏凯龄 . 2006. 中国动物志：昆虫纲　第四十三卷　直翅目　蝗总科　斑腿蝗科 . 北京：科学出版社 .

李鹏 , 于昕 , 周长发 . 2005. 中文蜻蜓常用名称考 . 昆虫知识 , 42(4): 475-478.

李泽建 , 赵明水 , 刘萌萌 , 等 . 2019. 北京：中国农业科学技术出版社：300.

梁铬球 , 郑哲民 . 1998. 中国动物志：昆虫纲　第十二卷　直翅目　蚱总科 . 北京：科学出版社 .

刘宪伟 . 2007. 革翅目 // 王治国 , 张秀江 . 河南直翅类昆虫志 . 郑州：河南科学技术出版社：528-542.

刘友樵 . 2016. 中国动物志：昆虫纲　第四十七卷　鳞翅目　枯叶蛾科 . 北京：科学出版社 .

刘友樵 , 李广武 . 2002. 中国动物志：昆虫纲　第二十七卷　鳞翅目　卷蛾科 . 北京：科学出版社 .

陆宝麟 . 1997. 中国动物志：昆虫纲　第八卷　双翅目　蚊科（上）. 北京：科学出版社 .

任顺祥 , 王兴民 , 庞虹 , 等 . 2009. 中国瓢虫原色图鉴 . 北京：科学出版社 .

宋烨龙 , 任国栋 . 2015. 京津冀革翅目昆虫资源 . 河北大学学报（自然科学版）, 35(2): 169-176.

唐雪飞 , 庞虹 . 2021. 短角瓢虫属 Novius Mulsant 的研究（鞘翅目：瓢虫科：短角瓢虫族）. 环境昆虫学报 , 43(2): 279-291.

王吉申 , 花保祯 . 2018. 中国长翅目昆虫原色图鉴 . 郑州：河南科学技术出版社 .

王天齐 . 1993. 中国螳螂目分类概要 . 上海：上海科学技术文献出版社 .

王心丽，詹庆斌，王爱芹 . 2018. 中国动物志：昆虫纲　第六十八卷　脉翅目　蚁蛉总科 . 北京：科学出版社 .

王兴民，陈晓胜 . 2023. 中国瓢虫图鉴 . 福州：海峡书局 .

王治国 . 2017. 中国蜻蜓分类名录（蜻蜓目）. 河南科学，35(1): 48-77.

王宗庆，邱鹭 . 2018. 螳螂目 // 杨星科 . 秦岭昆虫志：第一卷　低等昆虫及直翅类 . 北京：世界图书出版公司：178-183.

王宗庆，邱鹭，车艳丽 . 2024. 中国螳螂大图鉴 . 重庆：重庆大学出版社 .

吴超 . 2021. 螳螂的自然史 . 福州：海峡书局 .

武春生 . 2001. 中国动物志：昆虫纲　第二十五卷　鳞翅目　凤蝶科　凤蝶亚科　锯凤蝶亚科　绢蝶亚科 . 北京：科学出版社 .

武春生 . 2010. 中国动物志：昆虫纲　第五十二卷　鳞翅目　粉蝶科 . 北京：科学出版社 .

武春生，方承莱 . 2003. 中国动物志：昆虫纲　第三十一卷　鳞翅目　舟蛾科 . 北京：科学出版社 .

武春生，徐堉峰 . 2017. 中国蝴蝶图鉴 . 福州：海峡书局 .

萧采瑜，等 . 1977. 中国蝽类昆虫鉴定手册（半翅目异翅亚目）第一册 . 北京：科学出版社 .

萧采瑜，任树芝，郑乐怡，等 . 1981. 中国蝽类昆虫鉴定手册（半翅目异翅亚目）第二册 . 北京：科学出版社 .

杨定，李竹，刘启飞，等 . 2020. 中国生物物种名录：第二卷　动物　昆虫（Ⅴ）双翅目（1）长角亚目 . 北京：科学出版社 .

杨定，刘星月 . 2010. 中国动物志：昆虫纲　第五十一卷　广翅目 . 北京：科学出版社 .

杨定，刘星月，杨星科 . 2018. 中国生物物种名录：第二卷　动物　昆虫（Ⅱ）脉翅总目 . 北京：科学出版社 .

杨定，刘星月，杨星科 . 2023. 中国脉翅类昆虫原色图鉴 . 郑州：河南科学技术出版社 .

杨定，王孟卿，董慧 . 2017. 秦岭昆虫志：第 10 卷　双翅目 . 西安：世界图书出版公司 .

杨定，王孟卿，李文亮，等 . 2020. 中国生物物种名录：第二卷　动物　昆虫（Ⅶ）双翅目（3）短角亚目　蝇类 . 北京：科学出版社 .

杨定，吴鸿，张俊华，等 . 2016. 天目山动物志：第九卷　昆虫纲　双翅目（Ⅱ）. 杭州：浙江大学出版社 .

杨定，杨集昆 . 1989. 陕西的金鹬虻属五新种（双翅目：鹬虻科）. 昆虫分类学报，11(3): 243-247.

杨定，姚刚，崔维娜 . 2012. 中国蜂虻科志 . 北京：中国农业大学出版社 .

杨定，张莉莉，张魁艳，等 . 2018. 中国生物物种名录：第二卷　动物　昆虫（Ⅵ）双翅目（2）短角亚目　虻类 . 北京：科学出版社 .

杨定，张婷婷，李竹 . 2014. 中国水虻总科志 . 北京：中国农业大学出版社 .

杨国辉，徐吉山，杨自忠，等 . 2012. 云南省蜻蜓目昆虫资源概述 . 大理学院学报，(10): 59-65.

杨星科，葛斯琴，王书永，等 . 2014. 中国动物志：昆虫纲　第六十一卷　鞘翅目　叶甲科　叶甲亚科 . 北京：科学出版社 .

杨星科，杨集昆，李文柱 . 2005. 中国动物志：昆虫纲　第三十九卷　脉翅目　草蛉科 . 北京：科学出版社 .

印象初，夏凯龄 . 2003. 中国动物志：昆虫纲　第三十二卷　直翅目　蝗总科　槌角蝗科　剑角蝗科 . 北京：科学出版社 .

岳颖，汪阗 . 2013. 北京蜻蜓生态鉴别手册 . 武汉：武汉大学出版社 .

云南省林业厅，中国科学院动物研究所 . 1987. 云南森林昆虫 . 昆明：云南科技出版社 .

张浩淼 . 2019a. 中国蜻蜓大图鉴 . 上册 . 重庆：重庆大学出版社 .

张浩淼 . 2019b. 中国蜻蜓大图鉴 . 下册 . 重庆：重庆大学出版社 .

张浩淼 . 2020. 常见蜻蜓野外识别手册 . 重庆：重庆大学出版社 .

张雅林 . 2017. 秦岭昆虫志：第三卷　半翅目　同翅亚目 . 西安：世界图书出版公司 .

张雅林 . 2024. 浙江昆虫志：第三卷　半翅目　同翅亚目 . 北京：科学出版社 .

赵丹阳，田明义 . 2008. 掘步甲属昆虫分类研究（鞘翅目：步甲科：壶步甲族）. 昆虫分类学报，30(3): 173-177.

赵养昌，陈元清 . 1980. 中国经济昆虫志：第二十册　鞘翅目　象虫科（一）. 北京：科学出版社 .

赵仲苓 . 2003. 中国动物志：昆虫纲　第三十卷　鳞翅目　毒蛾科 . 北京：科学出版社 .

赵仲苓 . 2016. 中国动物志：昆虫纲　第三十六卷　鳞翅目　波纹蛾科 . 北京：科学出版社 .

中国科学院动物研究所 . 1981. 中国蛾类图鉴 I. 北京：科学出版社 .

中国科学院动物研究所 . 1982. 中国蛾类图鉴 II . 北京：科学出版社 .

中国科学院动物研究所 . 1983. 中国蛾类图鉴 IV . 北京：科学出版社 .

周尧 . 1994. 中国蝶类志 . 郑州：河南科学技术出版社 .

周尧 . 1999. 中国蝴蝶原色图鉴 . 郑州：河南科学技术出版社 .

周长发 , 苏翠荣 , 归鸿 . 2015. 中国蜉蝣概述 . 北京：科学出版社 .

朱弘复 , 王林瑶 . 1991. 中国动物志：昆虫纲　第三卷　鳞翅目　圆钩蛾科　钩蛾科 . 北京：科学出版社 .

朱弘复 , 王林瑶 . 1996. 中国动物志：昆虫纲　第五卷　鳞翅目　蚕蛾科　大蚕蛾科　网蛾科 . 北京：科学出版社 .

朱弘复 , 王林瑶 . 1997. 中国动物志：昆虫纲　第十一卷　鳞翅目　天蛾科 . 北京：科学出版社 .

朱笑愚 , 吴超 , 袁勤 . 2012. 中国螳螂 . 北京：西苑出版社 .

朱一博 , 卢湖娜 , 佟月清 , 等 . 2023. 衣鱼目昆虫（Zygentoma）系统分类研究进展 . 生命科学 , 35(9): 1235-1247.

诸立新 , 刘子豪 , 虞磊 , 等 . 2017. 安徽蝴蝶志 . 合肥：中国科学技术大学出版社 .

An JD, Huang JX, Shao YQ, et al. 2014. The bumblebees of North China (Apidae, *Bombus latreille*). Zootaxa, 3830: 1-89.

An JD, Williams PH, Zhou BF, et al. 2011. The bumblebees of Gansu, Northwest China (Hymenoptera, Apidae). Zootaxa, 2865(1): 1-36.

Aukema B, Rieger C. 1995. Catalogue of the Heteroptera of the Palaearctic Region. Volume 1. Amsterdam: The Netherlands Entomological Society.

Aukema B, Rieger C. 1996. Catalogue of the Heteroptera of the Palaearctic Region. Volume 2. Amsterdam: The Netherlands Entomological Society.

Aukema B, Rieger C. 1999. Catalogue of the Heteroptera of the Palaearctic Region. Volume 3. Amsterdam: The Netherlands Entomological Society.

Aukema B, Rieger C. 2001. Catalogue of the Heteroptera of the Palaearctic Region. Volume 4. Amsterdam: The Netherlands Entomological Society.

Aukema B, Rieger C. 2006. Catalogue of the Heteroptera of the Palaearctic Region. Volume 5. Amsterdam: The Netherlands Entomological Society.

Bezděk A. 2009. Synonymical and geographic distribution notes for *Apogonia niponica* Lewis, 1895 (Coleoptera: Scarabaeidae: Melolonthinae). The Coleopterists Bulletin, 63(4): 438-444.

Bezděk J, Nie RE. 2019. Taxonomical changes and new records of Chrysomelidae (Coleoptera) from eastern Palaearctic and Oriental regions. Journal of Asia-Pacific Entomology, 22(3): 655-665.

Burckhardt D, Ouvrard D, Percy DM. 2021. An updated classification of the jumping plant-lice (Hemiptera: Psylloidea) integrating molecular and morphological evidence. European Journal of Taxonomy, 736: 137-182.

Cigliano M, Braun H, Eades D, et al. 2017. Orthoptera Species File. http://orthoptera.speciesfile.org/about[2024-08-04].

Ding MQ, Jacobus LM, Zhou CF. 2022. A review of the genus *Serratella* Edmunds, 1959 in China with description of a new species (Ephemeroptera: Ephemerellidae). Insects, 13(11): 1019.

Djernes M. 2018. Biodiversity of Blattodea: the cockroaches and termites // Foottit RG, Adler PH. Insect Biodiversity: Science and Society. 2nd ed. Oxford: Wiley-Blackwell: 359-387.

Liang FY, Liu XY. 2024. Systematic revision and molecular phylogenetics refine the generic classification of the bark louse family Stenopsocidae (Insecta: Psocodea: Psocomorpha). Arthropod Systematics & Phylogeny, 82: 433-446.

Kataev BM, Liang HB. 2015. Taxonomic review of Chinese species of ground beetles of the subgenus *Pseudoophonus* (genus *Harpalus*) (Coleoptera: Carabidae). Zootaxa, 3920(1): 1-39.

Kawahara AY, Storer C, Carvalho APS, et al. 2023. A global phylogeny of butterflies reveals their evolutionary history, ancestral hosts and biogeographic origins. Nature Ecology & Evolution, 7(6): 903-913.

Kohli M, Letsch H, Greve C, et al. 2021. Evolutionary history and divergence times of Odonata (dragonflies and damselflies) revealed through transcriptomics. iScience, 24(11): 103324.

Li XF, Luo YP, Jiang J, et al. 2021. Description of a new species of the genus *Ameletus* Eaton, 1885 (Ephemeroptera, Ameletidae) from Yunnan, China. ZooKeys, 1021: 37-51.

Liang HB, Kavanaugh DH. 2005. A review of genus *Onycholabis* Bates (Coleoptera: Carabidae: Platynini), with description of a new species from western Yunnan, China. The Coleopterists Bulletin, 59(4): 507-520.

Liu QP, Liu ZJ, Wang GL, et al. 2021. Taxonomic revision of the praying mantis subfamily Hierodulinae of China (Mantodea: Mantidae). Zootaxa, 4951(3): 401-433.

Liu XY, Hayashi F, Yang D. 2012. A new species of alderfly (Megaloptera: Sialidae) from Yunnan, China. Entomological News, 122(3): 265-269.

Men QL, Starkevich P, He LF, et al. 2021. *Tipula* (*Vestiplex*) from Yunnan and Tibet, China: one new species and redescriptions of five known species (Diptera: Tipulidae). Acta Entomologica Musei Nationalis Pragae, 61: 341-362.

Pang H, Ślipiński A, Wu YP, et al. 2012. Contribution to the knowledge of Chinese *Epilachna* Chevrolat with descriptions of new species (Coleoptera: Coccinellidae: Epilachnini). Zootaxa, 3420(1): 1-37.

Puthz V. 2013. Revision der *Stenus*-Arten China(3) (Coleoptera, Staphylinidae) 1. Linzer biologische Beiträge, 45: 851-883.

Shook G, Wiesner J. 2006. A list of the tiger beetles of China (Coleoptera: Cincindelidae). Fauna of China, 5: 5-26.

Strohecker H, Chujo M. 1970. *Sinocymbachus*, n. gen. from the orient (Coleoptera: Endomychidae). Pacific Insects, 12(3): 511-518.

Suvorov A, Scornavacca C, Fujimoto MS, et al. 2022. Deep ancestral introgression shapes evolutionary history of dragonflies and damselflies. Systematic Biology, 71(3): 526-546.

Taylor C, Barthélémy C. 2021. A review of the digger wasps (Insecta: Hymenoptera: Scoliidae) of Hong Kong, with description of one new species and a key to known species. European Journal of Taxonomy, 786(1): 1-92.

Nieukerken V, Kaila L, Kitching I, et al. 2011. Order Lepidoptera Linnaeus, 1758 // Zhang ZQ. Animal biodiversity: an outline of higher-level classification and survey of taxonomic richness. Zootaxa, 3148: 212-221.

Vasanth M, Selvakumar C, Subramanian KA, et al. 2020. New record of the genus *Baetiella* Uéno, 1931 (Ephemeroptera: Baetidae) from India with description of a new species and new records for five species. Zootaxa, 4763(4): 6.

Wang YJ, Yang L, Ye F, et al. 2021. A new species of the genus *Arria* Stål, 1877 (Mantodea, Haaniidae) from China with notes on the tribe Arriini Giglio-Tos, 1919. ZooKeys, 1025: 1-19.

Xi HC, Wang YN, Yang XK, et al. 2021. New species and taxonomic notes on *Lycocerus hickeri* species-group (Coleoptera Cantharidae). Zootaxa, 4980(3): 541-557.

Xu HX, Ge S, Kuban V, et al. 2013. Two new species of the genus *Coraebus* from China (Coleoptera: Buprestidae: Agrilinae: Coraebini). Acta Entomologica Musei Nationalis Pragae, 53(2): 687-696.

Yang YX, Kopetz A, Yang XK. 2013. Taxonomic and nomenclatural notes on the genera *Themus* Motschulsky and *Lycocerus* Gorham (Coleoptera, Cantharidae). ZooKeys, (340): 1-19.

Yang YX, Su JY, Yang XK. 2014. Description of six new species of *Lycocerus* Gorham (Coleoptera, Cantharidae), with taxonomic note and new distribution data of some other species. ZooKeys, 456: 85-107.

Ying XL, Zhou CF. 2021. The exact status and synonyms of three Chinese *Afronurus* Lestage, 1924 established by Navás in 1936 (Ephemeroptera: Heptageniidae). Zootaxa, 5082: 95-100.

Zhang DD, Cai YP, Li HH. 2014. Taxonomic review of the genus *Paratalanta* Meyrick, 1890 (Lepidoptera: Crambidae: Pyraustinae) from China, with descriptions of two new species. Zootaxa, 3753: 118-132.

Zhang W, Zhang M, Han NA, et al. 2020. Two new species of the genus *Notacanthurus* from China (Ephemeroptera: Heptageniidae, Ecdyonurinae). Zootaxa, 4802(2): 335-348.

Zhou DY. 2020. A revision of the genus *Morphostenophanes* Pic, 1925 (Coleoptera, Tenebrionidae, Stenochiinae, Cnodalonini). Zootaxa, 4769(1): 1-81.

昆虫名录

衣鱼目 Zygentoma

一、衣鱼科 Lepismatidae Latreille, 1802

1. 衣鱼属 *Lepisma* Linnaeus, 1758

（1）糖衣鱼 *Lepisma saccharina* Linnaeus, 1758

分布：云南（乌蒙山等）、黑龙江、吉林、辽宁、内蒙古、北京、天津、河北、山西、山东、河南、陕西、宁夏、甘肃、青海、新疆、江苏、上海、安徽、浙江、湖北、江西、湖南、福建、台湾、广东、海南、香港、澳门、广西、重庆、四川、贵州、西藏。

蜉蝣目 Ephemeroptera

一、四节蜉科 Baetidae Leach, 1815

1. 花翅蜉属 *Baetiella* Ueno, 1931

（1）具缘花翅蜉 *Baetiella marginata* Braasch, 1983

分布：云南（乌蒙山）、山西；印度，尼泊尔。

2. 假二翅蜉属 *Pseudocloeon* Klapalek, 1905

（2）紫假二翅蜉 *Pseudocloeon purpurata* Gui, Zhou & Sun, 1999

分布：云南（乌蒙山）。

二、扁蜉科 Heptageniidae Needham, 1901

3. 亚非蜉属 *Afronurus* Lestage, 1924

（3）具纹亚非蜉 *Afronurus costatus* (Navás, 1936)

分布：云南（乌蒙山）、江苏、安徽、浙江、江西、海南。

（4）江苏亚非蜉 *Afronurus kiangsuensis* (Puthz, 1971)

分布：云南（乌蒙山等）、江苏、湖北、湖南、海南。

（5）角鸮亚非蜉 *Afronurus otus* Braasch & Jacobus, 2011

分布：云南（乌蒙山）、香港。

（6）宜兴亚非蜉 *Afronurus yixingensis* (Wu & You, 1986)

分布：云南（乌蒙山）、北京、江苏、安徽、浙江、

湖北、湖南、海南。

4. 扁蜉属 *Heptagenia* Walsh, 1863

（7）黑斑扁蜉 *Heptagenia ngi* (Hsu, 1936)

分布：云南（乌蒙山）、浙江、湖南、江西、福建、广东、香港。

5. 背刺蜉属 *Notacanthurus* Tshernova, 1974

（8）多膜背刺蜉 *Notacanthurus lamellosus* Zhou, 2020

分布：云南（乌蒙山）、湖北、湖南、贵州。

（9）多斑背刺蜉 *Notacanthurus maculatus* Zhou, 2020

分布：云南（乌蒙山）、山西、河南、陕西、湖北、四川。

6. 赞蜉属 *Paegniodes* Eaton, 1881

（10）桶形赞蜉 *Paegniodes cupulatus* (Eaton, 1871)

分布：云南（乌蒙山）、浙江、福建、广东。

三、蜉蝣科 Ephemeridae Latreille, 1810

7. 蜉蝣属 *Ephemera* Linnaeus, 1758

（11）腋下蜉 *Ephemera axillaris* Navás, 1930

分布：云南（乌蒙山）、北京、山西、陕西、河南、甘肃、湖北、江西、湖南、四川、贵州。

（12）梧州蜉 *Ephemera wuchowensis* Hsu, 1937

分布：云南（乌蒙山等）、北京、河北、浙江、河南、陕西、甘肃、安徽、贵州、湖北、湖南。

四、小蜉科 Ephemerellidae Klapálek, 1909

8. 带肋蜉属 *Cincticostella* Allen, 1971

（13）御氏带肋蜉 *Cincticostella gosei* (Allen, 1975)

分布：云南（乌蒙山等）、河南、陕西、甘肃、江苏、安徽、浙江、江西、四川、贵州；印度，泰国。

9. 弯握蜉属 *Drunella* Needham, 1905

（14）石氏弯握蜉 *Drunella ishiyamana* (Matsumura, 1931)

分布：云南（乌蒙山等）、黑龙江、河南、陕西、青海、湖北、贵州；韩国，日本，越南。

10. 锯形蜉属 *Serratella* Edmunds, 1959

（15）尖刺锯形蜉 *Serratella acutiformis* Zhou, 2022

　　分布：云南（乌蒙山等）、四川。

11. 毛亮蜉属 *Teloganopsis* Ulmer, 1939

（16）刺毛亮蜉 *Teloganopsis punctisetae* (Matsumura, 1931)

　　分布：云南（乌蒙山）、黑龙江、河南、陕西、浙江、湖北、湖南、广西；俄罗斯，蒙古国，朝鲜，韩国，日本。

12. 天角蜉属 *Uracanthella* Belov, 1979

（17）红天角蜉 *Uracanthella rufa* Imanishi, 1937

　　分布：云南（乌蒙山）、黑龙江、北京、安徽、湖南、贵州；韩国。

五、细裳蜉科 Leptophlebiidae Banks, 1900

13. 宽基蜉属 *Choroterpes* Eaton, 1881

（18）隐宽基蜉 *Choroterpes facialis* (Gillies, 1951)

　　分布：云南（乌蒙山）、陕西、甘肃、安徽、浙江、福建、香港、贵州；泰国。

14. 似宽基蜉属 *Choroterpides* Ulmer, 1939

（19）显著似宽基蜉 *Choroterpides magnifica* Zhou, 2002

　　分布：云南（乌蒙山）。

15. 柔裳蜉属 *Habrophlebiodes* Ulmer, 1919

（20）紫金柔裳蜉 *Habrophlebiodes zijinensis* Gui, Zhang & Wu, 1996

　　分布：云南（乌蒙山）、陕西、江苏、安徽、浙江、湖北、江西、湖南、福建、重庆。

16. 思罗蜉属 *Thraulus* Eaton, 1881

（21）浅栗思罗蜉 *Thraulus semicastaneus* (Gillies, 1951)

　　分布：云南（乌蒙山等）、海南。

六、越南蜉科 Vietnamellidae Allen, 1984

17. 越南蜉属 *Vietnamella* Tshernova, 1972

（22）装饰越南蜉 *Vietnamella ornata* (Tshernova, 1972)

　　分布：云南（乌蒙山等）。

七、柿颚蜉科 Ameletidae Mccafferty, 1991

18. 柿颚蜉属 *Ameletus* Eaton, 1885

（23）大理柿颚蜉 *Ameletus daliensis* Tong, 2021

　　分布：云南（乌蒙山等）。

蜻蜓目 Odonata

一、综蟌科 Synlestidae Tillyard, 1917

1. 绿综蟌属 *Megalestes* Sélys, 1862

（1）细腹绿综蟌 *Megalestes micans* Needham, 1930

　　分布：云南（乌蒙山等）、广西、四川；印度，越南，老挝。

二、丝蟌科 Lestidae Calvert, 1901

2. 丝蟌属 *Lestes* Leach, 1815

（2）桨尾丝蟌 *Lestes sponsa* (Hansemann, 1823)

　　分布：云南（乌蒙山等）、黑龙江、吉林、辽宁、内蒙古、青海、湖北、四川；俄罗斯，蒙古国，朝鲜，韩国，日本，巴基斯坦。

三、山蟌科 Megapodagrionidae Tillyard, 1917

3. 凸尾山蟌属 *Mesopodagrion* McLachlan, 1896

（3）藏凸尾山蟌 *Mesopodagrion tibetanum* McLachlan, 1896

　　分布：云南（乌蒙山等）、重庆、四川、贵州；缅甸。

四、溪蟌科 Euphaeidae Jacobson & Bianchi, 1905

4. 异翅溪蟌属 *Anisopleura* Sélys, 1853

（4）庆元异翅溪蟌 *Anisopleura qingyuanensis* Zhou, 1982

　　分布：云南（乌蒙山等）、浙江、湖北、江西、湖南、福建、广东、广西、贵州；越南，老挝。

5. 尾溪蟌属 *Bayadera* Sélys, 1853

（5）巨齿尾溪蟌 *Bayadera melanopteryx* Ris, 1912

　　分布：云南（乌蒙山等）、河南、安徽、浙江、湖北、湖南、福建、广东、广西、重庆、四川、贵州；越南。

五、色蟌科 Calopterygidae Sélys, 1850

6. 闪色蟌属 *Caliphaea* Hagen, 1859

（6）紫闪色蟌 *Caliphaea consimilis* McLachlan, 1894

　　分布：云南（乌蒙山等）、甘肃、湖北、广西、重庆、四川、贵州；印度，不丹，尼泊尔，缅甸，越南，老挝。

7. 单脉色蟌属 *Matrona* Sélys, 1853

（7）透顶单脉色蟌 *Matrona basilaris* Sélys, 1853

　　分布：云南（乌蒙山等）、黑龙江、吉林、辽宁、内蒙古、北京、天津、河北、山西、山东、河南、陕西、江苏、上海、安徽、浙江、湖北、江西、湖南、福建、台湾、广东、海南、香港、澳门、广西、重庆、四川、贵州；越南，老挝。

六、扇螅科 Platycnemididae Jacobson & Bianchi, 1905

8. 丽扇螅属 Calicnemia Strand, 1928

（8）朱腹丽扇螅 Calicnemia eximia (Sélys, 1863)

分布：云南（乌蒙山等）、台湾、广西、四川、贵州、西藏；印度，不丹，尼泊尔，孟加拉国，缅甸，越南，老挝，泰国。

9. 长腹扇螅属 Coeliccia Kirby, 1890

（9）黄纹长腹扇螅 Coeliccia cyanomelas Ris, 1912

分布：云南（乌蒙山等）、河南、陕西、宁夏、甘肃、青海、新疆、湖北、湖南、广东、广西、重庆、四川、贵州；越南，老挝。

10. 扇螅属 Platycnemis Burmeister, 1839

（10）叶足扇螅 Platycnemis phyllopoda Djakonov, 1926

分布：云南（乌蒙山等）、黑龙江、辽宁、北京、天津、山东、江苏、浙江、湖北、江西、重庆；俄罗斯，朝鲜，韩国。

11. 狭扇螅属 Copera Kirby, 1890

（11）白狭扇螅 Copera annulata (Sélys, 1863）

分布：云南（乌蒙山等）、北京、陕西、浙江、湖北、福建、台湾、广东、香港、广西、重庆、四川、贵州；朝鲜，韩国，日本。

七、螅科 Coenagrionidae Kirby, 1890

12. 黄螅属 Ceriagrion Sélys, 1876

（12）长尾黄螅 Ceriagrion fallax Ris, 1914

分布：云南（乌蒙山等）、江苏、安徽、浙江、江西、福建、广东、海南、广西、重庆、四川、贵州、西藏；缅甸，越南，老挝，泰国，柬埔寨，菲律宾，马来西亚，新加坡，文莱，印度尼西亚。

（13）赤黄螅 Ceriagrion nipponicum Asahina, 1967

分布：云南（乌蒙山等）、北京、江苏、浙江、湖北、福建、台湾、广东、四川、贵州；朝鲜，韩国，日本。

13. 异痣螅属 Ischnura Charpentier, 1840

（14）东亚异痣螅 Ischnura asiatica (Brauer, 1865)

分布：云南（乌蒙山等）、黑龙江、吉林、辽宁、内蒙古、北京、河北、山西、山东、河南、江苏、浙江、湖北、江西、湖南、广东、重庆、四川、贵州；

俄罗斯，朝鲜，韩国，日本。

（15）赤斑异痣螅 Ischnura rufostigma Sélys, 1876

分布：云南（乌蒙山等）、福建、广东、广西、四川、贵州；印度，不丹，尼泊尔，孟加拉国，缅甸，越南，老挝，泰国，柬埔寨。

（16）褐斑异痣螅 Ischnura senegalensis (Rambur, 1842)

分布：云南（乌蒙山等）、河南、湖北、湖南、广东、海南、广西、重庆、四川、贵州、西藏；日本，印度，不丹，尼泊尔，孟加拉国，缅甸，越南，老挝，泰国，柬埔寨。

14. 尾螅属 Paracercion Weekers & Dumont, 2004

（17）蓝纹尾螅 Paracercion calamorum (Ris, 1916)

分布：云南（乌蒙山等）、黑龙江、吉林、辽宁、内蒙古、北京、天津、河北、山西、山东、河南、陕西、宁夏、甘肃、青海、新疆、江苏、上海、安徽、浙江、湖北、江西、湖南、福建、台湾、广东、海南、香港、澳门、广西、重庆、四川、贵州、西藏；俄罗斯，朝鲜，韩国，日本，印度，马来西亚。

（18）捷尾螅 Paracercion v-nigrum (Needham, 1930)

分布：云南（乌蒙山等）、内蒙古、北京、天津、河北、山西、山东、河南、陕西、宁夏、甘肃、青海、新疆、江苏、上海、安徽、浙江、湖北、江西、湖南、福建、台湾、广东、海南、香港、澳门、广西、重庆、四川、贵州、西藏；越南。

八、蜻科 Libellulidae Leach, 1815

15. 红蜻属 Crocothemis Brauer, 1868

（19）长尾红蜻 Crocothemis erythraea (Brullé, 1832)

分布：云南（乌蒙山等）、广东、广西、贵州；巴基斯坦，印度，不丹，尼泊尔，孟加拉国，缅甸，越南，老挝，泰国，柬埔寨。

16. 蜻属 Libellula Linnaeus, 1758

（20）高斑蜻 Libellula basilinea McLachlan, 1894

分布：云南（乌蒙山等）、湖北、海南、广西、重庆、四川、贵州；越南，老挝，泰国。

17. 灰蜻属 Orthetrum Newman, 1833

（21）白尾灰蜻 Orthetrum albistylum (Sélys, 1848)

分布：云南（乌蒙山等）、黑龙江、吉林、辽宁、内蒙古、北京、天津、河北、山西、山东、河南、陕西、宁夏、甘肃、青海、新疆、江苏、上海、安徽、浙江、湖北、江西、湖南、福建、台湾、广东、海南、香港、澳门、广西、重庆、四川、贵州、西藏；俄罗斯，朝鲜，韩国，日本。

（22）黑尾灰蜻 *Orthetrum glaucum* (Brauer, 1865)

分布：云南（乌蒙山等）、山西、河南、安徽、浙江、湖北、江西、湖南、香港、广西、重庆、四川、贵州；缅甸，越南，老挝，泰国，柬埔寨。

（23）赤褐灰蜻 *Orthetrum pruinosum* (Burmeister, 1839)

分布：云南（乌蒙山等）、浙江、福建、台湾、广东、广西、贵州；印度，不丹，尼泊尔，孟加拉国，缅甸，越南，老挝，泰国，柬埔寨。

（24）异色灰蜻 *Orthetrum triangulare* (Sélys, 1878)

分布：云南（乌蒙山等）、黑龙江、吉林、辽宁、内蒙古、北京、天津、河北、山西、山东、河南、陕西、宁夏、甘肃、青海、新疆、江苏、上海、安徽、浙江、湖北、江西、湖南、福建、台湾、广东、海南、香港、澳门、广西、重庆、四川、贵州、西藏；俄罗斯，朝鲜，韩国，日本。

18. 黄蜻属 *Pantala* Hagen, 1861

（25）黄蜻 *Pantala flavescens* (Fabricius, 1798)

分布：云南（乌蒙山等）、黑龙江、吉林、辽宁、内蒙古、北京、天津、河北、山西、山东、河南、陕西、宁夏、甘肃、青海、新疆、江苏、上海、安徽、浙江、湖北、江西、湖南、福建、台湾、广东、海南、香港、澳门、广西、重庆、四川、贵州、西藏；缅甸，越南，老挝，泰国，柬埔寨。

19. 赤蜻属 *Sympetrum* Newman, 1833

（26）竖眉赤蜻 *Sympetrum eroticum* (Sélys, 1883)

分布：云南（乌蒙山等）、安徽、浙江、湖北、湖南、福建、台湾、广东、重庆、四川、贵州；越南。

（27）方氏赤蜻 *Sympetrum fonscolombii* (Sélys, 1840)

分布：云南（乌蒙山等）、黑龙江、吉林、辽宁、内蒙古、北京、天津、河北、山西、山东、河南、陕西、江苏、上海、安徽、浙江、湖北、江西、湖南、福建、台湾、广东、海南、香港、澳门、广西、重庆、四川、贵州；印度，不丹，尼泊尔，孟加拉国，缅甸，越南，老挝，泰国，柬埔寨。

（28）条斑赤蜻 *Sympetrum striolatum* (Charpentier, 1840)

分布：云南（乌蒙山等）、黑龙江、吉林、辽宁、内蒙古、北京、河北、山西、山东、河南、陕西、新疆、四川；朝鲜，韩国，日本。

20. 褐蜻属 *Trithemis* Brauer, 1868

（29）晓褐蜻 *Trithemis aurora* (Burmeister, 1839)

分布：云南（乌蒙山等）、内蒙古、北京、天津、河北、山西、山东、河南、陕西、宁夏、甘肃、青海、新疆、江苏、上海、安徽、浙江、湖北、江西、湖南、福建、台湾、广东、海南、香港、澳门、广西、重庆、四川、贵州、西藏；日本，印度，不丹，尼泊尔，孟加拉国，缅甸，越南，老挝，泰国，柬埔寨。

革翅目 Dermaptera

一、球螋科 Forficulidae Stephens, 1892

1. 异螋属 *Allodahlia* Verhoeff, 1902

（1）异螋 *Allodahlia scabriuscula* Serville, 1839

分布：云南（乌蒙山等）、甘肃、湖北、湖南、台湾、广东、广西、四川、西藏；印度，不丹，缅甸，越南，印度尼西亚。

2. 张球螋属 *Anechura* Scudder, 1876

（2）日本张球螋 *Anechura japonica* (Bormans, 1880)

分布：云南（乌蒙山等）、吉林、河北、山西、山东、宁夏、甘肃、浙江、湖北、江西、湖南、福建、广西、四川、西藏；俄罗斯，朝鲜，日本。

3. 慈螋属 *Eparchus* Burr, 1907

（3）慈螋 *Eparchus insignis* (Haan, 1842)

分布：云南（乌蒙山等）、新疆、福建、台湾、广东、海南、广西、四川、贵州、西藏；泰国，印度，缅甸，尼泊尔，斯里兰卡，马来西亚，印度尼西亚。

（4）简慈螋 *Eparchus simplex* Bormans, 1894

分布：云南（乌蒙山等）；印度，缅甸，泰国，菲律宾，马来西亚。

4. 垂缘螋属 *Eudohrnia* Burr, 1907

（5）多毛垂缘螋 *Eudohrnia hirsuta* Zhang, Ma & Chen, 1993

分布：云南（乌蒙山）、浙江、湖北、湖南、福建、四川。

（6）垂缘螋 *Eudohrnia metallica* Dohrn, 1865

分布：云南（乌蒙山等）、湖北、湖南、福建、广东、海南、广西、四川、西藏；印度，尼泊尔，缅甸，越南。

5. 球螋属 *Forficula* Linnaeus, 1758

（7）比球螋 *Forficula beelzebub* Burr, 1900

分布：云南（乌蒙山等）、四川、西藏；印度。

（8）达球螋 *Forficula davidi* Burr, 1905

分布：云南（乌蒙山等）、河北、山西、山东、陕西、宁夏、甘肃、湖北、湖南、四川、西藏。

（9）齿球螋 *Forficula mikado* Burr, 1904

分布：云南（乌蒙山等）、黑龙江、吉林、辽宁、陕西、甘肃、湖北、四川；朝鲜，日本。

（10）辉球螋 *Forficula plendida* Bey-Bienko, 1933

分布：云南（乌蒙山等）、江苏、湖北。

襀翅目 Plecoptera

一、襀科 Perlidae Latreille, 1802

1. 瘤钮襀属 *Hemacroneuria* Enderlein, 1909

（1）长形瘤钮襀 *Hemacroneuria elongata* Li, Mo & Murányi, 2019

分布：云南（乌蒙山）。

2. 襟襀属 *Togoperla* Klapálek, 1907

（2）佛氏襟襀 *Togoperla fortunati* Navás, 1926

分布：云南（乌蒙山等）、甘肃、四川、贵州。

3. 新襀属 *Neoperla* Needham, 1905

（3）彝良新襀 *Neoperla yiliangensis* Mo, Li & Murányi, 2024

分布：云南（乌蒙山）。

（4）钳突新襀 *Neoperla forcipata* Yang & Yang, 1992

分布：云南（乌蒙山）、河南、江苏、上海、安徽、浙江、江西、湖南、福建、广东、广西。

二、叉襀科 Nemouridae Newman, 1853

4. 叉襀属 *Nemoura* Latreille, 1796

（5）匙尾叉襀 *Nemoura cochleocercia* Wu, 1962

分布：云南（乌蒙山等）、四川。

三、卷襀科 Leuctridae Klapalek, 1905

5. 诺襀属 *Rhopalopsole* Klapalek, 1912

（6）中华诺襀 *Rhopalopsole sinensis* Yang & Yang, 1993

分布：云南（乌蒙山等）、河南、陕西、宁夏、安徽、浙江、湖北、江西、福建、广东、广西、四川、贵州；越南。

四、绿襀科 Chloroperlidae Okamoko, 1912

6. 简襀属 *Haploperla* Navás, 1934

（7）周氏简绿襀 *Haploperla choui* Li & Yao, 2013

分布：云南（乌蒙山等）、陕西。

直翅目 Orthoptera

一、蝼蛄科 Gryllotalpidae Leach, 1815

1. 蝼蛄属 *Gryllotalpa* Latreille, 1802

（1）东方蝼蛄 *Gryllotalpa orientalis* Burmeister, 1838

分布：云南（乌蒙山等）、黑龙江、吉林、辽宁、内蒙古、北京、天津、河北、山东、青海、江苏、上海、浙江、湖北、江西、湖南、福建、广东、海南、广西、四川、贵州、西藏；俄罗斯，朝鲜，日本，缅甸，越南，老挝，泰国，柬埔寨，斯里兰卡，菲律宾，马来西亚，新加坡，文莱，印度尼西亚。

二、蛉蟋科 Trigoniidae Saussure, 1874

2. 异针蟋属 *Pteronemobius* Jacobson, 1904

（2）内蒙古异针蟋 *Pteronemobius neimongolensis* Kang & Mao, 1990

分布：云南（乌蒙山）、内蒙古、陕西、宁夏、青海、四川。

三、树蟋科 Oecanthidae Blanchard, 1845

3. 树蟋属 *Oecanthus* Serville, 1831

（3）长瓣树蟋 *Oecanthus longicauda* Matsumura, 1904

分布：云南（乌蒙山等）、吉林、山西、陕西、浙江、江西、湖南、福建、广东、海南、广西、四川、贵州；俄罗斯，朝鲜，日本。

四、蟋蟀科 Gryllidae Laicharting, 1781

4. 多兰蟋属 *Duolandrevus* Kirby, 1906

（4）喜树幽兰蟋 *Duolandrevus dendrophilus* (Gorochov, 1988)

分布：云南（乌蒙山）、福建、广东、广西、四川、贵州；越南。

5. 哑蟋属 *Goniogryllus* Chopard, 1936

（5）峨眉哑蟋 *Goniogryllus emeicus* Wu & Wang, 1992

分布：云南（乌蒙山）、四川。

（6）藏蜀哑蟋 *Goniogryllus potamini* Bey-Bienko, 1956

分布：云南（乌蒙山）、四川、西藏。

6. 姬蟋属 *Svercacheta* Gorochov, 1993

（7）长翅姬蟋 *Svercacheta siamensis* (Chopard, 1961)

分布：云南（乌蒙山等）、陕西、上海、浙江、江西、福建、台湾、广东、广西、四川、贵州；朝鲜，日本，印度，尼泊尔，泰国，西亚地区，北美洲。

7. 油葫芦属 *Teleogryllus* Chopard, 1961

（8）黄脸油葫芦 *Teleogryllus emma* (Ohmachi & Matsumura, 1951)

分布：云南（乌蒙山等）、北京、河北、山西、山东、河南、陕西、江苏、上海、安徽、浙江、湖北、福建、广东、海南、香港、广西、四川、贵州。

（9）黑脸油葫芦 *Teleogryllus occipitalis* (Serville, 1838)

分布：云南（乌蒙山等）、浙江、湖北、江西、湖南、福建、台湾、广东、海南、广西、四川、贵州、西藏；日本，菲律宾，马来西亚。

五、螽斯科 Tettigoniidae Krauss, 1902

8. 草螽属 Conocephalus Thunberg, 1815
（10）悦鸣草螽 Conocephalus melaenus Haan, 1843
分布：云南（乌蒙山等）、河南、江苏、上海、安徽、浙江、湖北、湖南、福建、台湾、广东、广西、四川、贵州；日本。

9. 条螽属 Ducetia Stål, 1874
（11）尖翅条螽 Ducetia attenuata Xia & Liu, 1990
分布：云南（乌蒙山等）。
（12）日本条螽 Ducetia japonica Thunberg, 1815
分布：云南（乌蒙山等）、吉林、上海、湖南、台湾、广西、四川；朝鲜，韩国，印度，尼泊尔，越南，马来西亚。

10. 掩耳螽属 Elimaea Stål, 1874
（13）疹点掩耳螽 Elimaea punctifera (Walker, 1869)
分布：云南（乌蒙山等）、浙江、湖北、江西、湖南、福建、台湾、广东、海南、香港、广西、重庆、四川、贵州、西藏；巴基斯坦，印度，孟加拉国，越南，泰国。

11. 半掩耳螽属 Hemielimaea Brunner von Wattenwyl, 1878
（14）中华半掩耳螽 Hemielimaea chinensis Brunner von Wattenwyl, 1878
分布：云南（乌蒙山等）、河南、安徽、浙江、湖北、湖南、福建、广东、海南、广西、四川、贵州。

12. 似织螽属 Hexacentrus Serville, 1831
（15）素色似织螽 Hexacentrus unicolor Serville, 1831
分布：云南（乌蒙山等）、浙江、广东。

13. 平背螽属 Isopsera Brunner von Wattenwyl, 1878
（16）细齿平背螽 Isopsera denticulata Ebner, 1939
分布：云南（乌蒙山）、陕西、安徽、浙江、湖北、江西、湖南、福建、广东、海南、广西、四川、贵州；日本。
（17）黑角平背螽 Isopsera nigroantennata Xia & Liu, 1993
分布：云南（乌蒙山）、安徽、浙江、湖南、四川。

14. 纺织娘属 Mecopoda Serville, 1831
（18）日本纺织娘 Mecopoda niponensis (Haan, 1843)
分布：云南（乌蒙山等）、北京、河北、山西、山东、陕西、甘肃、江苏、浙江、湖北、湖南、福建、广东、广西、重庆、四川、贵州；朝鲜，韩国，日本，越南。

15. 大蛩螽属 Megaconema Gorochov, 1993
（19）黑膝大蛩螽 Megaconema geniculata Bey-Bienko, 1962
分布：云南（乌蒙山等）、河南、陕西、安徽、湖北、湖南、台湾、重庆、四川、贵州。

16. 露螽属 Phaneroptera Serville, 1831
（20）镰尾露螽 Phaneroptera falcata (Poda, 1761)
分布：云南（乌蒙山等）、黑龙江、吉林、辽宁、内蒙古、北京、天津、河北、山西、山东、河南、陕西、宁夏、甘肃、青海、新疆、江苏、上海、安徽、浙江、湖北、江西、湖南、福建、台湾、广东、海南、香港、澳门、广西、重庆、四川、贵州、西藏；俄罗斯，日本，韩国。

17. 拟库螽属 Pseudokuzicus Gorochov, 1993
（21）叉尾拟库螽 Pseudokuzicus furcicaudus (Mu, He & Wang, 2000)
分布：云南（乌蒙山）、浙江。

18. 糙颈螽属 Ruidocollaris Liu, 1993
（22）中华糙颈螽 Ruidocollaris sinensis Liu & Kang, 2014
分布：云南（乌蒙山等）、河南、陕西、安徽、浙江、湖北、江西、湖南、福建、台湾、广东、海南、广西、四川、贵州、西藏。

19. 华绿螽属 Sinochlora Tinkham, 1945
（23）四川华绿螽 Sinochlora szechwanensis Tinkham, 1945
分布：云南（乌蒙山等）、河南、陕西、甘肃、安徽、浙江、湖北、江西、湖南、福建、台湾、广东、海南、广西、四川、贵州。

20. 覆翅螽属 Tegra Walker, 1870
（24）覆翅螽 Tegra novaehollandiae (Haan, 1843)
分布：云南（乌蒙山等）、北京、河北、山西、山东、陕西、甘肃、湖南、广西、四川；印度，尼泊尔，缅甸，马来西亚，印度尼西亚。

21. 畸螽属 Teratura Redtenbacher, 1891
（25）佩带畸螽 Teratura cincta (Bey-Bienko, 1962)
分布：云南（乌蒙山等）、江西、湖南、福建、广东、广西、重庆、四川、贵州。

22. 薮螽属 Tettigonia Fabricius, 1775
（26）中华薮螽 Tettigonia chinensis Willemse, 1933
分布：云南（乌蒙山等）、湖南、四川。

23. 栖螽属 Xizicus Gorochov, 1993
（27）匙尾简栖螽 Xizicus spathulatus (Tinkham, 1944)
分布：云南（乌蒙山等）、湖南、四川。

六、蚱科 Tetrigidae Rambur, 1838

24. 波蚱属 Bolivaritettix Günther, 1939

（28）宽顶波蚱 Bolivaritettix lativertex (Brunner von Wattenwyl, 1893)

　　分布：云南（乌蒙山等）、安徽、湖北、福建、广西、四川、贵州；尼泊尔，缅甸，越南，泰国。

25. 拟科蚱属 Cotysoide Zheng & Jiang, 2000

（29）白须拟科蚱 Cotysoides albipalpulus Zheng & Jiang, 2003

　　分布：云南（乌蒙山）、广西。

26. 优角蚱属 Eucriotettix Hebard, 1929

（30）钝优角蚱 Eucriotettix dohertyi (Hancock, 1915)

　　分布：云南（乌蒙山等）、湖南、贵州；印度。

27. 刺翼蚱属 Scelimena Serville, 1838

（31）梅氏刺翼蚱 Scelimena melli Günther, 1938

　　分布：云南（乌蒙山等）、湖北、广东、广西、重庆、四川、贵州。

28. 蚱属 Tetrix Latreille, 1802

（32）日本蚱 Tetrix japonica (Bolívar, 1887)

　　分布：云南（乌蒙山等）、黑龙江、吉林、辽宁、内蒙古、北京、天津、河北、山西、山东、河南、陕西、宁夏、甘肃、青海、新疆、江苏、上海、安徽、浙江、湖北、江西、湖南、福建、台湾、广东、海南、香港、澳门、广西、重庆、四川、贵州、西藏；俄罗斯，日本。

七、蚤蝼科 Tridactylidae Brullé, 1835

29. 赛蚤蝼属 Xya Latreille, 1809

（33）四川赛蚤蝼 Xya sichuanensis Cao, Shi & Yin, 2018

　　分布：云南（乌蒙山）、四川。

八、剑角蝗科 Acrididae MacLeay, 1821

30. 竹蝗属 Ceracris Walker, 1870

（34）青脊竹蝗 Ceracris nigricornis Tsai, 1929

　　分布：云南（乌蒙山等）、陕西、江苏、安徽、浙江、湖北、江西、湖南、福建、广东、澳门、广西。

31. 棉蝗属 Chondracris Uvarov, 1923

（35）棉蝗 Chondracris rosea (De Geer, 1773)

　　分布：云南（乌蒙山等）、黑龙江、吉林、辽宁、内蒙古、北京、天津、河北、山西、山东、河南、陕西、宁夏、甘肃、青海、新疆、江苏、上海、安徽、浙江、湖北、江西、湖南、福建、台湾、广东、海

南、香港、澳门、广西、重庆、四川、贵州、西藏；朝鲜，韩国，尼泊尔，印度，泰国。

32. 稻蝗属 Oxya Serville, 1831

（36）山稻蝗 Oxya agavisa Tsai, 1931

　　分布：云南（乌蒙山等）、江苏、上海、安徽、浙江、湖北、江西、湖南、福建、广东、广西、四川、贵州。

（37）小稻蝗 Oxya intricata (Stål, 1861)

　　分布：云南（乌蒙山等）、山东、陕西、江苏、上海、安徽、浙江、湖北、江西、湖南、福建、台湾、广东、香港、广西、贵州、西藏；日本，越南，泰国，菲律宾，马来西亚，新加坡，印度尼西亚。

33. 佛蝗属 Phlaeoba Stål, 1861

（38）僧帽佛蝗 Phlaeoba infumata Brunner von Wattenwyl, 1893

　　分布：云南（乌蒙山等）、陕西、江苏、湖北、江西、福建、广东、海南、四川、贵州；缅甸。

34. 凸额蝗属 Traulia Stål, 1873

（39）四川凸额蝗 Traulia szetshuanensis Ramme, 1941

　　分布：云南（乌蒙山）、重庆。

35. 疣蝗属 Trilophidia Stål, 1873

（40）疣蝗 Trilophidia annulata (Thunberg, 1815)

　　分布：云南（乌蒙山等）、黑龙江、吉林、辽宁、内蒙古、河北、山东、陕西、宁夏、甘肃、江苏、安徽、浙江、江西、福建、广东、海南、澳门、广西、四川、贵州、西藏；朝鲜，日本，印度。

36. 外斑腿蝗属 Xenocatantops Dirsh, 1953

（41）短角外斑腿蝗 Xenocatantops brachycerus (Willemse, 1932)

　　分布：云南（乌蒙山等）、河北、陕西、甘肃、江苏、浙江、湖北、福建、台湾、广东、海南、贵州、西藏；印度，不丹，尼泊尔。

九、锥头蝗科 Pyrgomorphidae Brunner von Wattenwyl, 1874

37. 负蝗属 Atractomorpha Saussure, 1862

（42）长额负蝗 Atractomorpha lata (Motschoulsky, 1866)

　　分布：云南（乌蒙山等）、北京、河北、山东、陕西、上海、湖北、广西；朝鲜，日本。

（43）短额负蝗 Atractomorpha sinensis Bolívar, 1905

　　分布：云南（乌蒙山等）、北京、河北、山西、山东、河南、陕西、甘肃、青海、江苏、上海、安徽、浙江、湖北、江西、湖南、福建、台湾、广东、海南、

澳门、广西、四川、贵州；日本，越南。

䗛目 Phasmatodea

一、䗛科 Phasmatidae Leach, 1815

1. 介䗛属 Interphasma Chen & He, 2008

（1）粗脊介䗛 Interphasma carinatum Liu, Yang, Gu & Wang, 2024

分布：云南（乌蒙山等）。

螳螂目 Mantodea

一、角螳科 Haaniidae Giglio-Tos, 1915

1. 缺翅螳属 Arria Stål, 1877

（1）淡色缺翅螳 Arria pallida (Zhang, 1987)

分布：云南（乌蒙山等）、广东、贵州。

二、花螳科 Hymenopodidae Giglio-Tos, 1927

2. 齿螳属 Odontomantis Saussure, 1871

（2）四川齿螳 Odontomantis laticollis Beier, 1933

分布：云南（乌蒙山）、四川。

三、螳科 Mantidae Burmeister, 1838

3. 斧螳属 Hierodula Burmeister, 1838

（3）广斧螳 Hierodula patellifera Serville, 1839

分布：云南（乌蒙山等）、北京、山西、河南、陕西、江苏、上海、安徽、浙江、湖北、湖南、福建、台湾、广东、海南、广西、四川、贵州；韩国，日本，印度，缅甸，老挝，泰国，柬埔寨，菲律宾，马来西亚，印度尼西亚。

4. 静螳属 Statilia Stål, 1877

（4）污斑静螳 Statilia maculata Thunberg, 1784

分布：云南（乌蒙山等）、黑龙江、内蒙古、北京、山西、河南、陕西、江苏、上海、安徽、浙江、湖北、湖南、福建、台湾、广东、海南、广西、重庆、四川、贵州、西藏；俄罗斯，韩国，日本，印度，缅甸，老挝，泰国，柬埔寨，菲律宾，马来西亚，印度尼西亚，欧洲，北美洲。

5. 大刀螳属 Tenodera Burmeister, 1838

（5）中华大刀螳 Tenodera sinensis (Saussure, 1871)

分布：云南（乌蒙山等）、黑龙江、内蒙古、北京、山西、河南、陕西、江苏、安徽、上海、浙江、湖北、湖南、福建、台湾、广东、海南、广西、重庆、

四川、贵州、西藏；韩国，日本，印度，缅甸，老挝，泰国，柬埔寨，菲律宾，马来西亚，印度尼西亚，北美洲。

蜚蠊目 Blattodea

一、硕蠊科 Blaberidae Saussure, 1864

1. 弯翅蠊属 Panesthia Serville, 1831

（1）贵州弯翅蠊 Panesthia guizhouensis Wang, Wang & Che, 2014

分布：云南（乌蒙山）、四川、贵州。

2. 大光蠊属 Rhabdoblatta Kirby, 1903

（2）卡氏大光蠊 Rhabdoblatta krasnovi (Bey-Bienko, 1969)

分布：云南（乌蒙山等）、湖北、广西、重庆。

二、姬蠊科 Ectobiidae Brunner von Wattenwyl, 1865

3. 小蠊属 Blattella Caudell, 1903

（3）德国小蠊 Blattella germanica (Linnaeus, 1767)

分布：云南（乌蒙山等）、黑龙江、吉林、辽宁、内蒙古、北京、天津、河北、山西、山东、河南、陕西、宁夏、甘肃、青海、江苏、上海、安徽、浙江、湖北、江西、湖南、福建、台湾、广东、海南、香港、澳门、广西、重庆、四川、贵州、西藏；朝鲜，韩国，日本，印度，不丹，尼泊尔，孟加拉国，缅甸，越南，老挝，泰国，柬埔寨，斯里兰卡，菲律宾，马来西亚，新加坡，文莱，印度尼西亚，西亚地区，欧洲，大洋洲，非洲，北美洲，南美洲。

4. 拟歪尾蠊属 Episymploce Bey-Bienko, 1950

（4）中华拟歪尾蠊 Episymploce sinensis (Walker, 1869)

分布：云南（乌蒙山）、安徽、福建、重庆、四川、贵州。

三、蜚蠊科 Blattidae Latreille, 1810

5. 郝氏蠊属 Hebardina Bey-Bienko, 1938

（5）丽郝氏蠊 Hebardina concinna (Haan, 1842)

分布：云南（乌蒙山等）；缅甸，马来西亚，印度尼西亚。

6. 大蠊属 Periplaneta Burmeister, 1838

（6）淡赤褐大蠊 Periplaneta ceylonica Karny, 1908

分布：云南（乌蒙山等）、湖南、福建、广东、海南、广西；印度，斯里兰卡。

（7）黑胸大蠊 Periplaneta fuliginosa (Serville, 1838)

分布：云南（乌蒙山等）、福建、台湾、广东、广西；韩国，日本，印度，欧洲，北美洲，南美洲。

啮虫目 Psocodea

一、啮科 Psocidae Hagen, 1865

1. 昧啮属 *Metylophorus* Pearman, 1932
（1）双角昧啮 *Metylophorus bicornutus* Li & Yang, 1987
　　分布：云南（乌蒙山等）、广西、贵州。

2. 触啮属 *Psococerastis* Pearman, 1932
（2）白斑触啮 *Psococerastis albimaculata* Li & Yang, 1988
　　分布：云南（乌蒙山等）、福建、广西、重庆。
（3）奇齿触啮 *Psococerastis dissidens* Li, 2002
　　分布：云南（乌蒙山等）、四川、贵州。

二、单啮科 Caeciliusidae Mockford, 2000

3. 单啮属 *Caecilius* Li, 1992
（4）窄带单啮 *Caecilius loratus* Li, 1992
　　分布：云南（乌蒙山等）、湖北、湖南、广西、四川、贵州。
（5）中带单啮 *Caecilius medivittatus* Li, 1992
　　分布：云南（乌蒙山等）、湖北、湖南、广西、四川。

三、狭啮科 Stenopsocidae Pearman, 1936

4. 狭啮属 *Neostenopsocus* Liang & Liu, 2024
（6）颊斑狭啮 *Neostenopsocus genostictus* (Li, 2002)
　　分布：云南（乌蒙山等）、湖北、广西、四川、贵州。
（7）愚笨狭啮 *Neostenopsocus obscurus* (Li, 1997)
　　分布：云南（乌蒙山等）、陕西、安徽、浙江、湖北、广西、四川、贵州。
（8）黑痣狭啮 *Neostenopsocus phaeostigmus* (Li, 1992)
　　分布：云南（乌蒙山等）、湖南、四川、贵州。

缨翅目 Thysanoptera

一、蓟马科 Thripidae

1. 花蓟马属 *Frankliniella* Karny, 1910
（1）西花蓟马 *Frankliniella occidentalis* (Pergande, 1895)
　　分布：云南（乌蒙山等）、黑龙江、吉林、辽宁、北京、河北、山东、河南、陕西、宁夏、甘肃、新疆、江苏、安徽、浙江、湖北、福建、台湾、广东、海南、广西、重庆、四川、贵州；世界广布。

半翅目 Hemiptera

一、斑木虱科 Aphalaridae Löw, 1879

1. 边木虱属 *Craspedolepta* Enderlein, 1921
（1）白条边木虱 *Craspedolepta leucotaenia* Li, 2005
　　分布：云南（乌蒙山等）、陕西、甘肃、湖北、四川、贵州。

二、裂木虱科 Carsidaridae Crawford, 1911

2. 同木虱属 *Homotoma* Heslop-Harrison, 1958
（2）黄脊同木虱 *Homotoma galbvittatum* (Yang & Li, 1984)
　　分布：云南（乌蒙山等）。

三、丽木虱科 Calophyidae Vondráček, 1957

3. 丽木虱属 *Calophya* Löw, 1879
（3）红麸杨丽木虱 *Calophya rhopenjabensis* Li, 2011
　　分布：云南（乌蒙山等）；韩国。

四、个木虱科 Triozidae Löw, 1879

4. 瘿个木虱属 *Cecidotrioza* Kieffer, 1908
（4）哀牢山瘿个木虱 *Cecidotrioza ailaoshanensis* (Li, 2011)
　　分布：云南（乌蒙山等）。
（5）尖翅瘿个木虱 *Cecidotrioza oxyptera* (Li, 2011)
　　分布：云南（乌蒙山等）。

五、蚜科 Aphididae Latreille, 1802

5. 蚜属 *Aphis* Linnaeus, 1758
（6）橘二叉声蚜 *Aphis aurantii* Boyer de Fonscolombe, 1841
　　分布：云南（乌蒙山等）；俄罗斯，蒙古国，朝鲜，韩国，日本，巴基斯坦，印度，不丹，尼泊尔，孟加拉国，缅甸，越南，老挝，泰国，柬埔寨，斯里兰卡，菲律宾，马来西亚，新加坡，文莱，印度尼西亚，中亚地区，西亚地区，欧洲，大洋洲，非洲，北美洲，南美洲。
（7）芒果蚜 *Aphis odinae* (van der Goot, 1917)
　　分布：云南（乌蒙山等）、北京、河北、山东、河南、江苏、浙江、江西、湖南、福建、台湾、广东；朝鲜，日本，印度，印度尼西亚。

六、瘿绵蚜科 Eriosomatidae Kirkaldy, 1905

6. 铁倍蚜属 Kaburagia Takagi, 1937

（8）枣铁倍蚜 Kaburagia ensigallis (Tsai & Tang, 1946)

分布：云南（乌蒙山等）、山西、山东、河南、陕西、甘肃、江苏、安徽、浙江、湖北、江西、湖南、福建、台湾、广东、广西、贵州；俄罗斯，朝鲜，日本，越南，柬埔寨，老挝。

（9）蛋铁倍蚜 Kaburagia rhusicola ovogallis (Tsai &Tang, 1946)

分布：云南（乌蒙山等）、陕西、湖北、湖南、四川、贵州。

7. 圆角倍蚜属 Nurudea Matsumura, 1917

（10）方孔圆角倍蚜 Nurudea shiraii (Matsumura, 1917)

分布：云南（乌蒙山等）、陕西、浙江、湖北、湖南、广西、四川、贵州；日本。

8. 倍蚜属 Schlechtendalia Lichtenstein, 1883

（11）角倍蚜 Schlechtendalia chinensis (Bell, 1851)

分布：云南（乌蒙山等）、黑龙江、吉林、辽宁、内蒙古、北京、天津、河北、山西、山东、河南、陕西、宁夏、甘肃、青海、新疆、江苏、上海、安徽、浙江、湖北、江西、湖南、福建、台湾、广东、海南、香港、澳门、广西、重庆、四川、贵州、西藏。

七、扁蚜科 Hormaphididae Mordvilko, 1908

9. 毛角蚜属 Astegopteryx Karsch, 1890

（12）小毛角蚜 Astegopteryx minuta (van der Goot, 1917)

分布：云南（乌蒙山等）、福建、台湾、广东、四川；日本，印度尼西亚。

八、蚧科 Coccidae Fallén, 1814

10. 蜡蚧属 Ceroplastes Gray, 1828

（13）日本蜡蚧 Ceroplastes japonicus (Green, 1921)

分布：云南（乌蒙山等）、黑龙江、吉林、辽宁、内蒙古、北京、天津、河北、山西、山东、河南、陕西、宁夏、甘肃、青海、新疆、江苏、上海、安徽、浙江、湖北、江西、湖南、福建、台湾、广东、海南、香港、澳门、广西、重庆、四川、贵州、西藏。

（14）红蜡蚧 Ceroplastes rubens Maskell, 1893

分布：云南（乌蒙山等）、浙江、湖南、四川、贵州。

九、旌蚧科 Ortheziidae Amyot & Serville, 1843

11. 旌蚧属 Orthezia Bosc d'Antic, 1784

（15）艾旌蚧 Orthezia yashushii Kuwana, 1923

分布：云南（乌蒙山等）、内蒙古、台湾。

十、尖胸沫蝉科 Aphrophoridae Amyot & Serville, 1843

12. 尖胸沫蝉属 Aphrophora Germar, 1821

（16）二斑尖胸沫蝉 Aphrophora memorabilis Walker, 1858

分布：云南（乌蒙山等）、陕西、江苏、安徽、浙江、湖北、江西、湖南、福建、台湾、广东、广西、重庆、贵州。

13. 铲头沫蝉属 Clovia Stål, 1866

（17）松铲头沫蝉 Clovia conifera (Walker, 1851)

分布：云南（乌蒙山等）、甘肃、青海、福建、台湾、广东、广西、贵州、西藏。

14. 中脊沫蝉属 Mesoptyelus Matsumura, 1904

（18）一带中脊沫蝉 Mesoptyelus fascialis Kato, 1933

分布：云南（乌蒙山等）、山西、陕西、甘肃、台湾、四川。

15. 象沫蝉属 Philagra Stål, 1863

（19）黄翅象沫蝉 Philagra dissimilis Distant, 1908

分布：云南（乌蒙山等）、山东、安徽、浙江、湖北、江西、福建、广东、海南、广西、贵州。

（20）单纹象沫蝉 Philagra semivittata Melichar, 1915

分布：云南（乌蒙山等）、四川。

十一、沫蝉科 Cercopidae Leach, 1815

16. 隆背沫蝉属 Cosmoscarta Stål, 1869

（21）紫胸隆背沫蝉 Cosmoscarta exultans (Walker, 1858)

分布：云南（乌蒙山等）、湖北、江西、福建、广东、广西、重庆、四川、贵州。

（22）橘红隆背沫蝉 Cosmoscarta mandarina Distant, 1900

分布：云南（乌蒙山等）、湖北、江西、湖南、福建、台湾、广东、海南、香港、澳门、广西、重庆、四川、贵州、西藏。

17. 曙沫蝉属 Eoscarta Breddin, 1902

（23）黑腹曙沫蝉 Eoscarta assimilis (Uhler, 1896）

分布：云南（乌蒙山等）、黑龙江、吉林、河北、江苏、安徽、浙江、湖北、江西、湖南、福建、台湾、广东、广西、四川、贵州；俄罗斯，日本。

18. 凤沫蝉属 Paphnutius Distant, 1916

（24）红头凤沫蝉 Paphnutius ruficeps (Melichar, 1915)

分布：云南（乌蒙山等）、陕西、湖北、湖南、广东、广西、四川、贵州、西藏；印度，越南。

（25）施氏凤沫蝉 Paphnutius schmidti (Haupt, 1924)

分布：云南（乌蒙山等）、陕西。

19. 拟管尾沫蝉属 *Parastenaulophrys* Chou & Wu, 1992

（26）曲脉拟管尾沫蝉 *Parastenaulophrys curvavena* Chou & Wu, 1992

分布：云南（乌蒙山等）、四川。

20. 瘤胸沫蝉属 *Phymatostetha* Stål, 1870

（27）红背瘤胸沫蝉 *Phymatostetha dorsivitta* (Walker, 1851)

分布：云南（乌蒙山等）、安徽、四川。

十二、蝉科 Cicadidae Latreille, 1802

21. 蚱蝉属 *Cryptotympana* Stål, 1861

（28）黄蚱蝉 *Cryptotympana mandarina* Distant, 1891

分布：云南（乌蒙山等）、贵州。

22. 螽蛄属 *Platypleura* Amyot & Serville, 1843

（29）螽蛄 *Platypleura kaempferi* (Fabricius, 1794)

分布：云南（乌蒙山等）、黑龙江、吉林、辽宁、内蒙古、北京、天津、河北、山西、山东、河南、陕西、宁夏、甘肃、青海、新疆、江苏、上海、安徽、浙江、湖北、江西、湖南、福建、台湾、广东、海南、香港、澳门、广西、重庆、四川、贵州、西藏。

23. 暗翅蝉属 *Scieroptera* Stål, 1866

（30）灿暗翅蝉 *Scieroptera splendidula* (Fabricius, 1775)

分布：云南（乌蒙山等）、湖北、湖南、福建、广西、四川、贵州。

十三、叶蝉科 Cicadellidae Latreille, 1802

24. 条大叶蝉属 *Atkinsoniella* Distant, 1908

（31）条翅条大叶蝉 *Atkinsoniella grahami* Young, 1986

分布：云南（乌蒙山等）、陕西、湖北、四川、贵州。

25. 凹大叶蝉属 *Bothrogonia* Melichar, 1926

（32）宽凹大叶蝉 *Bothrogonia lata* Yang & Li, 1980

分布：云南（乌蒙山等）、广西。

26. 脊额叶蝉属 *Carinata* Li & Wang, 1992

（33）白边脊额叶蝉 *Carinata kelloggii* (Baker, 1923)

分布：云南（乌蒙山等）、湖北、江西、湖南、福建、海南、广西、重庆、贵州。

27. 消室叶蝉属 *Chudania* Distant, 1908

（34）云南消室叶蝉 *Chudania yunnana* Zhang & Yang, 1990

分布：云南（乌蒙山等）、贵州。

28. 弓背叶蝉属 *Cyrta* Melichar, 1902

（35）长突弓背叶蝉 *Cyrta longiprocessa* (Li & Zhang, 2007)

分布：云南（乌蒙山等）、贵州。

29. 蒂小叶蝉属 *Distantasca* Dworakowska, 1972

（36）蒂卡蒂小叶蝉 *Distantasca tiaca* (Dworakowska, 1994)

分布：云南（乌蒙山等）、湖南、贵州。

30. 胫槽叶蝉属 *Drabescus* Stål, 1870

（37）宽胫槽叶蝉 *Drabescus ogumae* Matsumura, 1912

分布：云南（乌蒙山等）、北京、山西、山东、河南、陕西、甘肃、安徽、江西、台湾、广东、四川、贵州。

（38）沥青胫槽叶蝉 *Drabescus piceatus* Kuoh, 1985

分布：云南（乌蒙山等）、河南、陕西。

31. 横脊叶蝉属 *Evacanthus* Le peletier & Serville, 1825

（39）褐带横脊叶蝉 *Evacanthus acuminatus* (Fabricius, 1794)

分布：云南（乌蒙山等）、陕西、台湾、贵州；朝鲜，日本，欧洲，北美洲。

（40）黄面横脊叶蝉 *Evacanthus interruptus* (Linnaeus, 1758)

分布：云南（乌蒙山等）、甘肃、四川；俄罗斯，日本。

32. 铲头叶蝉属 *Hecalus* Stål, 1846

（41）红带铲头叶蝉 *Hecalus arcuatus* (Motschulsky, 1859)

分布：云南（乌蒙山等）、台湾、海南、广西、贵州；越南，老挝，泰国，斯里兰卡，菲律宾。

33. 边大叶蝉属 *Kolla* Distant, 1908

（42）黑条边大叶蝉 *Kolla nigrifascia* Yang & Li, 2000

分布：云南（乌蒙山等）、四川、贵州。

34. 窗翅叶蝉属 *Mileewa* Distant, 1908

（43）窗翅叶蝉 *Mileewa margheritae* Distant, 1908

分布：云南（乌蒙山等）、黑龙江、吉林、辽宁、内蒙古、北京、天津、河北、山西、山东、河南、陕西、宁夏、甘肃、青海、新疆、江苏、上海、安徽、浙江、湖北、江西、湖南、福建、台湾、广东、海南、香港、澳门、广西、重庆、四川、贵州、西藏。

35. 桨头叶蝉属 *Nacolus* Jacobi, 1914

（44）桨头叶蝉 *Nacolus tuberculatus* (Walker, 1858)

分布：云南（乌蒙山等）、台湾、广东、贵州；印度。

36. 纹翅叶蝉属 *Nakaharanus* Ishihara, 1953

（45）双斑纹翅叶蝉 *Nakaharanus bimaculatus* Li, 1988

分布：云南（乌蒙山等）、贵州。

37. 黑尾叶蝉属 *Nephotettix* Matsumura, 1902

（46）稻黑尾叶蝉 *Nephotettix cincticeps* (Uhler, 1896)

分布：云南（乌蒙山等）、黑龙江、吉林、辽宁、内蒙古、北京、天津、河北、山西、山东、河南、陕西、宁夏、甘肃、青海、新疆、江苏、上海、安徽、浙江、湖北、江西、湖南、福建、台湾、广东、海南、香港、澳门、广西、重庆、四川、贵州、西藏。

38. 拟隐脉叶蝉属 *Sophonia* Walker, 1870
（47）白色拟隐脉叶蝉 *Sophonia albuma* Li & Wang, 1991
分布：云南（乌蒙山等）、贵州。
（48）黑面拟隐脉叶蝉 *Sophonia nigrifrons* (Kuoh, 1992)
分布：云南（乌蒙山等）、西藏。

39. 片叶蝉属 *Thagria* Melichar, 1903
（49）指片叶蝉 *Thagria digitata* Li, 1989
分布：云南（乌蒙山等）、陕西、湖北、湖南、广西、四川、贵州。

十四、角蝉科 Membracidae Rafinesque, 1815

40. 矛角蝉属 *Leptobelus* Stål, 1866
（50）羚羊矛角蝉 *Leptobelus gazella* (Fairmaire, 1846)
分布：云南（乌蒙山等）、陕西、湖北、广东、四川、贵州；印度。

41. 扬角蝉属 *Nilautama* Distant, 1907
（51）栗色扬角蝉 *Nilautama castanea* Yuan & Chou, 1985
分布：云南（乌蒙山）、广西。

42. 无齿角蝉属 *Nondenticentrus* Yuan & Chou, 1992
（52）锐刺无齿角蝉 *Nondenticentrus acutatus* Yuan & Zhang, 2002
分布：云南（乌蒙山等）、陕西。
（53）狭膜无齿角蝉 *Nondenticentrus angustimembranosus* Yuan & Cui, 1992
分布：云南（乌蒙山等）。
（54）弯刺无齿角蝉 *Nondenticentrus curvispineus* Chou & Yuan, 1992
分布：云南（乌蒙山等）、陕西、甘肃、四川。
（55）宽斑无齿角蝉 *Nondenticentrus latustigmosus* Yuan & Tian, 2002
分布：云南（乌蒙山等）、四川。
（56）长瓣无齿角蝉 *Nondenticentrus longivalvulatus* Yuan & Chou, 1992
分布：云南（乌蒙山等）、甘肃。

43. 三刺角蝉属 *Tricentrus* Stål, 1866
（57）黄盘三刺角蝉 *Tricentrus bovillus* Distant, 1916
分布：云南（乌蒙山等）；缅甸。
（58）褐三刺角蝉 *Tricentrus brunneus* Funkhouser, 1918
分布：云南（乌蒙山等）、山东、陕西、甘肃、广西、贵州；越南，马来西亚，新加坡，印度尼西亚。

（59）明翅三刺角蝉 *Tricentrus hyalinipennis* Kato, 1928
分布：云南（乌蒙山等）、福建、台湾、广东、广西；日本。
（60）细长三刺角蝉 *Tricentrus longus* (Yuan & Li, 2002)
分布：云南（乌蒙山等）、陕西、北京、甘肃、贵州。
（61）刺状三刺角蝉 *Tricentrus spinicornis* Funkhouser, 1918
分布：云南（乌蒙山等）；马来西亚，新加坡，印度尼西亚。
（62）云南三刺角蝉 *Tricentrus yunnanensis* Yuan & Fan, 2002
分布：云南（乌蒙山等）。

十五、菱蜡蝉科 Cixiidae Spinola, 1839

44. 帛菱蜡蝉属 *Borysthenes* Stål, 1866
（63）斑帛菱蜡蝉 *Borysthenes maculatus* (Matsumura, 1914)
分布：云南（乌蒙山等）、湖南、福建、广西、重庆、四川。

十六、飞虱科 Delphacidae Leach, 1815

45. 白背飞虱属 *Sogatella* Fennah, 1956
（64）白背飞虱 *Sogatella furcifera* (Horáth, 1899)
分布：云南（乌蒙山等）、黑龙江、吉林、辽宁、内蒙古、北京、天津、河北、山西、山东、河南、陕西、宁夏、甘肃、青海、新疆、江苏、上海、安徽、浙江、湖北、江西、湖南、福建、台湾、广东、海南、香港、澳门、广西、重庆、四川、贵州、西藏。

46. 长突飞虱属 *Stenocranus* Fieber, 1866
（65）山类芦长突飞虱 *Stenocranus montanus* Huang & Ding, 1980
分布：云南（乌蒙山等）、重庆、四川、贵州。

十七、袖蜡蝉科 Derbidae Spinola, 1839

47. 红袖蜡蝉属 *Diostrombus* Uhler, 1896
（66）红袖蜡蝉 *Diostrombus politus* Uhler, 1896
分布：云南（乌蒙山等）、安徽、浙江、湖北、湖南、福建、台湾、四川、贵州。

48. 萨袖蜡蝉属 *Saccharodite* Kirkaldy, 1907
（67）基斑萨袖蜡蝉 *Saccharodite basipunctulata* (Melichar, 1915)
分布：云南（乌蒙山等）；菲律宾，大洋洲。

十八、蜡蝉科 Fulgoridae Latreille, 1807

49. 斑衣蜡蝉属 *Lycorma* Stål, 1863
（68）斑衣蜡蝉 *Lycorma delicatula* (White, 1845)

分布：云南（乌蒙山等）、北京、河北、山西、山东、河南、陕西、江苏、安徽、浙江、湖北、广东、四川；越南，印度，日本。

十九、广翅蜡蝉科 Ricaniidae Amyot & Serville, 1843

50. 宽广蜡蝉属 Pochazia Amyot & Serville, 1843
（69）圆纹宽广蜡蝉 Pochazia guttifera Walker, 1851

分布：云南（乌蒙山等）、甘肃、江苏、浙江、湖北、湖南、贵州。

51. 广翅蜡蝉属 Ricania Germar, 1818
（70）褐带广翅蜡蝉 Ricania taeniata Stål, 1870

分布：云南（乌蒙山等）、辽宁、陕西、江苏、上海、浙江、湖北、江西、福建、台湾、广东、广西、贵州。

二十、扁蜡蝉科 Tropiduchidae Stål, 1866

52. 斧扁蜡蝉属 Zema Fennah, 1956
（71）嘉氏斧扁蜡蝉 Zema gressitti Fennah, 1956

分布：云南（乌蒙山等）；巴基斯坦，尼泊尔。

二十一、黾蝽科 Gerridae Leach, 1815

53. 大黾蝽属 Aquarius Schellenberg, 1800
（72）圆臀大黾蝽 Aquarius paludum (Fabricius, 1794)

分布：云南（乌蒙山等）、黑龙江、吉林、辽宁、内蒙古、北京、天津、河北、山西、山东、河南、陕西、宁夏、甘肃、青海、新疆、江苏、上海、安徽、浙江、湖北、江西、湖南、福建、台湾、广东、海南、香港、澳门、广西、重庆、四川、贵州、西藏；俄罗斯，朝鲜，韩国，日本，印度，缅甸，越南，泰国，中亚地区，西亚地区。

54. 始黾蝽属 Eotrechus Kirkaldy, 1902
（73）短足始黾蝽 Eotrechus brevipes Andersen, 1982

分布：云南（乌蒙山）、福建、西藏；印度，越南。

55. 巨涧黾蝽属 Potamometra Bianchi, 1896
（74）郑氏巨涧黾蝽 Potamometra zhengi Zheng, Ye & Bu, 2020

分布：云南（乌蒙山）、四川。

二十二、宽肩蝽科 Veliidae Brullé, 1836

56. 小宽肩蝽属 Microvelia Westwood, 1834
（75）道氏小宽肩蝽 Microvelia douglasi Scott, 1874

分布：云南（乌蒙山等）、安徽、浙江、湖北、江西、湖南、福建、台湾、广东、海南、香港、广西、四川、贵州、西藏；朝鲜，日本，大洋洲。

（76）荷氏小宽肩蝽 Microvelia horvathi Lundblad, 1933

分布：云南（乌蒙山等）、山东、江苏、安徽、浙江、湖北、江西、湖南、福建、台湾、广东、海南、广西、贵州；韩国，日本。

二十三、小划蝽科 Micronectidae Jaczewski, 1924

57. 小划蝽属 Micronecta Kirkaldy, 1897
（77）横纹小划蝽 Micronecta sedula Horváth, 1905

分布：云南（乌蒙山）、内蒙古、天津、江苏、安徽、浙江、湖北、江西、湖南、台湾；俄罗斯，朝鲜，日本，越南。

二十四、蝎蝽科 Nepidae Latreille, 1802

58. 壮蝎蝽属 Laccotrephes Stål, 1866
（78）华壮蝎蝽 Laccotrephes chinensis (Hoffmann, 1925)

分布：云南（乌蒙山）、浙江、江西、福建、广东、四川、贵州。

二十五、仰蝽科 Notonectidae Latreille, 1802

59. 大仰蝽属 Notonecta Linnaeus, 1758
（79）中华大仰蝽 Notonecta chinensis Fallou, 1887

分布：云南（乌蒙山等）、黑龙江、辽宁、北京、河北、山西、山东、河南、江苏、安徽、浙江、湖北、江西、湖南、福建、广东、广西、四川、贵州；朝鲜，日本。

二十六、蟾蝽科 Gelastocoridae Kirkaldy, 1897

60. 泥蟾蝽属 Nerthra Say, 1832
（80）亚洲泥蟾蝽 Nerthra asiatica (Horváth, 1892)

分布：云南（乌蒙山等）、湖北、四川、西藏；印度。

二十七、蜍蝽科 Ochteridae Kirkaldy, 1906

61. 蜍蝽属 Ochterus Latreille, 1807
（81）黄边蜍蝽 Ochterus marginatus (Latreille, 1804)

分布：云南（乌蒙山等）、黑龙江、内蒙古、北京、天津、江苏、浙江、湖北、湖南、福建、台湾、广东、海南、四川、贵州；日本，印度，越南，老挝，泰国，斯里兰卡，菲律宾，马来西亚，印度尼西亚，欧洲，非洲。

二十八、跳蝽科 Saldidae Amyot & Serville, 1843

62. 跳蝽属 *Saldula* Van Duzee, 1914

（82）缅甸跳蝽 *Saldula burmanica* Lindskog, 1975

分布：云南（乌蒙山等）、陕西、四川、西藏；巴基斯坦，印度，尼泊尔，缅甸，越南。

63. 长跳蝽属 *Rupisalda* Polhemus, 1985

（83）华南长跳蝽 *Rupisalda austrosinica* Vinokurov, 2015

分布：云南（乌蒙山等）、广东。

64. 华跳蝽属 *Sinosalda* Vinokurov, 2004

（84）弯斑华跳蝽 *Sinosalda insolita* Vinokurov, 2004

分布：云南（乌蒙山）、陕西、四川。

二十九、花蝽科 Anthocoridae Fieber, 1836

65. 叉胸花蝽属 *Amphiareus* Distant, 1904

（85）黑头叉胸花蝽 *Amphiareus obscuriceps* (Poppius, 1909)

分布：云南（乌蒙山等）、辽宁、内蒙古、北京、天津、河北、山东、河南、陕西、甘肃、江苏、浙江、湖南、台湾、海南、广西、四川；俄罗斯，韩国，日本，尼泊尔，中亚地区，西亚地区，北美洲。

三十、盲蝽科 Miridae Hahn, 1833

66. 苜蓿盲蝽属 *Adelphocoris* Reuter, 1896

（86）苜蓿盲蝽 *Adelphocoris lineolatus* (Goeze, 1778)

分布：云南（乌蒙山等）、黑龙江、吉林、辽宁、内蒙古、北京、天津、河北、山西、山东、河南、陕西、宁夏、甘肃、青海、新疆、浙江、湖北、江西、广西、四川、西藏；俄罗斯，蒙古国，韩国，日本，中亚地区，巴基斯坦，非洲，北美洲。

67. 丽盲蝽属 *Apolygus* China, 1941

（87）绿后丽盲蝽 *Apolygus lucorum* (Meyer-Dür, 1843)

分布：云南（乌蒙山等）、黑龙江、吉林、北京、河北、山西、河南、陕西、宁夏、甘肃、湖北、江西、湖南、福建、贵州；俄罗斯，韩国，日本，哈萨克斯坦，吉尔吉斯斯坦，西亚地区，北美洲。

68. 点翅盲蝽属 *Compsidolon* Reuter, 1900

（88）全北点翅盲蝽 *Compsidolon salicellum* (Herrich-Schaeffer, 1841）

分布：云南（乌蒙山）、北京、湖北；俄罗斯，朝鲜，日本，北美洲。

69. 齿爪盲蝽属 *Deraeocoris* Kirschbaum, 1855

（89）东方齿爪盲蝽 *Deraeocoris onphoriensis* Josifov，1992

分布：云南（乌蒙山）、黑龙江、吉林、北京、河北、陕西、甘肃、新疆、四川、贵州；俄罗斯，朝鲜，日本。

（90）小艳盾齿爪盲蝽 *Deraeocoris scutellaris* (Fabricius, 1794）

分布：云南（乌蒙山）、黑龙江、北京、河北、宁夏、甘肃、湖北；俄罗斯，蒙古国，西亚地区。

70. 狄盲蝽属 *Dimia* Kerzhner, 1988

（91）狄盲蝽 *Dimia inexspectata* Kerzhner, 1988

分布：云南（乌蒙山等）、陕西、浙江、湖北；俄罗斯。

71. 厚盲蝽属 *Eurystylus* Stål, 1871

（92）眼斑厚盲蝽 *Eurystylus coelestialium* (Kirkaldy, 1902）

分布：云南（乌蒙山）、黑龙江、北京、天津、河北、山东、河南、陕西、江苏、安徽、浙江、江西、湖南、福建、台湾、广东、广西、四川、贵州；俄罗斯，朝鲜，日本。

（93）灰黄厚盲蝽 *Eurystylus luteus* Hsiao, 1941

分布：云南（乌蒙山等）、浙江、安徽、江西、福建、广东、海南、重庆、四川、贵州；朝鲜。

72. 明翅盲蝽属 *Isabel* Kirkaldy, 1902

（94）明翅盲蝽 *Isabel ravana* (Kirby, 1891）

分布：云南（乌蒙山）、甘肃、浙江、江西、湖南、福建、广东、广西、四川、贵州；缅甸，菲律宾，印度尼西亚。

73. 赤须盲蝽属 *Trigonotylus* Fieber, 1858

（95）条赤须盲蝽 *Trigonotylus caelestialium* (Kirkaldy, 1902)

分布：云南（乌蒙山等）、黑龙江、吉林、辽宁、内蒙古、北京、天津、河北、山西、山东、河南、陕西、宁夏、甘肃、青海、新疆、江苏、安徽、湖北、江西、四川；俄罗斯，朝鲜，日本，中亚地区，巴基斯坦，非洲，北美洲。

三十一、网蝽科 Tingidae Laporte, 1832

74. 壳背网蝽属 *Cochlochila* Stål, 1873

（96）耳壳背网蝽 *Cochlochila conchata* (Matsumura, 1913)

分布：云南（乌蒙山等）、北京、四川；俄罗斯，朝鲜，日本。

75. 广翅网蝽属 *Collinutius* Distant, 1903

（97）广翅网蝽 *Collinutius alicollis* (Walker, 1873)

分布：云南（乌蒙山等）、四川；印度，不丹。

76. 无孔网蝽属 *Dictyla* Stål, 1874

（98）滇无孔网蝽 *Dictyla nassata* (Puton, 1874)

分布：云南（乌蒙山等）；中亚地区、西亚地区、欧洲，非洲。

77. 冠网蝽属 *Stephanitis* Stål, 1873

（99）梨冠网蝽 *Stephanitis nashi* Esaki & Takeya, 1931

分布：云南（乌蒙山等）、黑龙江、吉林、北京、天津、河北、山西、山东、河南、安徽、浙江、湖北、江西、湖南、福建、广东、海南、广西、重庆、四川。

78. 裸菊网蝽属 *Tingis* Fabricius, 1803

（100）硕裸菊网蝽 *Tingis veteris* Drake , 1942

分布：云南（乌蒙山）、内蒙古、陕西、江苏、浙江、湖北、福建、台湾、四川；日本。

三十二、姬蝽科 Nabidae Costa, 1853

79. 高姬蝽属 *Gorpis* Stål, 1859

（101）角肩高姬蝽 *Gorpis humeralis* (Distant, 1904)

分布：云南（乌蒙山）、陕西、湖北、湖南、贵州；印度。

80. 希姬蝽属 *Himacerus* Wolff, 1811

（102）昆明希姬蝽 *Himacerus erigone* (Kirkaldy, 1901)

分布：云南（乌蒙山等）；印度，尼泊尔，缅甸。

81. 波姬蝽属 *Nabis* Latreille, 1802

（103）波姬蝽 *Nabis potanini* Bianchi, 1896

分布：云南（乌蒙山等）、河北、河南、陕西、湖北、四川、贵州、西藏。

82. 花姬蝽属 *Prostemma* Laporte, 1832

（104）角带花姬蝽 *Prostemma hilgendorfii* Stein, 1878

分布：云南（乌蒙山）、吉林、辽宁、北京、天津、河南、上海、浙江、江西、四川；俄罗斯，朝鲜，韩国，日本。

三十三、猎蝽科 Reduviidae Latreille, 1807

83. 螳瘤猎蝽属 *Cnizocoris* Handlirsch, 1897

（105）模螳瘤猎蝽 *Cnizocoris davidi* Handlirsch, 1897

分布：云南（乌蒙山）、陕西、四川。

84. 红猎蝽属 *Cutocoris* Stål, 1859

（106）橘红猎蝽 *Cutocoris gilvus* (Burmeister, 1838)

分布：云南（乌蒙山等）、福建、广东、广西、西藏；印度，缅甸，斯里兰卡，菲律宾，马来西亚，印度尼西亚。

85. 光猎蝽属 *Ectrychotes* Burmeister, 1835

（107）黑光猎蝽 *Ectrychotes andreae* (Thunberg, 1784)

分布：云南（乌蒙山等）、辽宁、北京、河北、陕西、甘肃、江苏、上海、浙江、湖北、湖南、福建、台湾、广东、海南、香港、广西、四川、贵州；韩国，日本，越南。

（108）缘斑光猎蝽 *Ectrychotes comottoi* Lethierry, 1883

分布：云南（乌蒙山等）、江西、福建、台湾、广东、海南、广西、重庆、四川、贵州；缅甸，越南。

86. 二节蚊猎蝽属 *Empicoris* Wolff, 1811

（109）北越二节蚊猎蝽 *Empicoris laocaiensis* Ishikawa, Truong & Okajima, 2012

分布：云南（乌蒙山）；越南。

87. 嗯猎蝽属 *Endochus* Stål, 1859

（110）黑角嗯猎蝽 *Endochus nigricornis* Stål, 1859

分布：云南（乌蒙山等）、浙江、安徽、湖北、福建、台湾、广东、海南、广西、四川、贵州、西藏；印度，缅甸，菲律宾，马来西亚，印度尼西亚。

88. 脊猎蝽属 *Epidaucus* Hsiao, 1979

（111）脊猎蝽 *Epidaucus carinatus* Hsiao, 1979

分布：云南（乌蒙山）、浙江、湖北、江西、福建、广东、广西、四川、贵州。

89. 素猎蝽属 *Epidaus* Stål, 1859

（112）霜斑素猎蝽 *Epidaus famulus* (Stål, 1863)

分布：云南（乌蒙山等）、浙江、江西、湖南、福建、台湾、广东、海南、广西、重庆、四川、贵州；印度，缅甸，越南。

90. 赤猎蝽属 *Haematoloecha* Stål, 1874

（113）二色赤猎蝽 *Haematoloecha nigrorufa* (Stål, 1867)

分布：云南（乌蒙山等）、吉林、北京、天津、山东、河北、河南、山西、陕西、江苏、上海、浙江、安徽、湖北、江西、湖南、福建、台湾、广东、香港、广西、四川、贵州；韩国，日本，越南。

91. 岭猎蝽属 *Lingnania* China, 1940

（114）茧蜂岭猎蝽 *Lingnania braconiformis* China, 1940

分布：云南（乌蒙山等）、福建、台湾、广东、海南、广西、四川、贵州。

92. 盗猎蝽属 *Peirates* Serville, 1831

（115）污黑盗猎蝽 *Peirates turpis* Walker, 1873

分布：云南（乌蒙山等）、内蒙古、北京、河北、山东、河南、陕西、甘肃、江苏、浙江、湖北、江西、湖南、广西、香港、四川、贵州；俄罗斯，朝鲜，韩国，日本，越南，西亚地区。

93. 刺胸猎蝽属 *Pygolampis* Germar, 1825

（116）污刺胸猎蝽 *Pygolampis foeda* Stål, 1859

分布：云南（乌蒙山等）、辽宁、北京、河南、陕西、江苏、上海、浙江、湖北、江西、湖南、广东、海南、广西、四川、贵州；日本，印度，缅甸，斯里

兰卡，马来西亚，印度尼西亚，大洋洲。

94. 瑞猎蝽属 *Rhynocoris* Hahn, 1833

（117）云斑瑞猎蝽 *Rhynocoris incertis* (Distant, 1903)

分布：云南（乌蒙山）、河北、河南、陕西、江苏、安徽、浙江、湖北、江西、湖南、福建、广东、广西、重庆、四川、贵州。

95. 刺猎蝽属 *Sclomina* Stål, 1861

（118）齿缘刺猎蝽 *Sclomina erinacea* Stål, 1861

分布：云南（乌蒙山等）、浙江、安徽、江西、湖南、福建、台湾、广东、海南、香港、广西、重庆、四川、贵州；越南。

96. 塞猎蝽属 *Serendiba* Distant, 1906

（119）史氏塞猎蝽 *Serendiba staliana* (Horváth, 1879）

分布：云南（乌蒙山）、江西、台湾、广东、广西、四川、贵州；韩国，日本。

97. 猛猎蝽属 *Sphedanolestes* Stål, 1867

（120）红缘猛猎蝽 *Sphedanolestes gularis* Hsiao, 1979

分布：云南（乌蒙山等）、河南、甘肃、浙江、安徽、湖北、江西、湖南、福建、广东、广西、重庆、四川、贵州、西藏。

（121）环斑猛猎蝽 *Sphedanolestes impressicollis* (Stål, 1861)

分布：云南（乌蒙山等）、辽宁、北京、天津、河北、山东、河南、陕西、甘肃、江苏、安徽、浙江、湖北、江西、湖南、福建、台湾、广东、海南、广西、重庆、四川、贵州；朝鲜，韩国，日本，印度。

（122）斑缘猛猎蝽 *Sphedanolestes subtilis* (Jakovlev, 1893)

分布：云南（乌蒙山等）、河南、陕西、甘肃、安徽、浙江、湖北、福建、广东、海南、重庆、四川。

98. 塔猎蝽属 *Tapirocoris* Miller, 1954

（123）环塔猎蝽 *Tapirocoris annulatus* Hsiao & Ren, 1981

分布：云南（乌蒙山）、浙江、湖北、四川。

三十四、扁蝽科 Aradidae Brullé, 1836

99. 无脉扁蝽属 *Aneurus* Curtis, 1825

（124）拟无脉扁蝽 *Aneurus similis* Liu, 1981

分布：云南（乌蒙山）、广西；日本。

三十五、蛛缘蝽科 Alydidae Amyot & Serville, 1843

100. 稻缘蝽属 *Leptocorisa* Latreille, 1829

（125）中稻缘蝽 *Leptocorisa chinensis* Dallas, 1852

分布：云南（乌蒙山等）、天津、江苏、安徽、浙江、湖北、江西、福建、广东、广西；日本，朝鲜。

101. 蜂缘蝽属 *Riptortus* Stål, 1860

（126）条蜂缘蝽 *Riptortus linearis* (Fabricius, 1775)

分布：云南（乌蒙山等）、浙江、江西、台湾、广东、海南、香港、广西、四川；日本，印度，缅甸，泰国，斯里兰卡，菲律宾，马来西亚，西亚地区，大洋洲。

（127）点蜂缘蝽 *Riptortus pedestris* (Fabricius, 1775)

分布：云南（乌蒙山等）、辽宁、北京、天津、河北、河南、陕西、浙江、安徽、湖北、江西、福建、台湾、广东、海南、香港、广西、四川、贵州；韩国，日本，印度，缅甸，泰国，斯里兰卡，菲律宾，马来西亚，印度尼西亚。

三十六、缘蝽科 Coreidae Leach, 1815

102. 瘤缘蝽属 *Acanthocoris* Amyot & Serville, 1843

（128）瘤缘蝽 *Acanthocoris scaber* (Linnaeus, 1763)

分布：云南（乌蒙山等）、山东、河南、甘肃、江苏、浙江、安徽、湖北、江西、湖南、福建、台湾、广东、海南、香港、广西、重庆、四川、贵州、西藏；朝鲜，日本。

103. 安缘蝽属 *Anoplocnemis* Stål, 1873

（129）斑背安缘蝽 *Anoplocnemis binotata* Distant, 1918

分布：云南（乌蒙山等）、山东、河南、陕西、甘肃、江苏、安徽、浙江、湖北、江西、湖南、福建、广东、广西、四川、贵州、西藏；印度，马来西亚。

104. 勃缘蝽属 *Breddinella* Dispons, 1962

（130）肩勃缘蝽 *Breddinella humeralis* (Hsiao, 1963)

分布：云南（乌蒙山等）、河南、广西、四川、贵州；越南。

105. 棘缘蝽属 *Cletus* Stål, 1860

（131）短肩棘缘蝽 *Cletus pugnator* (Fabricius, 1787)

分布：云南（乌蒙山等）、江西、广西；阿富汗，西亚地区。

（132）稻棘缘蝽 *Cletus punctiger* (Dallas, 1852)

分布：云南（乌蒙山等）、北京、山西、山东、河南、陕西、江苏、安徽、浙江、湖北、江西、湖南、福建、台湾、广东、海南、广西、四川、贵州；朝鲜，日本。

106. 原缘蝽属 *Coreus* Fabricius, 1794

（133）波原缘蝽 *Coreus potanini* (Jakovlev, 1890)

分布：云南（乌蒙山等）、内蒙古、河北、山西、陕西、甘肃、湖北、四川、西藏。

107. 岗缘蝽属 *Gonocerus* Berthold, 1827

（134）云南岗缘蝽 *Gonocerus yunnanensis* Hsiao, 1964

分布：云南（乌蒙山等）、江苏、湖南、福建、重庆、贵州。

108. 同缘蝽属 *Homoeocerus* Burmeister, 1835

（135）广腹同缘蝽 *Homoeocerus dilatatus* Horváth, 1879

分布：云南（乌蒙山）、黑龙江、吉林、辽宁、北京、天津、河北、山东、河南、陕西、甘肃、江苏、浙江、湖北、江西、湖南、福建、广东、四川、贵州；俄罗斯，韩国，日本。

（136）黄边同缘蝽 *Homoeocerus limbatus* Hsiao, 1963

分布：云南（乌蒙山等）、福建、贵州。

（137）一点同缘蝽 *Homoeocerus unipunctatus* (Thunberg, 1783)

分布：云南（乌蒙山等）、江苏、浙江、湖北、江西、湖南、福建、台湾、广东、海南、香港、广西、四川、贵州、西藏；韩国，日本，越南。

109. 黑缘蝽属 *Hygia* Uhler, 1861

（138）环胫黑缘蝽 *Hygia lativentris* (Motschulsky, 1866)

分布：云南（乌蒙山等）、江西、台湾、广西、西藏；韩国，日本，印度，越南。

（139）暗黑缘蝽 *Hygia opaca* (Uhler, 1860)

分布：云南（乌蒙山等）、山西、河南、甘肃、浙江、安徽、湖北、江西、湖南、福建、台湾、香港、广西、重庆、四川、贵州；韩国，日本，越南。

110. 莫缘蝽属 *Molipteryx* Kiritshenko, 1916

（140）月肩莫缘蝽 *Molipteryx lunata* (Distant, 1900)

分布：云南（乌蒙山等）、河南、陕西、甘肃、浙江、湖北、江西、湖南、福建、台湾、广西、四川、贵州。

111. 赭缘蝽属 *Ochrochira* Stål, 1873

（141）锈赭缘蝽 *Ochrochira ferruginea* Hsiao, 1963

分布：云南（乌蒙山等）、四川、西藏；越南。

三十七、姬缘蝽科 Rhopalidae Amyot & Serville, 1843

112. 伊缘蝽属 *Rhopalus* Schilling, 1827

（142）点伊缘蝽 *Rhopalus latus* (Jakovlev, 1883)

分布：云南（乌蒙山等）、黑龙江、内蒙古、北京、河北、山西、陕西、甘肃、浙江、湖北、湖南、四川、西藏；俄罗斯，韩国，日本。

113. 环缘蝽属 *Stictopleurus* Stål, 1872

（143）开环缘蝽 *Stictopleurus minutus* Blöte, 1934

分布：云南（乌蒙山等）、黑龙江、吉林、北京、河北、陕西、新疆、江苏、浙江、江西、福建、台湾、广东、四川、西藏；蒙古国，韩国，日本。

三十八、跷蝽科 Berytidae Fieber, 1851

114. 锤胁跷蝽属 *Yemma* Horváth, 1905

（144）锤胁跷蝽 *Yemma signata* (Hsiao, 1974)

分布：云南（乌蒙山等）、辽宁、北京、天津、河北、山西、山东、河南、陕西、甘肃、浙江、湖北、江西、湖南、海南、四川、贵州、西藏。

三十九、杆长蝽科 Blissidae Stål, 1862

115. 巨股长蝽属 *Macropes* Motschulsky, 1859

（145）小巨股长蝽 *Macropes harringtonae* Slater, Ashlock & Wilcox, 1969

分布：云南（乌蒙山等）、河南、江苏、浙江、湖北、江西、湖南、福建、台湾、广东、海南、广西、重庆、四川、贵州。

四十、大眼长蝽科 Geocoridae Dahlbom, 1851

116. 大眼长蝽属 *Geocoris* Fallen, 1814

（146）宽大眼长蝽 *Geocoris varius* (Uhler, 1860)

分布：云南（乌蒙山等）、天津、山西、陕西、甘肃、江苏、浙江、湖北、江西、湖南、福建、台湾、广东、广西、重庆、四川、贵州、西藏；韩国，日本。

四十一、室翅长蝽科 Heterogastridae Stål, 1872

117. 缢身长蝽属 *Artemidorus* Distant, 1903

（147）缢身长蝽 *Artemidorus pressus* Distant, 1903

分布：云南（乌蒙山等）、台湾、广东、海南、香港、广西；印度，缅甸，斯里兰卡。

四十二、长蝽科 Lygaeidae Schilling, 1829

118. 红腺长蝽属 *Graptostethus* Stål, 1868

（148）黑带红腺长蝽 *Graptostethus servus* (Fabricius, 1787)

分布：云南（乌蒙山等）、台湾、广东、海南、广西、西藏；朝鲜，韩国，日本，印度，菲律宾，印度尼西亚，西亚地区，欧洲，非洲，大洋洲。

119. 长蝽属 *Lygaeus* Fabricius, 1794

（149）方红长蝽 *Lygaeus quadratomaculatus* Kirby, 1891

分布：云南（乌蒙山等）、陕西、海南、四川、西藏；斯里兰卡。

120. 小长蝽属 *Nysius* Dallas, 1852

（150）谷子小长蝽 *Nysius ericae* (Schilling, 1829)

分布：云南（乌蒙山等）、北京、天津、河北、河南、陕西、宁夏、台湾、四川、贵州、西藏；俄罗斯、蒙古国，印度，中亚地区，西亚地区，非洲。

121. 蒴长蝽属 *Pylorgus* Stål, 1874

（151）灰褐蒴长蝽 *Pylorgus sordidus* Zheng, Zou & Hsiao, 1979

分布：云南（乌蒙山等）、陕西、甘肃、浙江、湖北、重庆、四川、贵州、西藏。

四十三、尼长蝽科 Ninidae Barber, 1956

122. 蔺长蝽属 *Ninomimus* Lindberg, 1934

（152）黄足蔺长蝽 *Ninomimus flavipes* (Matsumura, 1913)

分布：云南（乌蒙山）、浙江、江西、河南、湖北、广西、四川；俄罗斯，韩国，日本。

四十四、束长蝽科 Malcidae Stål, 1865

123. 突眼长蝽属 *Chauliops* Scott, 1874

（153）短小突眼长蝽 *Chauliops bisontula* Banks, 1909

分布：云南（乌蒙山等）、江西、湖南、福建、广东、海南、广西；菲律宾，马来西亚，印度尼西亚。

四十五、梭长蝽科 Pachygronthidae Stål, 1865

124. 梭长蝽属 *Pachygrontha* Germar, 1837

（154）拟黄纹梭长蝽 *Pachygrontha similis* Uhler, 1896

分布：云南（乌蒙山）、浙江、湖北、江西、湖南、福建、广西、重庆、四川；日本。

四十六、皮蝽科 Piesmatidae Amyot & Serville, 1843

125. 皮蝽属 *Piesma* Lepelitier & Serville, 1825

（155）黑斑皮蝽 *Piesma maculatum* (Laporte, 1833)

分布：云南（乌蒙山）、天津、河北；俄罗斯，蒙古国，韩国，日本，哈萨克斯坦，吉尔吉斯斯坦，西亚地区，非洲。

四十七、地长蝽科 Rhyparochromidae Amyot & Serville, 1843

126. 宽翅长蝽属 *Atkinsonianus* Distant, 1909

（156）网宽翅长蝽 *Atkinsonianus reticulatus* Distant, 1909

分布：云南（乌蒙山等）；印度。

127. 长足长蝽属 *Dieuches* Dohrn, 1860

（157）方斑长足长蝽 *Dieuches formosus* Eyles, 1973

分布：云南（乌蒙山等）、福建、广东、广西、四川。

128. 林长蝽属 *Drymus* Fieber, 1861

（158）小林长蝽 *Drymus parvulus* Jakovlev, 1881

分布：云南（乌蒙山等）、黑龙江、内蒙古、河北、甘肃、四川、贵州；俄罗斯，蒙古国，韩国，日本。

129. 云长蝽属 *Eremocoris* Fieber, 1861

（159）中国云长蝽 *Eremocoris sinicus* Zheng, 1981

分布：云南（乌蒙山等）、甘肃、湖北、四川。

130. 斜眼长蝽属 *Harmostica* Bergroth, 1918

（160）长毛斜眼长蝽 *Harmostica hirsuta* (Usinger, 1942)

分布：云南（乌蒙山等）、浙江、福建、海南、广西、贵州。

131. 刺胫长蝽属 *Horridipamera* Malipatil, 1978

（161）白边刺胫长蝽 *Horridipamera lateralis* (Scott, 1874)

分布：云南（乌蒙山）、北京、河北、河南、陕西、安徽、浙江、湖北、江西、湖南、福建、广西、贵州；俄罗斯，朝鲜，韩国，日本。

（162）紫黑刺胫长蝽 *Horridipamera nietneri* (Dohrn, 1860)

分布：云南（乌蒙山等）、浙江、江西、湖南、福建、台湾、广东、海南、广西、贵州；韩国，日本，印度，缅甸，柬埔寨，斯里兰卡，菲律宾，马来西亚，大洋洲。

132. 毛肩长蝽属 *Neolethaeus* Distant, 1909

（163）东亚毛肩长蝽 *Neolethaeus dallasi* Scott, 1874

分布：云南（乌蒙山等）、内蒙古、北京、天津、河北、山西、山东、河南、陕西、甘肃、江苏、浙江、安徽、湖北、江西、湖南、福建、台湾、广东、广西、重庆、四川、贵州；韩国，日本。

（164）小黑毛肩长蝽 *Neolethaeus esakii* (Hidaka, 1962)

分布：云南（乌蒙山）、浙江、湖南、福建、台湾、广东、海南、广西、贵州；日本。

133. 细长蝽属 *Paromius* Fieber, 1861

（165）斑翅细长蝽 *Paromius excelsus* Bergroth, 1924

分布：云南（乌蒙山等）、浙江、江西、湖南、福建、广东、海南、香港、广西、四川、贵州；菲律宾。

134. 拟地长蝽属 *Rhyparothesus* Scudder, 1962

（166）拟地长蝽 *Rhyparothesus dudgeoni* (Distant, 1909)

分布：云南（乌蒙山等）、海南；印度。

135. 斑长蝽属 *Scolopostethus* Fieber, 1861

（167）中国斑长蝽 *Scolopostethus chinensis* Zheng, 1981

分布：云南（乌蒙山等）、黑龙江、河北、陕西、宁夏、甘肃、浙江、湖北、江西、四川、西藏。

136. 浅缢长蝽属 *Stigmatonotum* Lindberg, 1927

（168）山地浅缢长蝽 *Stigmatonotum rufipes* (Motschulsky, 1866)

分布：云南（乌蒙山等）、黑龙江、山东、河南、陕西、甘肃、安徽、浙江、湖北、江西、湖南、广西、重庆、四川、贵州；俄罗斯，韩国，日本。

四十八、同蝽科 Acanthosomatidae Signoret, 1864

137. 同蝽属 *Acanthosoma* Curtis, 1824

（169）漆刺肩同蝽 *Acanthosoma murreeanum* (Distant, 1900)

分布：云南（乌蒙山等）、北京、河北、山西、陕西、甘肃、湖北、重庆、四川、贵州、西藏；印度，巴基斯坦，老挝，泰国。

（170）川同蝽 *Acanthosoma sichuanense* (Liu, 1980)

分布：云南（乌蒙山等）、浙江、湖北、湖南、福建、重庆、四川、贵州。

（171）泛刺同蝽 *Acanthosoma spinicolle* Jakovlev, 1880

分布：云南（乌蒙山等）、黑龙江、吉林、内蒙古、北京、河北、陕西、甘肃、新疆、湖北、四川、西藏；俄罗斯，蒙古国，朝鲜，韩国，日本，中亚地区。

138. 直同蝽属 *Elasmostethus* Fieber, 1860

（172）直同蝽 *Elasmostethus interstinctus* (Linnaeus, 1758)

分布：云南（乌蒙山等）、黑龙江、吉林、内蒙古、河北、山西、陕西、甘肃、新疆、湖北、广东；俄罗斯，蒙古国，朝鲜，韩国，日本，哈萨克斯坦，西亚地区，北美洲。

139. 匙同蝽属 *Elasmucha* Stål, 1864

（173）灰匙同蝽 *Elasmucha grisea* (Linnaeus, 1758)

分布：云南（乌蒙山）、吉林、辽宁、内蒙古、河北、甘肃、新疆、安徽、四川；俄罗斯，蒙古国，中亚地区，西亚地区。

（174）小光匙同蝽 *Elasmucha minor* Hsiao & Liu, 1977

分布：云南（乌蒙山等）、福建。

140. 锥同蝽属 *Sastragala* Amyot & Serville, 1843

（175）伊锥同蝽 *Sastragala esakii* Hasegawa, 1959

分布：云南（乌蒙山等）、北京、天津、陕西、甘肃、浙江、湖北、江西、湖南、福建、台湾、广西、重庆、四川、贵州；韩国，日本。

四十九、土蝽科 Cydnidae Billberg, 1820

141. 革土蝽属 *Macroscytus* Fieber, 1860

（176）青革土蝽 *Macroscytus japonensis* Scott, 1874

分布：云南（乌蒙山）、北京、山西、山东、河南、甘肃、上海、浙江、湖北、湖南、福建、台湾、广东、四川、贵州；俄罗斯，韩国，日本，缅甸，越南。

五十、兜蝽科 Dinidoridae Stål, 1868

142. 兜蝽属 *Coridius* Illiger, 1807

（177）兜蝽 *Coridius chinensis* (Dallas, 1851)

分布：云南（乌蒙山等）、江苏、安徽、浙江、湖北、江西、湖南、福建、台湾、广东、广西、四川、贵州、西藏；日本，印度，缅甸，越南，老挝，马来西亚，印度尼西亚。

143. 皱蝽属 *Cyclopelta* Amyot & Serville, 1843

（178）大皱蝽 *Cyclopelta obscura* (Lepeletier & Serville, 1828)

分布：云南（乌蒙山等）、河南、甘肃、安徽、浙江、福建、台湾、江西、湖南、广东、广西、四川、贵州；印度，缅甸，越南，老挝，柬埔寨，菲律宾，马来西亚，印度尼西亚，大洋洲。

五十一、蝽科 Pentatomidae Leach, 1815

144. 麦蝽属 *Aelia* Fabricius, 1803

（179）华麦蝽 *Aelia fieberi* Scott, 1874

分布：云南（乌蒙山等）、黑龙江、吉林、辽宁、内蒙古、北京、天津、河北、山西、山东、河南、陕西、甘肃、江苏、浙江、湖北、江西、湖南、四川、西藏；俄罗斯，朝鲜，日本。

145. 伊蝽属 *Aenaria* Stål, 1876

（180）宽缘伊蝽 *Aenaria pinchii* Yang, 1934

分布：云南（乌蒙山）、河南、陕西、江苏、安徽、浙江、湖北、江西、湖南、福建、广东、广西、重庆、四川、贵州。

146. 长叶蝽属 *Bolaca* Walker, 1867

（181）长叶蝽 *Bolaca unicolor* Walker, 1867

分布：云南（乌蒙山等）、湖北、江西、广西、四川、贵州；印度，不丹。

147. 薄蝽属 *Brachymna* Stål, 1861

（182）薄蝽 *Brachymna tenuis* Stål, 1861

分布：云南（乌蒙山等）、河南、江苏、浙江、安徽、湖北、江西、湖南、福建、台湾、广东、广西、四川、贵州。

148. 格蝽属 *Cappaea* Ellenrieder, 1862

（183）柑橘格蝽 *Cappaea taprobanensis* (Dallas, 1851)

分布：云南（乌蒙山等）、湖北、江西、湖南、福建、台湾、广东、海南、广西、四川、贵州；印度，缅甸，孟加拉国，斯里兰卡，印度尼西亚。

149. 辉蝽属 *Carbula* Stål, 1865

（184）辉蝽 *Carbula humerigera* (Uhler, 1860)

分布：云南（乌蒙山等）、河北、山西、河南、陕西、甘肃、青海、安徽、浙江、湖北、江西、湖南、福建、广东、广西、四川、贵州；日本。

150. 象蝽属 *Cecyrina* Walker, 1867

（185）象蝽 *Cecyrina platyrhinoides* Walker, 1867

分布：云南（乌蒙山等）、湖南、福建、广西、四川、贵州、西藏；印度，不丹。

151. 岱蝽属 *Dalpada* Amyot & Serville, 1843

（186）绿岱蝽 *Dalpada smaragdina* (Walker, 1868)

分布：云南（乌蒙山等）、黑龙江、山西、陕西、甘肃、江苏、安徽、湖北、江西、湖南、福建、台湾、广东、广西、重庆、四川、贵州、西藏。

152. 斑须蝽属 *Dolycoris* Mulsant & Rey, 1866

（187）斑须蝽 *Dolycoris baccarum* (Linnaeus, 1758)

分布：云南（乌蒙山等）、黑龙江、吉林、辽宁、内蒙古、北京、河北、山西、山东、河南、陕西、宁夏、甘肃、青海、新疆、江苏、浙江、湖北、江西、湖南、福建、广东、海南、广西、四川、贵州、西藏；俄罗斯，蒙古国，朝鲜，韩国，日本，巴基斯坦，印度，中亚地区，西亚地区，非洲。

153. 菜蝽属 *Eurydema* Laporte, 1833

（188）菜蝽 *Eurydema dominulus* (Scopoli, 1763)

分布：云南（乌蒙山等）、黑龙江、吉林、内蒙古、北京、河北、山西、山东、河南、陕西、宁夏、甘肃、青海、新疆、江苏、安徽、浙江、湖北、江西、湖南、福建、台湾、广东、海南、广西、四川、贵州、西藏；俄罗斯，蒙古国，朝鲜，韩国，日本，印度，西亚地区，大洋洲。

154. 二星蝽属 *Eysarcoris* Hahn, 1834

（189）二星蝽 *Eysarcoris guttigerus* (Thunberg, 1783)

分布：云南（乌蒙山等）、黑龙江、吉林、辽宁、内蒙古、河北、山西、山东、河南、陕西、宁夏、甘肃、江苏、安徽、浙江、湖北、江西、湖南、福建、台湾、广东、海南、香港、广西、四川、贵州、西藏；朝鲜，韩国，日本，尼泊尔，斯里兰卡。

155. 条蝽属 *Graphosoma* Laporte, 1833

（190）赤条蝽 *Graphosoma rubrolineatum* (Westwood, 1837)

分布：云南（乌蒙山等）、黑龙江、吉林、辽宁、内蒙古、北京、天津、河北、山西、山东、河南、陕西、宁夏、甘肃、青海、新疆、江苏、上海、安徽、浙江、湖北、江西、湖南、福建、台湾、广东、海南、香港、澳门、广西、重庆、四川、贵州、西藏；俄罗斯，蒙古国，朝鲜，韩国，日本。

156. 茶翅蝽属 *Halyomorpha* Mayr, 1864

（191）茶翅蝽 *Halyomorpha halys* (Stål, 1855)

分布：云南（乌蒙山等）、黑龙江、吉林、辽宁、内蒙古、北京、河北、山西、山东、河南、陕西、甘肃、江苏、浙江、安徽、湖北、江西、湖南、福建、台湾、广东、海南、香港、广西、重庆、四川、贵州、西藏；朝鲜，韩国，日本，大洋洲，欧洲，北美洲。

157. 玉蝽属 *Hoplistodera* Westwood, 1837

（192）玉蝽 *Hoplistodera fergussoni* Distant, 1911

分布：云南（乌蒙山等）、陕西、安徽、浙江、湖北、江西、湖南、福建、广东、海南、广西、重庆、四川、贵州、西藏。

（193）红玉蝽 *Hoplistodera pulchra* Yang, 1934

分布：云南（乌蒙山等）、陕西、甘肃、安徽、浙江、湖北、江西、湖南、福建、台湾、广东、海南、香港、广西、重庆、四川、贵州、西藏。

158. 曼蝽属 *Menida* Motschulsky, 1861

（194）紫蓝曼蝽 *Menida violacea* Motschulsky, 1861

分布：云南（乌蒙山等）、吉林、辽宁、内蒙古、河北、山西、山东、河南、陕西、甘肃、江苏、安徽、浙江、湖北、江西、湖南、福建、台湾、广东、广西、重庆、四川、贵州；俄罗斯，朝鲜，韩国，日本，印度。

159. 碧蝽属 *Palomena* Mulsant & Rey, 1866

（195）川甘碧蝽 *Palomena chapana* (Distant, 1921)

分布：云南（乌蒙山等）、河北、陕西、宁夏、甘肃、浙江、湖北、湖南、四川、西藏；尼泊尔，缅甸。

160. 真蝽属 *Pentatoma* Olivier, 1789

（196）昆明真蝽 *Pentatoma kunmingensis* Xiong, 1981

分布：云南（乌蒙山等）、四川、贵州。

161. 益蝽属 *Picromerus* Amyot & Serville, 1843

（197）益蝽 *Picromerus lewisi* Scott, 1874

分布：云南（乌蒙山等）、黑龙江、吉林、辽宁、内蒙古、河北、山西、山东、河南、陕西、宁夏、甘肃、新疆、江苏、浙江、安徽、湖北、江西、湖南、福建、广东、海南、广西、重庆、四川、贵州；俄罗斯，韩国，日本。

（198）绿点益蝽 *Picromerus viridipunctatus* Yang, 1935

分布：云南（乌蒙山）、山西、安徽、浙江、湖北、江西、湖南、广东、广西、重庆、四川、贵州。

162. 珀蝽属 *Plautia* Stål, 1865

（199）庐山珀蝽 *Plautia lushanica* Yang, 1934

分布：云南（乌蒙山等）、山西、河南、陕西、浙江、湖北、江西、福建、四川、贵州。

163. 普蝽属 *Priassus* Stål, 1867

（200）褐普蝽 *Priassus testaceus* Hsiao & Cheng, 1977

分布：云南（乌蒙山等）、甘肃、湖北、四川、贵州、西藏。

164. 黑蝽属 *Scotinophara* Stål, 1868

（201）弯刺黑蝽 *Scotinophara horvathi* Distant, 1883

分布：云南（乌蒙山）、陕西、江苏、江西、湖南、福建、广东、海南、广西、四川、贵州、西藏；韩国，日本。

165. 点蝽属 *Tolumnia* Stål, 1868

（202）点蝽 *Tolumnia latipes* (Dallas, 1851)

分布：云南（乌蒙山等）、山西、河南、陕西、安徽、浙江、湖北、江西、湖南、福建、台湾、广东、海南、广西、四川、贵州、西藏；印度，马来西亚，印度尼西亚。

五十二、龟蝽科 Plataspidae Dallas, 1851

166. 圆龟蝽属 *Coptosoma* Laporte, 1833

（203）双列圆龟蝽 *Coptosoma bifarium* Montandon, 1897

分布：云南（乌蒙山等）、北京、山西、河南、陕西、甘肃、宁夏、安徽、湖北、江西、湖南、福建、广西、四川、贵州、西藏；韩国。

167. 豆龟蝽属 *Megacopta* Hsiao & Ren, 1977

（204）小筛豆龟蝽 *Megacopta cribriella* Hsiao & Ren, 1997

分布：云南（乌蒙山）、湖北、江西、福建、广东、海南、广西、西藏。

五十三、盾蝽科 Scutelleridae Leach, 1815

168. 扁盾蝽属 *Eurygaster* Laporte, 1833

（205）扁盾蝽 *Eurygaster testudinaria* (Geoffroy, 1785)

分布：云南（乌蒙山等）、黑龙江、河北、山西、陕西、山东、江苏、浙江、湖北、江西、香港、四川；俄罗斯，蒙古国，朝鲜，日本，哈萨克斯坦，吉尔吉斯斯坦，塔吉克斯坦，西亚地区，非洲。

169. 宽盾蝽属 *Poecilocoris* Dallas, 1848

（206）斜纹宽盾蝽 *Poecilocoris dissimilis* Martin, 1902

分布：云南（乌蒙山等）、江西、广西。

（207）金绿宽盾蝽 *Poecilocoris lewisi* (Distant, 1883)

分布：云南（乌蒙山等）、黑龙江、吉林、辽宁、北京、天津、河北、山西、山东、河南、陕西、甘肃、江苏、安徽、浙江、湖北、江西、湖南、台湾、广东、重庆、四川、贵州、西藏；俄罗斯，韩国，日本。

五十四、荔蝽科 Tessaratomidae Stål, 1865

170. 硕蝽属 *Eurostus* Dallas, 1851

（208）硕蝽 *Eurostus validus* Dallas, 1851

分布：云南（乌蒙山等）、辽宁、天津、河北、山西、山东、河南、陕西、甘肃、江苏、安徽、浙江、湖北、江西、湖南、福建、台湾、广东、海南、香港、广西、重庆、四川、贵州；老挝。

五十五、异蝽科 Urostylididae Dallas, 1851

171. 华异蝽属 *Tessaromerus* Kirkaldy, 1908

（209）四星华异蝽 *Tessaromerus quadriarticulatus* Kirkaldy, 1908

分布：云南（乌蒙山）、甘肃、四川。

五十六、大红蝽科 Largidae Amyot & Serville, 1843

172. 斑红蝽属 *Physopelta* Amyot & Serville, 1843

（210）突背斑红蝽 *Physopelta gutta* (Burmeister, 1834)

分布：云南（乌蒙山等）、江苏、浙江、湖北、江西、湖南、福建、台湾、广东、海南、香港、广西、重庆、四川、贵州、西藏；韩国，日本，阿富汗，巴基斯坦，印度，不丹，尼泊尔，孟加拉国，缅甸，越南，泰国，柬埔寨，斯里兰卡，菲律宾，马来西亚，新加坡，文莱，印度尼西亚。

（211）四斑红蝽 *Physopelta quadriguttata* Bergroth, 1894

分布：云南（乌蒙山等）、河南、安徽、浙江、湖北、江西、湖南、福建、台湾、广东、海南、香港、广西、四川、西藏；印度，老挝，泰国。

五十七、红蝽科 Pyrrhocoridae Amyot & Serville, 1843

173. 红蝽属 *Pyrrhocoris* Fallén, 1814

（212）地红蝽 *Pyrrhocoris sibiricus* Kuschakewitsch, 1866

分布：云南（乌蒙山）、辽宁、内蒙古、北京、天津、河北、山东、甘肃、青海、江苏、上海、浙江、台湾、四川、西藏；俄罗斯，蒙古国，韩国，日本。

膜翅目 Hymenoptera

一、叶蜂科 Tenthredinidae Latreille, 1802

1. 小唇叶蜂属 *Clypea* Malaise, 1961

（1）中华小唇叶蜂 *Clypea sinica* Wei, 2012

分布：云南（乌蒙山等）、浙江、湖北、江西、福建。

2. 盾麦叶蜂属 *Dolerus* Panzer, 1801

（2）光盾麦叶蜂 *Dolerus glabratus* Wei, 2012

分布：云南（乌蒙山等）、贵州。

3. 合叶蜂属 *Tenthredopsis* Costa, 1859

（3）红角合叶蜂 *Tenthredopsis ruficornis* Malaise, 1945

分布：云南（乌蒙山等）、浙江。

二、三节叶蜂科 Argidae Konow, 1890

4. 三节叶蜂属 *Arge* Schrank, 1802

（4）杜鹃黑毛三节叶蜂 *Arge similis* (Vollenhoven, 1860)

分布：云南（乌蒙山等）、北京、江苏、上海、浙江、江西、福建、台湾、广东、广西、重庆、四川、贵州；韩国，日本，越南，老挝，泰国，马来西亚。

三、姬蜂科 Ichneumonidae Latreille, 1802

5. 大铗姬蜂属 *Eutanyacra* Cameron, 1903

（5）地蚕大铗姬蜂 *Eutanyacra picta* (Schrank, 1776)

分布：云南（乌蒙山等）、黑龙江、吉林、辽宁、内蒙古、北京、河北、山西、河南、陕西、宁夏、甘肃、新疆、江苏、湖北、湖南、广西、四川、贵州；俄罗斯，蒙古国，韩国，日本，中亚地区。

四、胡蜂科 Vespidae Latreille, 1802

6. 全盾蜾蠃属 *Allodynerus* Bluethgen, 1938

（6）东北全盾蜾蠃 *Allodynerus mandschuricus* Blüthgen, 1953

分布：云南（乌蒙山等）、吉林、辽宁、山西、河南、陕西、甘肃、新疆、江苏、安徽、湖北、江西、重庆、四川、贵州；俄罗斯，韩国，日本。

7. 缘蜾蠃属 *Anterhynchium* Saussure, 1863

（7）大黄缘蜾蠃 *Anterhynchium flavopunctatum* (Smith, 1852)

分布：云南（乌蒙山等）、浙江、台湾、香港；韩国，日本，老挝。

8. 蜾蠃属 *Eumenes* (Linnaeus, 1758)

（8）方蜾蠃指名亚种 *Eumenes quadratus quadratus* Smith, 1852

分布：云南（乌蒙山等）、北京、天津、河北、山西、陕西、上海、江苏、浙江、江西、山东、湖南、广东、海南、香港、广西、重庆、四川、贵州；韩国，日本，越南，老挝。

9. 佳盾蜾蠃属 *Euodynerus* Dalla Torre, 1904

（9）单佳盾蜾蠃指名亚种 *Euodynerus dantici dantici* (Rossi, 1790)

分布：云南（乌蒙山等）、辽宁、内蒙古、北京、河北、山西、河南、陕西、宁夏、甘肃、江苏、安徽、浙江、海南、广西、重庆、四川、贵州；中亚地区，欧洲。

10. 旁沟蜾蠃属 *Parancistrocerus* Bequaert, 1925

（10）特片旁沟蜾蠃 *Parancistrocerus lamnulus* Li & Carpenter, 2019

分布：云南（乌蒙山等）。

11. 异腹胡蜂属 *Parapolybia* Saussure, 1854

（11）黄侧异腹胡蜂 *Parapolybia crocea* Saito-Morooka, Nguyen & Kojima, 2015

分布：云南（乌蒙山等）、陕西、甘肃、安徽、浙江、湖北、江西、湖南、福建、台湾、广西、重庆、四川、贵州；日本，越南，泰国，老挝。

12. 旁喙蜾蠃属 *Pararrhynchium* (Smith, 1852)

（12）凹旁喙蜾蠃 *Pararrhynchium foveolatum* Li & Chen, 2018

分布：云南（乌蒙山等）、四川。

13. 马蜂属 *Polistes* Latreille, 1802

（13）棕马蜂 *Polistes gigas* (Kirby & Spence, 1862)

分布：云南（乌蒙山等）、江苏、安徽、浙江、江西、湖北、福建、台湾、广东、海南、香港、广西、重庆、四川、贵州；印度。

（14）斯马蜂 *Polistes snelleni* Saussure, 1862

分布：云南（乌蒙山等）、黑龙江、吉林、辽宁、内蒙古、河北、山西、山东、陕西、宁夏、甘肃、江苏、浙江、江西、福建、河南、湖南、西藏、广东、广西、重庆、四川、贵州；俄罗斯，韩国，日本。

14. 饰蜾蠃属 *Pseumenes* Giordani-Soika, 1935

（15）酉饰蜾蠃 *Pseumenes imperatrix* (Smith, 1857)

分布：云南（乌蒙山等）、陕西、甘肃、浙江、四川、重庆、贵州、福建、广西、台湾。

15. 直盾蜾蠃属 *Stenodynerus* Saussure, 1863

（16）帕氏直盾蜾蠃指名亚种 *Stenodynerus pappi pappi* Giordani Soika, 1976

分布：云南（乌蒙山等）、陕西、浙江、江西、台湾、重庆；韩国。

16. 同蜾蠃属 *Symmorphus* Wesmael, 1836

（17）双孔同蜾蠃 *Symmorphus ambotretus* Cumming, 1989

分布：云南（乌蒙山等）、陕西、宁夏、甘肃、广西、重庆、贵州；尼泊尔，韩国。

17. 胡蜂属 *Vespa* Linnaeus, 1758

（18）三齿胡蜂 *Vespa analis* Fabricius, 1775

分布：云南（乌蒙山等）、黑龙江、吉林、辽宁、北京、河北、山东、陕西、河南、湖北、陕西、江西、浙江、福建、台湾、广东、广西、海南、贵州、重庆、四川、西藏；俄罗斯，韩国，日本，印度，尼泊尔，缅甸，泰国，老挝，马来西亚，新加坡，印度尼西亚。

（19）黑尾胡蜂 *Vespa ducalis* Smith, 1852

分布：云南（乌蒙山等）、黑龙江、辽宁、吉林、河南、陕西、甘肃、山东、湖北、湖南、江苏、浙江、安徽、上海、广东、香港、福建、台湾、江西、广东、海南、广西、重庆、四川、贵州；俄罗斯，朝鲜，日本，印度，尼泊尔，缅甸，泰国，越南，老挝。

（20）金环胡蜂 *Vespa mandarinia* Smith, 1852

分布：云南（乌蒙山等）、黑龙江、吉林、辽宁、内蒙古、北京、天津、河北、山西、山东、河南、陕西、宁夏、江苏、上海、安徽、浙江、湖北、江西、湖南、福建、台湾、广东、海南、香港、澳门、广西、重庆、四川、贵州、西藏；俄罗斯，朝鲜，日本，巴基斯坦，印度，斯里兰卡，尼泊尔，缅甸，不丹，泰国，老挝，马来西亚，印度尼西亚。

（21）寿胡蜂 *Vespa vivax* Smith, 1870

分布：云南（乌蒙山等）、河南、陕西、甘肃、宁夏、台湾、广西、四川、西藏；不丹，印度，尼泊尔，缅甸，泰国。

五、土蜂科 Scoliidae Latreille, 1802

18. 长腹土蜂属 *Campsomeris* Lepeletier, 1838

（22）金毛长腹土蜂 *Campsomeris prismatica* (Smith, 1855)

分布：云南（乌蒙山）、黑龙江、山东、河南、甘肃、安徽、江苏、浙江、湖北、湖南、福建、台湾、广东、香港、江西、贵州；俄罗斯，韩国，日本，印度，尼泊尔，缅甸，菲律宾，马来西亚，印度尼西亚。

六、蚁科 Formicidae Latreille, 1802

19. 盘腹蚁属 *Aphaenogaster* Mayr, 185

（23）雕刻盘腹蚁 *Aphaenogaster exasperata* Weeler, 1921

分布：云南（乌蒙山等）、陕西、浙江、江西、福建、广东、广西、四川；越南。

（24）日本盘腹蚁 *Aphaenogaster japonica* Forel, 1911

分布：云南（乌蒙山等）、辽宁、北京、山东、河南、陕西、安徽、湖北、广西、四川；俄罗斯，朝鲜，韩国，日本。

20. 弓背蚁属 *Camponotus* Mayr, 1861

（25）安宁弓背蚁 *Camponotus anningensis* Wu & Wang, 1989

分布：云南（乌蒙山等）、广东、四川、西藏。

（26）日本弓背蚁 *Camponotus japonicus* Mayr, 1866

分布：云南（乌蒙山等）、黑龙江、吉林、辽宁、内蒙古、北京、天津、河北、山西、山东、河南、陕西、宁夏、甘肃、青海、新疆、江苏、上海、安徽、浙江、湖北、江西、湖南、福建、台湾、广东、海南、香港、澳门、广西、重庆、四川、贵州、西藏；俄罗斯，蒙古国，朝鲜，韩国，日本，中亚地区，巴基斯坦，菲律宾。

（27）平和弓背蚁 *Camponotus mitis* (Smith, 1858)

分布：云南（乌蒙山等）、河南、陕西、湖北、湖南、福建、广东、海南、香港、广西、重庆、贵州、西藏；斯里兰卡，印度。

（28）西姆森弓背蚁 *Camponotus siemsseni* Forel, 1901

分布：云南（乌蒙山等）、四川、西藏；尼泊尔，印度，泰国，孟加拉国，印度尼西亚。

21. 盲切叶蚁属 *Carebara* Westwood, 1840

（29）邻盲切叶蚁 *Carebara affinis* (Jerdon, 1851)

分布：云南（乌蒙山等）、台湾、广东、广西、西藏；印度，不丹，尼泊尔，孟加拉国，缅甸，越南，老挝，泰国，斯里兰卡，菲律宾，马来西亚，新加坡，文莱，印度尼西亚，欧洲，大洋洲。

22. 举腹蚁属 *Crematogaster* Lund, 1831

（30）大阪举腹蚁 *Crematogaster osakensis* Forel, 1912

分布：云南（乌蒙山等）、陕西、山西、安徽、江苏、河南、湖北、湖南、浙江、福建、江西、广东、广西、四川、西藏；朝鲜，韩国，日本。

（31）上海举腹蚁 *Crematogaster zoceensis* Santschi, 1925

分布：云南（乌蒙山等）、河北、河南、湖南、山东、江苏、上海、安徽、浙江、湖北、江西、福建、重庆、四川。

23. 臭蚁属 *Dolichoderus* Lund, 1831

（32）西伯利亚臭蚁 *Dolichoderus sibiricus* Emery, 1889

分布：云南（乌蒙山等）、河南、陕西、甘肃、新疆、安徽、浙江、湖北、江西、湖南、福建、广东、广西；俄罗斯，蒙古国，朝鲜，韩国，日本。

24. 行军蚁属 *Dorylus* Fabricius, 1793

（33）东方行军蚁 *Dorylus orientalis* (Westwood, 1838)

分布：云南（乌蒙山等）、江苏、上海、安徽、浙江、湖北、江西、湖南、福建、台湾、广东、海南、香港、澳门、广西、重庆、四川、贵州；印度，越南，泰国，菲律宾，马来西亚，缅甸，巴基斯坦，新加坡，印度尼西亚。

（34）维希努行军蚁 *Dorylus vishnui* Wheeler, 1913

分布：云南（乌蒙山等）；缅甸，泰国，印度尼西亚。

25. 扁头猛蚁属 *Ectomomyrmex* Smith, 1858

（35）爪哇扁头猛蚁 *Ectomomyrmex javanus* Mayr, 1867

分布：云南（乌蒙山等）、江苏、上海、安徽、浙江、湖北、江西、湖南、福建、台湾、广东、海南、香港、澳门、广西、重庆、四川、贵州；韩国，日本，印度，越南，柬埔寨，菲律宾，印度尼西亚。

26. 蚁属 *Formica* Linnaeus, 1758

（36）丝光蚁 *Formica fusca* Linnaeus, 1758

分布：云南（乌蒙山等）、黑龙江、吉林、辽宁、内蒙古、北京、天津、河北、山西、山东、河南、陕西、宁夏、甘肃、青海、新疆、江苏、上海、安徽、浙江、湖北、江西、湖南、福建、台湾、广东、海南、香港、澳门、广西、重庆、四川、贵州、西藏；印度，尼泊尔，越南，欧洲，北美洲。

27. 曲颊猛蚁属 *Gnamptogenys* Roger, 1863

（37）四川曲颊猛蚁 *Gnamptogenys panda* (Brown, 1948)

分布：云南（乌蒙山）、陕西、浙江、湖北、广西、四川、贵州。

（38）中华曲颊猛蚁 *Gnamptogenys sinensis* Wu & Xiao, 1987

分布：云南（乌蒙山等）、湖南、广西。

28. 姬猛蚁属 *Hypoponera* Santschi, 1938

（39）邵氏姬猛蚁 *Hypoponera punctatissima* (Roger, 1859)

分布：云南（乌蒙山等）、台湾；俄罗斯，蒙古国，朝鲜，韩国，日本，巴基斯坦，印度，不丹，尼泊尔，孟加拉国，缅甸，越南，老挝，泰国，柬埔寨，

斯里兰卡，菲律宾，马来西亚，新加坡，文莱，印度尼西亚，中亚地区，西亚地区，大洋洲，非洲，北美洲，南美洲。

29. 毛蚁属 *Lasius* Fabricius, 1804

（40）奇异毛蚁 *Lasius alienus* (Foerster, 1850)

分布：云南（乌蒙山等）、吉林、辽宁、内蒙古、北京、天津、河北、山西、山东、河南、陕西、宁夏、甘肃、新疆、江苏、上海、安徽、浙江、湖北、江西、湖南、福建、台湾、广东、海南、香港、澳门、广西、重庆、四川、贵州；俄罗斯，蒙古国，朝鲜，韩国，日本，非洲，北美洲。

（41）黄毛蚁 *Lasius flavus* (Fabricius, 1782)

分布：云南（乌蒙山等）、黑龙江、吉林、辽宁、内蒙古、北京、天津、河北、山西、山东、河南、陕西、宁夏、甘肃、青海、新疆、江苏、上海、安徽、浙江、湖北、江西、湖南、福建、台湾、广东、海南、香港、澳门、广西、重庆、四川、贵州、西藏；俄罗斯，蒙古国，朝鲜，韩国，日本，巴基斯坦，印度，不丹，尼泊尔，孟加拉国，缅甸，越南，老挝，泰国，柬埔寨，斯里兰卡，菲律宾，马来西亚，新加坡，文莱，印度尼西亚，中亚地区，西亚地区，北美洲。

（42）亮毛蚁 *Lasius fuliginosus* (Latreille, 1798)

分布：云南（乌蒙山等）、黑龙江、吉林、辽宁、北京、河北、山西、河南、陕西、宁夏、甘肃、浙江、湖北、湖南、广东、香港、广西、四川、贵州；俄罗斯，蒙古国，朝鲜，韩国，日本，巴基斯坦，印度，不丹，尼泊尔，孟加拉国，缅甸，越南，老挝，泰国，柬埔寨，斯里兰卡，菲律宾，马来西亚，新加坡，文莱，印度尼西亚，中亚地区，西亚地区，大洋洲，非洲，北美洲，南美洲。

（43）大毛蚁 *Lasius spathepus* Wheeler, 1910

分布：云南（乌蒙山等）；俄罗斯，韩国，日本，朝鲜。

30. 光胸臭蚁属 *Liometopum* Mayr, 1861

（44）中华光胸臭蚁 *Liometopum sinense* Wheeler, 1921

分布：云南（乌蒙山等）、陕西、宁夏、甘肃、河南、江苏、上海、浙江、湖北、江西、湖南、福建、广东、香港、广西、重庆、四川、贵州、西藏；缅甸，印度，斯里兰卡，马来西亚，大洋洲。

31. 切叶蚁属 *Myrmecina* Curtis, 1829

（45）台湾切叶蚁 *Myrmecina taiwana* Terayama, 1985

分布：云南（乌蒙山等）、浙江、台湾。

32. 红蚁属 *Myrmica* Latreille, 1804

（46）马格丽特红蚁 *Myrmica margaritae* Emery, 1889

　　分布：云南（乌蒙山等）、山西、河南、陕西、甘肃、安徽、浙江、湖北、湖南、福建、台湾、广东、香港、广西、重庆、四川、贵州、西藏；印度，缅甸。

（47）丽塔红蚁 *Myrmica ritae* Emery, 1889

　　分布：云南（乌蒙山等）、重庆、四川、贵州；印度，缅甸，尼泊尔，泰国。

33. 尼氏蚁属 *Nylanderia* Emery, 1906

（48）黄足尼氏蚁 *Nylanderia flavipes* (Smith, 1874)

　　分布：云南（乌蒙山等）、吉林、辽宁、北京、天津、河北、山东、河南、陕西、江苏、上海、安徽、浙江、湖北、江西、湖南、福建、台湾、广东、香港、澳门、广西、重庆、四川、贵州、西藏；俄罗斯，朝鲜，韩国，日本，西亚地区。

（49）印度尼氏蚁 *Nylanderia indica* (Forel, 1894)

　　分布：云南（乌蒙山等）、湖南、福建、广东；印度，尼泊尔，孟加拉国，斯里兰卡，印度尼西亚。

（50）泰勒尼氏蚁 *Nylanderia taylori* (Forel, 1894)

　　分布：云南（乌蒙山等）、湖南、福建、广东、广西、重庆、四川；印度，孟加拉国，斯里兰卡。

（51）耶伯尼氏蚁 *Nylanderia yerburyi* (Forel, 1894)

　　分布：云南（乌蒙山等）、山东、河南、江苏、浙江、湖北、福建、广东、广西、重庆、四川、西藏；印度，斯里兰卡。

34. 大齿猛蚁属 *Odontomachus* Latreille, 1804

（52）山大齿猛蚁 *Odontomachus monticola* Emery, 1892

　　分布：云南（乌蒙山等）、黑龙江、吉林、辽宁、内蒙古、北京、天津、河北、山西、山东、河南、陕西、宁夏、甘肃、青海、新疆、江苏、上海、安徽、浙江、湖北、江西、湖南、福建、台湾、广东、海南、香港、澳门、广西、重庆、四川、贵州、西藏；日本、孟加拉国，印度，印度尼西亚，老挝，马来西亚，缅甸，尼泊尔，泰国，越南，大洋洲。

35. 大头蚁属 *Pheidole* Westwood, 1839

（53）尼特纳大头蚁 *Pheidole nietneri* Emery, 1901

　　分布：云南（乌蒙山等）、重庆、四川、西藏；巴基斯坦，斯里兰卡。

（54）宽结大头蚁 *Pheidole nodus* Smith, 1874

　　分布：云南（乌蒙山等）、黑龙江、辽宁、北京、河北、山东、河南、陕西、江苏、上海、安徽、浙江、湖北、江西、湖南、福建、台湾、广东、香港、广西、重庆、四川、贵州、西藏；韩国，日本，印度，缅甸，越南，泰国，孟加拉国，斯里兰卡，印度尼西亚。

（55）史氏大头蚁 *Pheidole smythiesii* Forel, 1902

　　分布：云南（乌蒙山等）、河南、浙江、湖北、湖南、广东、广西、贵州、西藏；泰国，越南，尼泊尔，印度，马来西亚。

36. 猛蚁属 *Ponera* Latreille, 1804

（56）坝湾猛蚁 *Ponera bawana* Xu, 2001

　　分布：云南（乌蒙山等）。

（57）片马猛蚁 *Ponera pianmana* Xu, 2001

　　分布：云南（乌蒙山等）、重庆、四川、西藏。

37. 酸臭蚁属 *Tapinoma* Foerster, 1850

（58）吉氏酸臭蚁 *Tapinoma geei* Wheeler, 1927

　　分布：云南（乌蒙山等）、北京、天津、河北、山东、陕西、宁夏、甘肃、湖北、重庆、四川；韩国，蒙古国。

38. 铺道蚁属 *Tetramorium* Mayr, 1855

（59）草地铺道蚁 *Tetramorium caespitum* (Linnaeus, 1758)

　　分布：云南（乌蒙山等）、黑龙江、吉林、辽宁、内蒙古、北京、天津、河北、山西、山东、河南、陕西、宁夏、甘肃、青海、新疆、江苏、上海、安徽、浙江、湖北、江西、湖南、福建、台湾、广东、海南、香港、澳门、广西、重庆、四川、贵州、西藏；俄罗斯，蒙古国，朝鲜，韩国，日本，巴基斯坦，印度，不丹，尼泊尔，孟加拉国，缅甸，越南，老挝，泰国，柬埔寨，斯里兰卡，菲律宾，马来西亚，新加坡，文莱，印度尼西亚，中亚地区，西亚地区。

七、泥蜂科 Sphecidae (Latreille, 1802)

39. 蓝泥蜂属 *Chalybion* Dahlbom, 1843

（60）日本蓝泥蜂 *Chalybion japonicum* (Gribodo, 1882)

　　分布：云南（乌蒙山等）、黑龙江、吉林、辽宁、内蒙古、北京、天津、河北、山西、山东、河南、陕西、宁夏、甘肃、青海、新疆、江苏、上海、安徽、浙江、湖北、江西、湖南、福建、台湾、广东、海南、香港、澳门、广西、重庆、四川、贵州、西藏；越南，日本，韩国，俄罗斯，泰国，老挝。

40. 壁泥蜂属 *Sceliphron* Klug, 1801

（61）驼腹壁泥蜂 *Sceliphron deforme* (Smith, 1856)

　　分布：云南（乌蒙山等）、北京、河北、山东、陕西、江苏、上海、安徽、浙江、湖北、江西、湖南、福建、台湾、广东、海南、香港、广西；俄罗斯，朝鲜，韩国，日本，波兰。

八、蜜蜂科 Apidae Latreille, 1802

41. 蜜蜂属 *Apis* Linnaeus, 1758

（62）中华蜜蜂 *Apis cerana* Fabricius, 1793

分布：云南（乌蒙山等）、黑龙江、吉林、辽宁、内蒙古、北京、天津、河北、山西、山东、河南、陕西、宁夏、甘肃、青海、江苏、上海、安徽、浙江、湖北、江西、湖南、福建、台湾、广东、海南、香港、澳门、广西、重庆、四川、贵州、西藏；朝鲜，巴基斯坦，斯里兰卡，印度，尼泊尔，泰国，缅甸，老挝，菲律宾，印度尼西亚，日本，俄罗斯，中亚地区，大洋洲。

（63）喜大蜜蜂 *Apis laboriosa* Smith, 1871

分布：云南（乌蒙山等）、西藏；印度，越南。

42. 熊蜂属 *Bombus* Latreille, 1802

（64）黑足熊蜂 *Bombus atripes* Smith, 1852

分布：云南（乌蒙山）、陕西、重庆。

（65）双色熊蜂 *Bombus bicoloratus* Smith, 1879

分布：云南（乌蒙山等）、四川、湖北、安徽、贵州、广西、湖南、广东、江西、福建、浙江、海南、台湾。

（66）牛拟熊蜂 *Bombus bohemicus* (Seidl, 1837)

分布：云南（乌蒙山）、吉林、内蒙古、河北、甘肃、青海、新疆、四川；日本，欧洲，北美洲。

（67）白背熊蜂 *Bombus festivus* Smith, 1861

分布：云南（乌蒙山等）、陕西、甘肃、湖北、四川、贵州、西藏；缅甸，印度，尼泊尔。

（68）黄熊蜂 *Bombus flavescens* Smith, 1852

分布：云南（乌蒙山等）、台湾；日本，韩国，泰国，马来西亚，菲律宾。

（69）弗里熊蜂 *Bombus friseanus* Skorikov, 1933

分布：云南（乌蒙山等）、甘肃、青海、四川、西藏。

（70）兴熊蜂 *Bombus impetuosus* Smith, 1871

分布：云南（乌蒙山等）、宁夏、甘肃、青海、重庆、四川。

（71）红光熊蜂 *Bombus ignitus* Smith, 1869

分布：云南（乌蒙山等）、吉林、辽宁、北京、天津、河北、山西、河南、陕西、甘肃、青海、四川；俄罗斯，蒙古国，朝鲜，韩国，日本。

（72）重黄熊蜂 *Bombus picipes* Richards, 1934

分布：云南（乌蒙山等）、北京、天津、河北、山西、河南、陕西、宁夏、甘肃、青海、西藏。

（73）三条熊蜂 *Bombus trifasciatus* Smith, 1852

分布：云南（乌蒙山等）、山西、陕西、甘肃、安徽、浙江、江西、湖南、湖北、福建、台湾、广东、四川、贵州、西藏；越南，泰国，缅甸，印度，不丹，巴基斯坦，尼泊尔。

43. 木蜂属 *Xylocopa* Latreille, 1802

（74）黄胸木蜂 *Xylocopa appendiculata* Smith, 1852

分布：云南（乌蒙山等）、辽宁、甘肃、河北、山西、陕西、河南、山东、江苏、浙江、安徽、江西、湖北、湖南、福建、广东、海南、广西、四川、贵州、西藏；俄罗斯，日本，朝鲜。

（75）长木蜂 *Xylocopa tranquebarorum* (Swederus, 1787)

分布：云南（乌蒙山等）、江苏、上海、安徽、浙江、湖北、江西、湖南、福建、台湾、广东、海南、香港、澳门、广西、重庆、四川、贵州；日本，印度。

九、隧蜂科 Halictidae Thomson, 1869

44. 隧蜂属 *Seladonia* Robertson, 1918

（76）铜色隧蜂 *Seladonia aeraria* (Smith, 1873)

分布：云南（乌蒙山等）、黑龙江、吉林、辽宁、河北、北京、天津、山东、陕西、山西、甘肃、江苏、浙江、福建、台湾、四川；俄罗斯，朝鲜，蒙古国，日本。

广翅目 Megaloptera

一、齿蛉科 Corydalidae Leach, 1815

1. 栉鱼蛉属 *Ctenochauliodes* van der Weele, 1909

（1）属模栉鱼蛉 *Ctenochauliodes nigrovenosus* (van der Weele, 1907)

分布：云南（乌蒙山等）、湖北、广西、重庆、四川、贵州；越南。

2. 齿蛉属 *Neoneuromus* van der Weele, 1909

（2）普通齿蛉 *Neoneuromus ignobilis* Navás, 1932

分布：云南（乌蒙山）、山西、陕西、安徽、浙江、湖北、江西、湖南、福建、广东、广西、重庆、四川、贵州；越南，老挝。

3. 星齿蛉属 *Protohermes* van der Weele, 1907

（3）双斑星齿蛉 *Protohermes dimaculatus* Yang & Yang, 1988

分布：云南（乌蒙山等）、贵州。

（4）炎黄星齿蛉 *Protohermes xanthodes* Navás, 1914

分布：云南（乌蒙山等）、辽宁、北京、河北、山西、山东、河南、陕西、甘肃、安徽、浙江、湖北、江西、湖南、广东、广西、重庆、四川、贵州；俄罗斯，朝鲜，韩国。

二、泥蛉科 Sialidae Leach, 1815

4. 泥蛉属 *Sialis* Latreille, 1802

（5）罗汉坝泥蛉 *Sialis luohanbaensis* Liu, Hayashi & Yang, 2012

分布：云南（乌蒙山等）。

脉翅目 Neuroptera

一、溪蛉科 Osmylidae Leach, 1815

1. 离溪蛉属 *Lysmus* Navás, 1911

（1）胜利离溪蛉 *Lysmus victus* Yang, 1997

分布：云南（乌蒙山）、河北、陕西、甘肃、浙江、湖北、湖南、贵州。

2. 溪蛉属 *Osmylus* Latreille, 1802

（2）偶瘤溪蛉 *Osmylus fuberosus* Yang, 1997

分布：云南（乌蒙山）、湖北、重庆。

3. 华泽蛉属 *Sinoneurorthus* Liu, Aspöck & Aspöck, 2012

（3）云南华泽蛉 *Sinoneurorthus yunnanicus* Liu, Aspöck & Aspöck, 2012

分布：云南（乌蒙山）。

4. 窗溪蛉属 *Thyridosmylus* Krüger, 1913

（4）黔窗溪蛉 *Thyridosmylus qianus* Yang, 1993

分布：云南（乌蒙山）、山东、浙江、湖北、福建、重庆、贵州。

二、螳蛉科 Mantispidae Leach, 1815

5. 优螳蛉属 *Eumantispa* Okamoto, 1910

（5）汉优螳蛉 *Eumantispa harmandi* (Navás, 1909)

分布：云南（乌蒙山）、吉林、北京、河北、陕西、湖北、湖南、台湾、四川；俄罗斯，日本，越南。

三、褐蛉科 Hemerobiidae Latreille, 1802

6. 褐蛉属 *Hemerobius* Linnaeus, 1758

（6）全北褐蛉 *Hemerobius humulinus* Linnaeus, 1758

分布：云南（乌蒙山等）、黑龙江、吉林、辽宁、内蒙古、北京、河北、山西、河南、陕西、宁夏、甘肃、新疆、江苏、浙江、湖北、江西、福建、广西、四川、贵州、西藏；俄罗斯，日本，印度，非洲，北美洲。

（7）日本褐蛉 *Hemerobius japonicus* Nakahara, 1915

分布：云南（乌蒙山等）、内蒙古、北京、山西、河南、陕西、宁夏、甘肃、新疆、安徽、浙江、湖北、江西、四川、贵州、西藏；俄罗斯，朝鲜，韩国，日本，菲律宾。

（8）黑褐蛉 *Hemerobius nigricornis* Nakahara, 1915

分布：云南（乌蒙山）、台湾、西藏；日本。

7. 脉褐蛉属 *Micromus* Rambur, 1842

（9）点线脉褐蛉 *Micromus linearis* Hagen, 1858

分布：云南（乌蒙山等）、内蒙古、河南、陕西、宁夏、甘肃、浙江、湖北、江西、湖南、福建、台湾、广西、重庆、四川、西藏；俄罗斯，日本，巴基斯坦，印度，尼泊尔，斯里兰卡，菲律宾，马来西亚，印度尼西亚。

8. 脉线蛉属 *Neuronema* McLachlan, 1869

（10）薄叶脉线蛉 *Neuronema laminatum* Tjeder, 1936

分布：云南（乌蒙山等）、黑龙江、吉林、辽宁、内蒙古、北京、河北、山西、河南、陕西、宁夏、安徽、湖北、湖南、福建、广西、四川；俄罗斯。

四、草蛉科 Chrysopidae Schneider, 1851

9. 叉草蛉属 *Pseudomallada* Tjeder, 1966

（11）钩叉草蛉 *Pseudomallada ancistroidea* (Yang & Yang, 1990)

分布：云南（乌蒙山）、广西。

（12）马尔康叉草蛉 *Pseudomallada barkamana* (Yang, Yang & Wang, 1992)

分布：云南（乌蒙山等）、四川。

（13）脊背叉草蛉 *Pseudomallada carinata* (Dong, Cui & Yang, 2004)

分布：云南（乌蒙山）、陕西、甘肃。

10. 草蛉属 *Chrysopa* Leach, 1815

（14）大草蛉 *Chrysopa pallens* Rambur, 1838

分布：云南（乌蒙山等）、黑龙江、吉林、辽宁、内蒙古、北京、河北、山西、山东、河南、陕西、宁夏、甘肃、新疆、江苏、安徽、浙江、湖北、江西、湖南、福建、台湾、广东、海南、广西、四川、贵州；俄罗斯，朝鲜，日本。

11. 通草蛉属 *Chrysoperla* Steinmann, 1964

（15）日本通草蛉 *Chrysoperla nipponensis* (Okamoto, 1914)

分布：云南（乌蒙山等）、黑龙江、吉林、辽宁、内蒙古、北京、河北、山西、山东、陕西、甘肃、江苏、浙江、福建、广东、海南、广西、四川、贵州、西藏；俄罗斯，蒙古国，朝鲜，日本，菲律宾，马来西亚。

12. 意草蛉属 *Italochrysa* Principi, 1946

（16）红痣意草蛉 *Italochrysa uchidae* (Kuwayama, 1927)

分布：云南（乌蒙山等）、浙江、江西、福建、台湾、海南、广西、贵州。

13. 玛草蛉属 *Mallada* Navás, 1925

（17）黄斑玛草蛉 *Mallada flavimaculus* Yang & Yang, 1991

分布：云南（乌蒙山）、广西。

14. 罗草蛉属 *Retipenna* Brooks, 1986

（18）小罗草蛉 *Retipenna parvula* Yang & Wang, 2005

分布：云南（乌蒙山）、北京、山西、河南、陕西、湖北、重庆、四川。

五、蚁蛉科 Myrmeleontidae Latreille, 1802

15. 溪蚁蛉属 *Epacanthaclisis* Okamoto, 1910

（19）闽溪蚁蛉 *Epacanthaclisis minana* (Yang, 1999)

分布：云南（乌蒙山等）、陕西、浙江、湖北、福建、广西、贵州。

鞘翅目 Coleoptera

一、步甲科 Carabidae Latreille, 1802

1. 星步甲属 *Calosoma* Weber, 1801

（1）中华星步甲 *Calosoma chinense* Kirby, 1819

分布：云南（乌蒙山等）、黑龙江、吉林、辽宁、河北、山西、山东、河南、陕西、宁夏、甘肃、江苏、上海、安徽、浙江、江西、广西；俄罗斯，朝鲜，韩国，日本。

2. 大步甲属 *Carabus* Linnaeus, 1758

（2）切鞘步甲 *Carabus protenes* Bates, 1889

分布：云南（乌蒙山等）、陕西、甘肃、湖北、湖南、四川。

（3）疤步甲 *Carabus pustulifer* Lucas, 1869

分布：云南（乌蒙山等）、陕西、甘肃、湖北、湖南、广西、四川、贵州。

3. 虎甲属 *Cicindela* Linnaeus, 1758

（4）中华虎甲 *Cicindela chinensis* De Geer, 1774

分布：云南（乌蒙山等）、河北、山东、河南、陕西、甘肃、江苏、安徽、湖北、江西、湖南、福建、广东、广西、贵州；朝鲜，韩国，日本，越南。

（5）金缘虎甲 *Cicindela desgodinsii* Fairmaire, 1887

分布：云南（乌蒙山等）、甘肃、四川、西藏。

（6）芽斑虎甲 *Cicindela gemmata* Faldermann, 1835

分布：云南（乌蒙山等）、黑龙江、河北、河南、陕西、甘肃、青海、江苏、江西、湖南、福建、四川、西藏；俄罗斯，朝鲜，日本。

（7）金斑虎甲 *Cicindela juxtata* Acciavatti & Pearson, 1989

分布：云南（乌蒙山等）、山东、上海、湖北、福建、广东、香港、四川。

4. 圆虎甲属 *Cylindera* Westwood, 1831

（8）大卫虎甲 *Cylindera davidi* (Fairmaire, 1887)

分布：云南（乌蒙山等）、陕西、甘肃、新疆、四川。

（9）星斑虎甲 *Cylindera kaleea* (Bates, 1866)

分布：云南（乌蒙山等）、北京、河北、山西、山东、河南、陕西、甘肃、江苏、上海、安徽、浙江、湖北、江西、湖南、福建、台湾、广东、广西、四川、贵州。

5. 二叉步甲属 *Dicranoncus* Chaudoir, 1850

（10）股二叉步甲 *Dicranoncus femoralis* Chaudoir, 1850

分布：云南（乌蒙山等）、江苏、浙江、湖北、湖南、福建、台湾、广东、海南、广西、四川、西藏。

6. 细胫步甲属 *Metacolpodes* Jeannel, 1948

（11）布氏细胫步甲 *Metacolpodes buchanani* (Hope, 1831)

分布：云南（乌蒙山等）、黑龙江、吉林、辽宁、内蒙古、北京、天津、河北、山西、山东、河南、陕西、甘肃、江苏、上海、安徽、湖北、江西、湖南、福建、台湾、广东、海南、香港、广西、重庆、四川、贵州。

7. 树栖虎甲属 *Neocollyris* Horn, 1901

（12）黄铜树栖虎甲 *Neocollyris orichalcina* (Horn, 1896)

分布：云南（乌蒙山等）。

8. 似七齿虎甲属 *Pronyssiformia* Horn, 1929

（13）幽似七齿虎甲 *Pronyssiformia excoffieri* (Fairmaire, 1897)

分布：云南（乌蒙山等）、湖北、福建、四川、贵州。

9. 掘步甲属 *Scalidion* Schmidt-Gobel, 1846

（14）黑掘步甲 *Scalidion nigrans* (Bates, 1889)

分布：云南（乌蒙山等）、浙江、湖北、江西、湖南、福建、广东、广西、重庆、四川、贵州。

（15）黄掘步甲 *Scalidion xanthophanum* (Bates, 1888)

分布：云南（乌蒙山等）、浙江、湖北、江西、湖南、福建、台湾、广东、广西、重庆、四川、贵州。

10. 球胸虎甲属 *Therates* Latreille, 1816

（16）蓝亮球胸虎甲 *Therates fruhstorferi* Horn, 1902

分布：云南（乌蒙山等）、台湾、广东、贵州；缅甸，越南，老挝。

11. 短角步甲属 *Trigonotoma* Dejean, 1828

（17）铜绿短角步甲 *Trigonotoma lewisii* Bates, 1873

分布：云南（乌蒙山等）、北京、山东、江苏、上海、安徽、浙江、湖北、江西、湖南、福建、台湾、广东、广西、重庆、四川、贵州；韩国，日本，缅甸，越南，老挝，柬埔寨。

二、隐翅虫科 Staphylinidae Latreille, 1802

12. 突眼隐翅虫属 *Stenus* Latreille, 1797

（18）伯仲突眼隐翅虫 *Stenus fraterculus* Puthz, 1980

分布：云南（乌蒙山）、陕西。

三、葬甲科 Silphidae Latreille, 1806

13. 尸葬甲属 *Necrodes* Leach, 1815

（19）亚洲尸葬甲 *Necrodes littoralis* Linnaeus, 1758

分布：云南（乌蒙山等）、黑龙江、吉林、辽宁、北京、河北、陕西、甘肃、湖北、江西、福建、四川；俄罗斯，蒙古国，朝鲜，韩国，日本，巴基斯坦，印度，中亚地区，北美洲。

14. 丽葬甲属 *Necrophila* Kirby & Spence, 1828

（20）红胸丽葬甲 *Necrophila brunnicollis* (Kraatz, 1877)

分布：云南（乌蒙山等）、黑龙江、吉林、北京、陕西、甘肃、青海、安徽、浙江、湖北、江西、湖南、福建、香港、广西、重庆、四川、贵州；俄罗斯，朝鲜，韩国，日本。

15. 覆葬甲属 *Nicrophorus* Fabricius, 1775

（21）尼泊尔覆葬甲 *Nicrophorus nepalensis* (Hope, 1831)

分布：云南（乌蒙山等）、河北、山西、山东、江苏、浙江、湖北、江西、湖南、福建、台湾、重庆、四川、贵州；日本，巴基斯坦，印度，越南。

四、锹甲科 Lucanidae Latreille, 1804

16. 环锹甲属 *Cyclommatus* Parry, 1863

（22）三带环锹甲 *Cyclommatus albersi* Kraatz, 1894

分布：云南（乌蒙山等）；缅甸，越南，老挝，泰国，马来西亚。

17. 刀锹甲属 *Dorcus* MacLeay, 1819

（23）安达刀锹甲 *Dorcus antaeus* Hope, 1842

分布：云南（乌蒙山等）、海南、广西、贵州、西藏；印度，不丹，尼泊尔，缅甸，越南，老挝，泰国，马来西亚。

（24）毛角大锹 *Dorcus hirticornis* Jakovlev, 1896

分布：云南（乌蒙山等）、湖南、广东、福建、浙江、江西、重庆、广西、贵州、四川；越南，老挝，泰国。

18. 深山锹甲属 *Lucanus* Scopoli, 1763

（25）黄胫深山锹甲 *Lucanus boileaui* Planet, 1897

分布：云南（乌蒙山等）、四川。

（26）四川深山锹甲 *Lucanus fairmairei* Planet, 1897

分布：云南（乌蒙山等）、贵州、四川。

19. 圆翅锹甲属 *Neolucanus* Thomson, 1862

（27）泥圆翅锹甲 *Neolucanus doro* Mizunuma, 1994

分布：云南（乌蒙山等）、台湾。

20. 磁锹甲属 *Nigidius* MacLeay, 1819

（28）长磁锹甲 *Nigidius elongatus* Boileau, 1902

分布：云南（乌蒙山等）；缅甸，越南，泰国。

21. 柱锹甲属 *Prismognathus* Motschulsky, 1860

（29）三叉柱锹甲 *Prismognathus triapicalis* (Houlbert, 1915)

分布：云南（乌蒙山等）、贵州、四川。

22. 扁锹甲属 *Serrognathus* Motschulsky, 1861

（30）扁锹甲 *Serrognathus titanus* (Boiscluval, 1835)

分布：云南（乌蒙山等）、吉林、辽宁、北京、河北、河南、江苏、上海、安徽、浙江、湖北、江西、湖南、福建、台湾、广东、海南、广西、重庆、四川、贵州、西藏；朝鲜，韩国，日本，印度，不丹，尼泊尔，缅甸，越南，老挝，泰国，菲律宾，马来西亚，印度尼西亚。

五、金龟科 Scarabaeidae Latreille, 1802

23. 长丽金龟属 *Adoretosoma* Blanchard, 1851

（31）纵带长丽金龟 *Adoretosoma elegans* Blanchard, 1851

分布：云南（乌蒙山等）、江苏、浙江、湖北、福建、广东、广西、四川、贵州。

（32）红褐长丽金龟 *Adoretosoma fairmairei* (Arrow, 1899)

分布：云南（乌蒙山等）。

24. 叉犀金龟属 *Allomyrina* Arrow, 1911

（33）双叉犀金龟 *Allomyrina dichotoma* (Linnaeus, 1771)

分布：云南（乌蒙山等）、吉林、辽宁、河南、江苏、上海、安徽、浙江、湖北、江西、湖南、福建、台湾、广东、海南、香港、澳门、广西、重庆、四川、贵州、西藏；朝鲜，韩国，日本，缅甸，越南，老挝，泰国。

25. 异丽金龟属 *Anomala* Samouelle, 1819

（34）漆黑异丽金龟 *Anomala ebenina* Fairmaire, 1886

分布：云南（乌蒙山等）、陕西、湖北、湖南、广西、四川、贵州。

（35）毛边异丽金龟 *Anomala heydeni* Frivaldosky, 1892

分布：云南（乌蒙山等）、浙江、四川。

（36）波氏异丽金龟 *Anomala potanini* Medvedev, 1949

分布：云南（乌蒙山等）、北京、河北、陕西、甘肃、浙江。

（37）皱唇异丽金龟 *Anomala rugiclypea* Lin, 1989

分布：云南（乌蒙山等）、陕西、湖北、江西、湖南、福建、广东、海南、广西。

（38）斑翅异丽金龟 *Anomala spiloptera* Burmeister, 1855

分布：云南（乌蒙山等）、江苏、浙江、江西、福建、四川、贵州；印度，不丹，越南。

（39）三带异丽金龟 *Anomala trivirgata* Fairmaire, 1888

分布：云南（乌蒙山等）、陕西、湖北、福建、四川。

（40）毛额异丽金龟 *Anomala vitalisi* Ohaus, 1914

分布：云南（乌蒙山等）、福建、广东、四川、贵州。

26. 阿鳃金龟属 *Apogonia* Kirby, 1818

（41）日本阿鳃金龟 *Apogonia niponica* Lewis, 1895

分布：云南（乌蒙山等）、北京、陕西、甘肃、湖北、贵州。

27. 矛丽金龟属 *Callistethus* Blanchard, 1851

（42）蓝边矛丽金龟 *Callistethus plagiicollis* (Fairmaire, 1886)

分布：云南（乌蒙山等）、福建、重庆、四川、贵州、西藏。

28. 珂丽金龟属 *Callistopopillia* Ohaus, 1903

（43）硕蓝珂丽金龟 *Callistopopillia davidis* Fairmaire, 1876

分布：云南（乌蒙山等）、贵州；印度，尼泊尔，越南，老挝。

29. 臀花金龟属 *Campsiura* Hope, 1831

（44）赭翅臀花金龟 *Campsiura mirabilis* (Faldermann, 1835)

分布：云南（乌蒙山等）、辽宁、北京、河北、河南、陕西、广西、四川、贵州。

30. 粪蜣螂属 *Copris* Geoffroy, 1762

（45）镰粪蜣螂 *Copris lunaris* (Linnaeus, 1758)

分布：云南（乌蒙山等）、新疆；俄罗斯，哈萨克斯坦，西亚地区，大洋洲。

31. 双缺鳃金龟属 *Diphycerus* Deyrolle & Fairmaire, 1878

（46）竖鳞双缺鳃金龟 *Diphycerus tonkinensis* Arrow, 1920

分布：云南（乌蒙山等）。

32. 青花金龟属 *Gametis* Burmeister, 1842

（47）斑青花金龟 *Gametis bealiae* (Gory & Percheron, 1833)

分布：云南（乌蒙山等）、北京、河北、河南、陕西、

甘肃、江苏、安徽、浙江、湖北、江西、湖南、福建、广东、海南、广西、四川、西藏。

（48）小青花金龟 *Gametis jucunda* (Faldermann, 1835)

分布：云南（乌蒙山等）、黑龙江、吉林、辽宁、内蒙古、北京、天津、河北、山西、山东、河南、陕西、宁夏、甘肃、青海、江苏、上海、安徽、浙江、湖北、江西、湖南、福建、台湾、广东、海南、香港、澳门、广西、重庆、四川、贵州、西藏；俄罗斯，朝鲜，日本，印度，孟加拉国，北美洲。

33. 齿爪鳃金龟属 *Holotrichia* Hope, 1837

（49）宽齿爪鳃金龟 *Holotrichia lata* Brenske, 1892

分布：云南（乌蒙山等）、江苏、安徽、浙江、湖北、江西、湖南、福建、台湾、广西、四川、贵州。

（50）巨狭肋鳃金龟 *Holotrichia maxima* Zhang, 1964

分布：云南（乌蒙山等）。

34. 修丽金龟属 *Ischnopopillia* Kraatz, 1892

（51）竖毛修丽金龟 *Ischnopopillia exarata* (Fairmaire, 1886)

分布：云南（乌蒙山等）。

35. 彩丽金龟属 *Mimela* Kirby, 1823

（52）中华彩丽金龟 *Mimela chinensis* Kirby, 1823

分布：云南（乌蒙山等）、江西、湖南、福建、广东、海南、广西、重庆、四川、贵州。

（53）滇草绿彩丽金龟 *Mimela passerinii diana* Lin, 1993

分布：云南（乌蒙山等）。

（54）墨绿彩丽金龟 *Mimela splendens* (Gyllenhal, 1817)

分布：云南（乌蒙山等）、黑龙江、吉林、辽宁、河北、山东、陕西、安徽、浙江、湖北、江西、湖南、福建、台湾、广东、广西、四川、贵州。

36. 弧丽金龟属 *Popillia* Dejean, 1821

（55）棉花弧丽金龟 *Popillia mutans* Newman, 1838

分布：云南（乌蒙山等）、辽宁、河北、山西、山东、河南、陕西、甘肃、江苏、上海、浙江、台湾、四川。

（56）曲带弧丽金龟 *Popillia pustulata* Fairmaire, 1887

分布：云南（乌蒙山等）、湖南、福建、广东、广西、四川、贵州。

六、吉丁虫科 Buprestidae Leach, 1815

37. 纹吉丁属 *Coraebus* Gory & Laporte, 1839

（57）布氏纹吉丁 *Coraebus businskyorum* Xu & Kubáň, 2013

分布：云南（乌蒙山等）、湖北、重庆、四川。

（58）铜胸纹吉丁 *Coraebus cloueti* Théry, 1895

分布：云南（乌蒙山等）、陕西、上海、湖北、江西、

湖南、福建、台湾、海南、广西、重庆、四川、贵州、西藏；越南。

七、花萤科 Cantharidae Imhoff, 1856

38. 赛花萤属 *Cyrebion* Fairmaire, 1891

（59）细角赛花萤 *Cyrebion gracilicornis* Yang & Yang, 2014

分布：云南（乌蒙山等）、陕西、甘肃、湖北。

39. 异花萤属 *Lycocerus* Gorham, 1889

（60）尖翅异花萤 *Lycocerus acutiapicis* Yang & Xi, 2021

分布：云南（乌蒙山等）。

（61）斑胸异花萤 *Lycocerus asperipennis* (Fairmaire, 1891)

分布：云南（乌蒙山等）、河南、山西、陕西、甘肃、四川。

（62）金头异花萤 *Lycocerus metalliceps* Yang & Yang, 2014

分布：云南（乌蒙山等）、四川。

（63）亮翅异花萤 *Lycocerus metallicipennis* (Fairmaire, 1887)

分布：云南（乌蒙山等）、四川。

（64）云南异花萤 *Lycocerus yunnanus* (Fairmaire, 1887)

分布：云南（乌蒙山等）。

40. 圆胸花萤属 *Prothemus* Champion, 1926

（65）类暗圆胸花萤 *Prothemus subobscurus* (Pic, 1906)

分布：云南（乌蒙山等）。

41. 丽花萤属 *Themus* Motschulsky, 1857

（66）糙翅丽花萤 *Themus impressipennis* (Fairmaire, 1886)

分布：云南（乌蒙山等）、江苏、台湾。

（67）华丽花萤 *Themus regalis* (Gorham, 1889)

分布：云南（乌蒙山等）、天津、山西、陕西、甘肃、江苏、湖北、江西、海南、广西、重庆、四川、贵州；越南。

八、红萤科 Lycidae Laporte, 1836

42. 拟眼红萤属 *Libnetisia* Pic, 1921

（68）云南拟眼红萤 *Libnetisia yunnanensis* Bocakova, 2004

分布：云南（乌蒙山等）。

43. 短沟红萤属 *Plateros* Bourgeois, 1879

（69）四川短沟红萤 *Plateros sichuanensis* (Bocakova, 1997)

分布：云南（乌蒙山等）、四川。

九、叩甲科 Elateridae Leach, 1815

44. 锥尾叩甲属 *Agriotes* Eschscholtz, 1829

（70）暗胸锥尾叩甲 *Agriotes obscuricollis* (Jiang, 1999)

分布：云南（乌蒙山等）、浙江。

45. 槽缝叩甲属 *Agrypnus* Eschscholtz, 1829

（71）泥红槽缝叩甲 *Agrypnus argillaceus* (Solsky, 1871)

分布：云南（乌蒙山等）、吉林、辽宁、内蒙古、甘肃、湖北、台湾、广东、四川、贵州、西藏；俄罗斯，蒙古国，朝鲜，越南，柬埔寨。

（72）二疣槽缝叩甲 *Agrypnus binodulus* (Motschulsky, 1861)

分布：云南（乌蒙山等）。

（73）心槽缝叩甲 *Agrypnus costicollis* (Candèze, 1857)

分布：云南（乌蒙山等）。

十、萤科 Lampyridae Rafinesque, 1815

46. 黑脉萤属 *Pristolycus* Gorham, 1883

（74）安南黑脉萤 *Pristolycus annamitus* Pic, 1916

分布：云南（乌蒙山等）。

十一、伪瓢虫科 Endomychidae Leach, 1815

47. 华伪瓢虫属 *Sinocymbachus* Strohecker & Chujo, 1970

（75）狭斑华伪瓢虫 *Sinocymbachus angustefasciatus* (Pic, 1940)

分布：云南（乌蒙山等）、四川。

十二、瓢虫科 Coccinellidae Latreille, 1807

48. 大丽瓢虫属 *Adalia* Mulsant, 1850

（76）二星瓢虫 *Adalia bipunctata* (Linnaeus, 1758)

分布：云南（乌蒙山等）、黑龙江、吉林、辽宁、山东、河南、陕西、甘肃、江苏、浙江、江西、湖南、福建、四川；亚洲，欧洲，非洲，北美洲。

49. 长崎齿瓢虫属 *Afissula* Kapur, 1955

（77）钩管崎齿瓢虫 *Afissula uniformis* Pang & Mao, 1979

分布：云南（乌蒙山等）、广西。

50. 异斑瓢虫属 *Aiolocaria* Crotch, 1871

（78）六斑异瓢虫 *Aiolocaria hexaspilota* (Hope, 1831)

分布：云南（乌蒙山等）、黑龙江、吉林、内蒙古、北京、河北、河南、陕西、甘肃、湖北、福建、台湾、广东、四川、贵州；朝鲜，日本，印度，尼泊尔，缅甸。

51. 奇瓢虫属 *Alloneda* Iablokoff-Khnzorian, 1979

（79）十二斑奇瓢虫 *Alloneda dodecaspilota* (Hope, 1831)

分布：云南（乌蒙山等）、广东、海南、西藏；印度，不丹，尼泊尔，缅甸，越南，泰国，斯里兰卡。

52. 裸瓢虫属 *Calvia* Mulsant, 1846

（80）四斑裸瓢虫 *Calvia muiri* (Timberlake, 1943)

分布：云南（乌蒙山等）、河北、河南、陕西、浙江、湖北、江西、湖南、福建、台湾、广西、四川、贵州；日本。

（81）链纹裸瓢虫 *Calvia sicardi* (Mader, 1930)

分布：云南（乌蒙山等）、河南、陕西、甘肃、湖南、福建、广东、广西、四川、贵州。

53. 宽柄月瓢虫属 *Cheilomenes* Dejean, 1836

（82）六斑月瓢虫 *Cheilomenes sexmaculata* (Fabricius, 1781)

分布：云南（乌蒙山等）、黑龙江、吉林、辽宁、山东、河南、陕西、甘肃、江苏、浙江、江西、湖南、福建、台湾、广东、海南、香港、广西、四川、贵州；日本，印度，泰国，柬埔寨，斯里兰卡，菲律宾，马来西亚，印度尼西亚，中亚地区，大洋洲。

54. 盔唇瓢虫属 *Chilocorus* Leach, 1815

（83）二双斑唇瓢虫 *Chilocorus bijugus* Mulsant, 1853

分布：云南（乌蒙山等）、甘肃、江苏、湖北、四川、贵州、西藏；日本，巴基斯坦，印度，尼泊尔。

（84）红点唇瓢虫 *Chilocorus kuwanae* Silvestri, 1909

分布：云南（乌蒙山等）、黑龙江、吉林、辽宁、北京、河北、山东、河南、陕西、宁夏、甘肃、江苏、上海、安徽、江西、湖南、福建、广东、香港、四川、贵州；朝鲜，日本，印度，欧洲，北美洲。

55. 瓢虫属 *Coccinella* Linnaeus, 1758

（85）七星瓢虫 *Coccinella septempunctata* Linnaeus, 1758

分布：云南（乌蒙山等）、黑龙江、吉林、北京、河北、河南、陕西、甘肃、新疆、浙江、湖北、湖南、福建、台湾、广东、海南、广西、四川、贵州、西藏；俄罗斯，蒙古国，朝鲜，日本，印度。

（86）横斑瓢虫 *Coccinella transversoguttata* Faldermann, 1835

分布：云南（乌蒙山等）、黑龙江、内蒙古、山西、河南、陕西、甘肃、青海、新疆、四川、西藏；俄罗斯，北美洲。

56. 隐势瓢虫属 *Cryptogonus* Mulsant, 1850

（87）七斑隐势瓢虫 *Cryptogonus schraiki* Madera, 1933

分布：云南（乌蒙山等）、甘肃、安徽、湖北、湖南、福建、台湾、广东、四川、贵州。

57. 食植瓢虫属 *Epilachna* Chevrolat, 1837

（88）瓜茄瓢虫 *Epilachna admirabilis* Crotch, 1874

分布：云南（乌蒙山等）、河南、陕西、江苏、安徽、浙江、湖北、福建、台湾、海南、广西、四川；日本，印度，尼泊尔，孟加拉国，缅甸，越南，泰国。

（89）眼斑食植瓢虫 *Epilachna ocellataemaculata* (Mader, 1930)

分布：云南（乌蒙山等）、湖北、四川、贵州。

（90）靴管食植瓢虫 *Epilachna ocreata* Zeng & Yang, 1996

分布：云南（乌蒙山）、湖南、广西、贵州。

（91）茜草食植瓢虫 *Epilachna rubiacis* Cao & Xiao, 1984

分布：云南（乌蒙山等）。

（92）五味子瓢虫 *Epilachna subacuta* (Dieke, 1947）

分布：云南（乌蒙山）、湖南、四川、贵州。

（93）永善食植瓢虫 *Epilachna yongshanensis* Cao & Xiao, 1984

分布：云南（乌蒙山等）、四川、贵州。

58. 和谐瓢虫属 *Harmonia* Mulsant, 1850

（94）异色瓢虫 *Harmonia axyridis* (Pallas, 1773)

分布：云南（乌蒙山等）、黑龙江、吉林、内蒙古、河北、河南、甘肃、浙江、湖北、江西、湖南、福建、台湾、广东、海南、广西、四川、贵州、西藏；俄罗斯，蒙古国，朝鲜，日本，北美洲。

（95）奇斑瓢虫 *Harmonia eucharis* (Mulsant, 1853)

分布：云南（乌蒙山等）、西藏。

（96）纤丽瓢虫 *Harmonia sedecimnotata* (Fabricius, 1801)

分布：云南（乌蒙山等）、台湾、广东、海南、香港、广西、四川、贵州、西藏；菲律宾，印度尼西亚。

59. 裂臀瓢虫属 *Henosepilachna* Li & Cook, 1961

（97）眼斑裂臀瓢虫 *Henosepilachna ocellata* (Redtenbacher, 1844)

分布：云南（乌蒙山等）、西藏；印度，尼泊尔。

（98）马铃薯瓢虫 *Henosepilachna vigintioctomaculata* (Motschulsky, 1857)

分布：云南（乌蒙山等）、黑龙江、吉林、辽宁、河北、山西、山东、河南、陕西、甘肃、江苏、浙江、湖北、广西、四川、贵州、西藏；俄罗斯，朝鲜，日本。

60. 长足瓢虫属 *Hippodamia* Dejean, 1836

（99）多异瓢虫 *Hippodamia variegata* (Goeze, 1777)

分布：云南（乌蒙山等）、黑龙江、吉林、辽宁、内蒙古、北京、河北、山西、山东、河南、陕西、宁夏、甘肃、青海、新疆、四川、西藏；日本，中亚地区，印度，欧洲，非洲。

61. 显盾瓢虫属 *Hyperaspis* Redtenbacher, 1843

（100）亚洲显盾瓢虫 *Hyperaspis asiatica* Lewis, 1896

分布：云南（乌蒙山）、黑龙江、吉林、辽宁、河北、山东、江苏、浙江；俄罗斯，韩国，日本。

62. 素菌瓢虫属 *Illeis* Mulsant, 1850

（101）陕西素菌瓢虫 *Illeis confusa* Timberlake, 1943

分布：云南（乌蒙山等）、浙江、广东、香港、广西；印度，尼泊尔，越南，泰国。

63. 盘瓢虫属 *Lemnia* Mulsant, 1850

（102）黄斑盘瓢虫 *Lemnia saucia* (Mulsant, 1850)

分布：云南（乌蒙山等）、内蒙古、山东、河南、陕西、甘肃、上海、浙江、江西、湖南、福建、台湾、广东、海南、香港、广西、四川、贵州；日本，印度，尼泊尔，泰国，菲律宾。

64. 大瓢虫属 *Megalocaria* Crotch, 1871

（103）十斑大瓢虫 *Megalocaria dilatata* (Fabricius, 1775)

分布：云南（乌蒙山等）、福建、台湾、广东、香港、广西、四川、贵州；印度，越南，印度尼西亚。

65. 红瓢虫属 *Novius* Mulsant, 1846

（104）四斑红瓢虫 *Novius quadrimaculatus* (Mader, 1939)

分布：云南（乌蒙山）、安徽、浙江、江西、湖南、福建、台湾、海南、贵州；日本。

66. 小巧瓢虫属 *Oenopia* Mulsant, 1850

（105）黄缘巧瓢虫 *Oenopia sauzeti* Mulsant, 1866

分布：云南（乌蒙山等）、山东、河南、江苏、浙江、湖北、江西、福建、广东、广西、四川。

67. 星盘瓢虫属 *Phrynocaria* Timberlake, 1943

（106）红星盘瓢虫 *Phrynocaria congener* (Billberg, 1808)

分布：云南（乌蒙山等）、福建、台湾、广东、香港、广西、四川；日本，印度，越南。

68. 广盾瓢虫属 *Platynaspis* Redtenbacher, 1843

（107）艳色广盾瓢虫 *Platynaspis lewisii* Crotch, 1873

分布：云南（乌蒙山等）、台湾、广东、广西、贵州；朝鲜，日本，印度，缅甸。

69. 彩瓢虫属 *Plotina* Lewis, 1896

（108）福建彩瓢虫 *Plotina muelleri* Mader, 1955

分布：云南（乌蒙山）、湖南、福建、广东、海南、四川、贵州；泰国。

70. 龟纹瓢虫属 *Propylea* Mulsant, 1846

（109）西南龟纹瓢虫 *Propylea dissecta* (Mulsant, 1850)

分布：云南（乌蒙山等）、四川、西藏；印度，尼泊尔，孟加拉国。

（110）龟纹瓢虫 *Propylea japonica* (Thunberg, 1781)

分布：云南（乌蒙山等）、黑龙江、吉林、辽宁、内蒙古、北京、河北、山东、河南、陕西、宁夏、甘肃、新疆、江苏、上海、浙江、湖北、江西、湖南、福建、台湾、广东、海南、广西、四川、贵州；俄罗斯，日本，印度。

（111）黄室龟纹瓢虫 *Propylea luteopustulata* (Mulsant, 1850)

分布：云南（乌蒙山等）、河南、陕西、湖南、福建、台湾、广东、广西、四川、贵州、西藏；印度，不丹，尼泊尔，缅甸，泰国。

71. 短角瓢虫属 *Rodolia* Mulsant, 1850

（112）红环瓢虫 *Rodolia limbata* (Motschulsky, 1866)

分布：云南（乌蒙山等）、黑龙江、辽宁、北京、河北、山西、江苏、浙江；俄罗斯，日本。

72. 褐菌瓢虫属 *Vibidia* Mulsant, 1846

（113）西昌褐菌瓢虫 *Vibidia xichangiensis* Pang & Mao, 1979

分布：云南（乌蒙山）、四川。

73. 黄壮瓢虫属 *Xanthadalia* Crotch, 1874

（114）滇黄壮瓢虫 *Xanthadalia hiekei* Lablokof-Khnzorian, 1982

分布：云南（乌蒙山等）、四川、贵州、西藏。

十三、大蕈甲科 Erotylidae Latreille, 1802

74. 沟蕈甲属 *Aulacochilus* Lacordaire, 1842

（115）月斑沟蕈甲 *Aulacochilus luniferus* (Guérin-Méneville, 1841)

分布：云南（乌蒙山等）、北京、河北、河南、广西、四川、西藏；马来西亚，印度尼西亚。

75. 艾蕈甲属 *Episcapha* Lacordaire, 1842

（116）格瑞艾蕈甲 *Episcapha gorhami* Lewis, 1879

分布：云南（乌蒙山等）；日本。

76. 特拟叩甲属 *Tetraphala* Sturm, 1843

（117）三斑特拟叩甲 *Tetraphala collaris* (Crotch, 1876)

分布：云南（乌蒙山等）、浙江、台湾、广东；朝鲜，韩国，缅甸，越南。

十四、拟花蚤科 Scraptiidae Gistel, 1848

77. 拟花蚤属 *Scraptia* Latreille, 1807

（118）筛额拟花蚤 *Scraptia cribriceps* Champion, 1916

分布：云南（乌蒙山等）、台湾。

十五、蚁形甲科 Anthicidae Latreille, 1819

78. 齿蚁形甲属 *Anthelephila* Hope, 1833

（119）暗肩齿蚁形甲 *Anthelephila degener* Kejval, 2006

分布：云南（乌蒙山等）。

十六、芫菁科 Meloidae Gyllenhal, 1810

79. 齿爪芫菁属 *Denierella* Kaszab, 1952

（120）埃氏齿爪芫菁 *Denierella emmerichi* (Pic, 1934)

分布：云南（乌蒙山等）、浙江、福建、广西。

80. 豆芫菁属 *Epicauta* Dejean, 1834
（121）短翅豆芫菁 *Epicauta aptera* Kaszab, 1952

　　分布：云南（乌蒙山等）、甘肃、福建、四川。

（122）西伯利亚豆芫菁 *Epicauta sibirica* Reitter, 1905

　　分布：云南（乌蒙山等）、山西、宁夏；俄罗斯，蒙古国，朝鲜，韩国，中亚地区。

81. 短翅芫菁属 *Meloe* Linnaeus, 1758
（123）纤细短翅芫菁 *Meloe gracilior* Fairmaire, 1891

　　分布：云南（乌蒙山等）。

82. 斑芫菁属 *Mylabris* Fabricius, 1775
（124）豆斑芫菁 *Mylabris pustulata* (Thunberg, 1821)

　　分布：云南（乌蒙山等）。

十七、拟步甲科 Tenebrionidae Latreille, 1802

83. 艾垫甲属 *Anaedus* Blanchard, 1845
（125）尖尾艾垫甲 *Anaedus nepalicus* (Kaszab, 1975)

　　分布：云南（乌蒙山等）；尼泊尔。

84. 角伪叶甲属 *Cerogria* Borchmann, 1909
（126）结胸角伪叶甲 *Cerogria nodocollis* Chen, 1997

　　分布：云南（乌蒙山等）、湖南、广西、四川、贵州。

（127）普通角伪叶甲 *Cerogria popularis* Borchmann, 1936

　　分布：云南（乌蒙山等）、山东、河南、陕西、甘肃、湖北、福建、广西、重庆、四川、贵州。

（128）四斑角伪叶甲 *Cerogria quadrimaculata* (Hope, 1831)

　　分布：云南（乌蒙山等）、甘肃、浙江、湖北、福建、广东、广西、重庆、四川、贵州、西藏；巴基斯坦，印度，尼泊尔，越南，泰国。

85. 栉甲属 *Cteniopinus* Seidlitz, 1896
（129）凹栉甲 *Cteniopinus foveicollis* Borchmann, 1930

　　分布：云南（乌蒙山等）、江西、台湾。

86. 斑舌甲属 *Derispia* Lewis, 1894
（130）多斑舌甲 *Derispia maculipennis* (Marseul, 1876)

　　分布：云南（乌蒙山等）、陕西、湖南、福建、广西、四川；日本。

87. 角舌甲属 *Derispiola* Kaszab, 1946
（131）弗氏角舌甲 *Derispiola fruhstorferi* Kaszab, 1946

　　分布：云南（乌蒙山等）、广西、四川；越南，老挝，泰国。

88. 土甲属 *Gonocephalum* Solier, 1834
（132）二纹土甲 *Gonocephalum bilineatum* (Walker, 1858)

　　分布：云南（乌蒙山等）、广东、海南、香港、广西、重庆、四川；俄罗斯，朝鲜，日本，印度，不丹，尼泊尔，老挝，菲律宾，马来西亚，印度尼西亚，大洋洲。

（133）亚刺土甲 *Gonocephalum subspinogum* (Fairmaire, 1894)

　　分布：云南（乌蒙山等）、陕西、甘肃、江苏、湖北、湖南、福建、台湾、广东、广西、四川、贵州、西藏；印度，不丹，缅甸，越南，斯里兰卡，印度尼西亚。

89. 伪叶甲属 *Lagria* Fabricius, 1775
（134）黑胸伪叶甲 *Lagria nigricollis* Hope, 1843

　　分布：云南（乌蒙山等）、黑龙江、吉林、辽宁、北京、河北、山西、河南、陕西、宁夏、青海、新疆、安徽、浙江、湖北、江西、湖南、福建、重庆、四川、贵州；俄罗斯，朝鲜，韩国，日本。

（135）盾伪叶甲 *Lagria scutellaris* Pic, 1910

　　分布：云南（乌蒙山等）、台湾、四川。

90. 窄亮轴甲属 *Morphostenophanes* Pic, 1925
（136）瘤翅窄亮轴甲 *Morphostenophanes papillatus* Kaszab, 1941

　　分布：云南（乌蒙山等）、重庆、四川、贵州。

91. 树甲属 *Strongylium* Kirby, 1819
（137）红翅树甲 *Strongylium rufipenne* Redtenbaeher, 1844

　　分布：云南（乌蒙山等）、湖北、广西、重庆、四川、西藏；印度，尼泊尔，孟加拉国，越南。

十八、天牛科 Cerambycidae Latreille, 1802

92. 锦天牛属 *Acalolepta* Pascoe, 1858
（138）栗灰锦天牛 *Acalolepta degener* (Bates, 1873)

　　分布：云南（乌蒙山等）、河北、江苏、安徽、湖北；俄罗斯，韩国。

（139）锦缎天牛 *Acalolepta permutans* (Pascoe, 1857)

　　分布：云南（乌蒙山等）、河南、江苏、安徽、浙江、江西、湖南、福建、台湾、广东、海南、香港、澳门、广西、四川；老挝，泰国。

93. 星天牛属 *Anoplophora* Hope, 1839
（140）华星天牛 *Anoplophora chinensis* (Forster, 1771)

　　分布：云南（乌蒙山等）、黑龙江、吉林、辽宁、内蒙古、北京、天津、河北、山西、山东、河南、陕西、宁夏、甘肃、青海、新疆、江苏、上海、安徽、浙江、湖北、江西、湖南、福建、台湾、广东、海南、香港、澳门、广西、重庆、四川、贵州、西藏；朝鲜，韩国，日本。

94. 梗天牛属 *Arhopalus* Audinet-Serville, 1834
（141）梗天牛 *Arhopalus rusticus* (Linnaeus, 1758)

　　分布：云南（乌蒙山等）、北京；俄罗斯，朝鲜，韩国，日本，中亚地区，大洋洲，非洲，北美洲。

95. 颈天牛属 *Aromia* Audinet-Serville, 1833

（142）桃红颈天牛 *Aromia bungii* (Faldermann, 1835)

分布：云南（乌蒙山等）、黑龙江、吉林、辽宁、内蒙古、北京、天津、河北、山西、山东、河南、陕西、宁夏、甘肃、青海、新疆、江苏、上海、安徽、浙江、湖北、江西、湖南、福建、台湾、广东、海南、香港、澳门、广西、重庆、四川、贵州、西藏；朝鲜，韩国，日本，欧洲。

96. 长额天牛属 *Aulaconotus* Thomson, 1864

（143）绒脊长额天牛 *Aulaconotus atronotatus* Pic, 1927

分布：云南（乌蒙山等）、广东、四川、贵州；缅甸，老挝。

97. 白条天牛属 *Batocera* Dejean, 1835

（144）橙斑白条天牛 *Batocera davidis* Deyrolle, 1878

分布：云南（乌蒙山等）、广东、四川、贵州；缅甸，老挝。

（145）云斑白条天牛 *Batocera lineolata* Chevrolat, 1852

分布：云南（乌蒙山等）、山西、山东、江苏、上海、安徽、浙江、湖北、江西、湖南、福建、台湾、广东；韩国，日本。

98. 长绿天牛属 *Chloridolum* Thomson, 1864

（146）红缘长绿天牛 *Chloridolum lameerei* (Pic, 1900)

分布：云南（乌蒙山等）、江苏、安徽、浙江、湖北、江西、台湾。

99. 丛角天牛属 *Diastocera* Dejean, 1835

（147）木棉丛角天牛 *Diastocera wallichii* Weigel, 2006

分布：云南（乌蒙山等）、湖南、广东、广西、四川、贵州、西藏；印度，缅甸，越南，老挝，泰国。

100. 并脊天牛属 *Glenea* Newman, 1842

（148）拟蜥并脊天牛 *Glenea hauseri* Pic, 1933

分布：云南（乌蒙山）。

101. 瘤筒天牛属 *Linda* Thomson, 1864

（149）瘤筒天牛 *Linda femorata* (Chevrolat, 1852)

分布：云南（乌蒙山等）、黑龙江、吉林、辽宁、内蒙古、北京、天津、河北、山西、山东、河南、陕西、宁夏、甘肃、青海、新疆、江苏、上海、安徽、浙江、湖北、江西、湖南、福建、台湾、广东、海南、香港、澳门、广西、重庆、四川、贵州、西藏；日本，越南。

102. 象天牛属 *Mesosa* Latreille, 1829

（150）异斑象天牛 *Mesosa stictica* Blanchard, 1871

分布：云南（乌蒙山等）、陕西、江苏、安徽、浙江。

103. 褐天牛属 *Nadezhdiella* Plavilstshikov, 1931

（151）橘褐天牛 *Nadezhdiella cantori* (Hope, 1843)

分布：云南（乌蒙山等）、江苏、上海、安徽、浙江、江西、台湾、广东、海南、香港、广西；越南。

104. 脊筒天牛属 *Nupserha* Chevrolat, 1858

（152）黑翅脊筒天牛 *Nupserha infantula* (Ganglbauer, 1890)

分布：云南（乌蒙山等）、江苏、安徽。

（153）四川脊筒天牛 *Nupserha tatsienlui* Breuning, 1948

分布：云南（乌蒙山等）、四川。

（154）菊脊筒天牛 *Nupserha ventralis* Gahan, 1894

分布：云南（乌蒙山等）、黑龙江、吉林、辽宁、内蒙古、北京、天津、河北、山西、山东、河南、陕西、宁夏、甘肃、青海、新疆、江苏、上海、安徽、浙江、湖北、江西、湖南、福建、台湾、广东、海南、香港、澳门、广西、重庆、四川、贵州、西藏；俄罗斯，蒙古国。

105. 茶色天牛属 *Oplatocera* White, 1853

（155）榆茶色天牛 *Oplatocera oberthuri* Gahan, 1906

分布：云南（乌蒙山等）；印度，泰国。

106. 齿胫天牛属 *Paraleprodera* Breuning, 1935

（156）蜡斑齿胫天牛 *Paraleprodera carolina* (Fairmaire, 1899)

分布：云南（乌蒙山等）、河南、浙江、湖北、湖南、四川。

107. 小筒天牛属 *Phytoecia* Dejean, 1835

（157）二点小筒天牛 *Phytoecia guilleti* Pic, 1906

分布：云南（乌蒙山等）。

108. 多带天牛属 *Polyzonus* Dejean, 1835

（158）葱绿多带天牛 *Polyzonus prasinus* (White, 1853)

分布：云南（乌蒙山）；印度，泰国。

109. 拟蜡天牛属 *Stenygrinum* Bates, 1873

（159）拟蜡天牛 *Stenygrinum quadrinotatum* Bates, 1873

分布：云南（乌蒙山等）、山东、安徽、浙江、江西。

110. 木天牛属 *Xylariopsis* Bates, 1884

（160）台湾木天牛 *Xylariopsis esakii* Mitono, 1943

分布：云南（乌蒙山等）、台湾。

111. 脊虎天牛属 *Xylotrechus* Chevrolat, 1860

（161）灭字脊虎天牛 *Xylotrechus quadripes* Chevrolat, 1863

分布：云南（乌蒙山等）；印度，缅甸。

112. 双条天牛属 *Xystrocera* Audinet-Serville, 1834

（162）合欢双条天牛 *Xystrocera globosa* (Olivier, 1795)

分布：云南（乌蒙山等）、山东、河南、江苏、上海、安徽、浙江、福建、台湾、广东、香港、澳门、广西、四川；朝鲜，韩国，日本，印度，孟加拉国，非洲。

十九、叶甲科 Chrysomelidae Latreille 1802

113. 盾叶甲属 Aspidolopha Lacordaire, 1848

（163）双斑盾叶甲 Aspidolopha egregia (Boheman, 1858)

分布：云南（乌蒙山等）；越南。

114. 守瓜属 Aulacophora Chevrolat, 1836

（164）黄守瓜 Aulacophora indica (Gmelin, 1790)

分布：云南（乌蒙山等）、陕西、江苏、安徽、浙江、湖北、福建、台湾、海南、香港、广西、四川；朝鲜，韩国，日本，印度，孟加拉国，缅甸，越南，老挝，泰国，柬埔寨，斯里兰卡，菲律宾，马来西亚，新加坡，文莱，印度尼西亚。

115. 锯龟甲属 Basiprionota Chevrolat, 1836

（165）北锯龟甲 Basiprionota bisignata (Boheman, 1862)

分布：云南（乌蒙山等）、河北、山西、陕西、山东、河南、甘肃、江苏、浙江、湖北、湖南、福建、广西、贵州。

116. 台龟甲属 Cassida Linnaeus, 1758

（166）拉底台龟甲 Cassida rati (Maulik, 1923)

分布：云南（乌蒙山）；孟加拉国。

（167）苹果台龟甲 Cassida versicolor (Boheman, 1855)

分布：云南（乌蒙山等）、浙江、香港；韩国，日本。

117. 金叶甲属 Chrysolina Motschulsky, 1860

（168）薄荷金叶甲 Chrysolina exanthematica (Wiedemann, 1817)

分布：云南（乌蒙山等）、黑龙江、吉林、辽宁、河北、河南、青海、江苏、安徽、浙江、湖北、湖南、福建、广东、四川；俄罗斯，日本，印度，中亚地区。

118. 叶甲属 Chrysomela Linnaeus, 1758

（169）斑胸叶甲 Chrysomela maculicollis (Jacoby, 1890)

分布：云南（乌蒙山等）、浙江、湖北、湖南、福建、广西、四川、贵州。

（170）杨叶甲 Chrysomela populi Linnaeus, 1758

分布：云南（乌蒙山等）、黑龙江、吉林、辽宁、内蒙古、北京、天津、河北、山西、山东、河南、陕西、宁夏、甘肃、青海、新疆、江苏、上海、安徽、浙江、湖北、江西、湖南、福建、台湾、广东、海南、香港、澳门、广西、重庆、四川、贵州、西藏；俄罗斯，蒙古国，朝鲜，韩国，日本，印度，中亚地区。

119. 萤叶甲属 Cneorane Baly, 1865

（171）麻克萤叶甲 Cneorane cariosipennis (Fairmaire, 1888)

分布：云南（乌蒙山等）、贵州。

120. 隐头叶甲属 Cryptocephalus Geoffroy, 1762

（172）盔隐头叶甲 Cryptocephalus grahami Gressitt & Kimoto, 1961

分布：云南（乌蒙山）、四川。

（173）马桑隐头叶甲 Cryptocephalus sonani Chujo, 1934

分布：云南（乌蒙山）、台湾。

121. 柱萤叶甲属 Gallerucida Motschulsky, 1861

（174）二纹柱萤叶甲 Gallerucida bifasciata Motsuchulsky, 1860

分布：云南（乌蒙山等）、黑龙江、吉林、辽宁、内蒙古、北京、天津、河北、山西、山东、河南、陕西、宁夏、甘肃、青海、新疆、江苏、上海、安徽、浙江、湖北、江西、湖南、福建、台湾、广东、海南、香港、澳门、广西、重庆、四川、贵州、西藏；俄罗斯，韩国，日本。

（175）格氏柱萤叶甲 Gallerucida gebieni (Weise, 1922)

分布：云南（乌蒙山）、福建、广东、香港。

（176）黑胫柱萤叶甲 Gallerucida moseri Weise, 1922

分布：云南（乌蒙山等）、浙江。

（177）黑斑柱萤叶甲 Gallerucida nigropicta Fairmaire, 1888

分布：云南（乌蒙山等）、四川；越南。

（178）端斑柱萤叶甲 Gallerucida singularis (Harold, 1880)

分布：云南（乌蒙山等）、湖南、福建、台湾、广西；越南。

122. 扁叶甲属 Gastrolina Baly, 1859

（179）核桃扁叶甲 Gastrolina depressa Baly, 1859

分布：云南（乌蒙山等）、河南、陕西、甘肃、江苏、安徽、浙江、湖北、湖南、福建、广东、广西、四川、贵州；俄罗斯，朝鲜，日本。

123. 丝跳甲属 Hespera Weise, 1889

（180）卡尔代丝跳甲 Hespera cavaleriei Chen, 1932

分布：云南（乌蒙山等）、湖北、湖南、福建、贵州。

124. 合爪负泥虫属 Lema Fabricius, 1798

（181）蓝负泥虫 Lema concinnipennis Baly, 1865

分布：云南（乌蒙山等）、河北、河南、陕西、江苏、浙江、湖北、江西、福建、台湾、广西、四川；俄罗斯，朝鲜，韩国，日本。

125. 分爪负泥虫属 Lilioceris Reitter, 1912

（182）老挝负泥虫 Lilioceris laosensis (Pic, 1916)

分布：云南（乌蒙山等）；缅甸，老挝。

（183）云南负泥虫 *Lilioceris yunnana* (Weise, 1913)
  分布：云南（乌蒙山）。

126. 里叶甲属 *Linaeidea* Motschulsky, 1860
（184）阿达里叶甲 *Linaeidea adamsii* (Baly, 1864)
  分布：云南（乌蒙山等）；韩国，尼泊尔。
（185）金绿里叶甲 *Linaeidea aeneipennis* (Baly, 1859)
  分布：云南（乌蒙山等）、安徽、浙江、湖北、江西、湖南、福建、广东、广西、四川、贵州。
（186）桤木里叶甲 *Linaeidea placida* (Chen, 1934)
  分布：云南（乌蒙山等）、四川、西藏。

127. 米萤叶甲属 *Mimastra* Baly, 1865
（187）桑黄米萤叶甲 *Mimastra cyanura* (Hope, 1831)
  分布：云南（乌蒙山等）；印度，尼泊尔。

128. 长跗萤叶甲属 *Monolepta* Chevrolat, 1836
（188）双斑长跗萤叶甲 *Monolepta signata* (Olivier, 1808)
  分布：云南（乌蒙山等）、黑龙江、吉林、辽宁、内蒙古、北京、天津、河北、山西、山东、河南、陕西、宁夏、甘肃、青海、新疆、江苏、上海、安徽、浙江、湖北、江西、湖南、福建、台湾、广东、海南、香港、澳门、广西、重庆、四川、贵州、西藏；印度，尼泊尔。
（189）黄胸长跗萤叶甲 *Monolepta xanthodera* Chen, 1942
  分布：云南（乌蒙山）。

129. 瓢萤叶甲属 *Oides* Weber, 1801
（190）宽缘瓢萤叶甲 *Oides maculata* (Olivier, 1807)
  分布：云南（乌蒙山等）、黑龙江、吉林、辽宁、内蒙古、北京、天津、河北、山西、山东、河南、陕西、宁夏、甘肃、青海、新疆、江苏、上海、安徽、浙江、湖北、江西、湖南、福建、台湾、广东、海南、香港、澳门、广西、重庆、四川、贵州、西藏；印度，尼泊尔。

130. 豆叶甲属 *Pagria* Lefèvre, 1884
（191）斑鞘豆叶甲 *Pagria signata* (Motschulsky, 1858)
  分布：云南（乌蒙山等）、福建、台湾、广东、海南、广西。

131. 粗足叶甲属 *Physosmaragdina* Medvedev, 1971
（192）黑额粗足叶甲 *Physosmaragdina nigrifrons* (Hope, 1842)
  分布：云南（乌蒙山等）、北京、河北、山东、江苏、上海、浙江、湖北、江西、湖南、福建、台湾、香港、重庆；朝鲜，韩国，日本。

132. 圆叶甲属 *Plagiodera* Chevrolat, 1836
（193）柳圆叶甲 *Plagiodera versicolora* (Laicharting, 1781)
  分布：云南（乌蒙山等）、黑龙江、吉林、辽宁、内蒙古、河北、山西、山东、河南、陕西、宁夏、甘肃、江苏、安徽、浙江、湖北、四川、贵州。

133. 凹缘跳甲属 *Podontia* Dalman, 1824
（194）黄色凹缘跳甲 *Podontia lutea* (Olivier, 1790)
  分布：云南（乌蒙山等）、陕西、江苏、安徽、浙江、湖北、江西、湖南、福建、台湾、广东、广西、四川、贵州；缅甸，越南，老挝。

134. 波叶甲属 *Potaninia* Weise, 1889
（195）水麻波叶甲 *Potaninia assamensis* (Baly, 1879)
  分布：云南（乌蒙山等）、湖北、湖南、四川、贵州；印度，越南。

135. 光叶甲属 *Smaragdina* Chevrolat, 1836
（196）光叶甲 *Smaragdina laevicollis* (Jacoby, 1890)
  分布：云南（乌蒙山）。

136. 突距甲属 *Temnaspis* Lacordaire, 1845
（197）侧带距甲 *Temnaspis flavonigra* (Fairmaire, 1894)
  分布：云南（乌蒙山）。

二十、卷象科 Attelabidae Billberg, 1820
137. 卷象属 *Apoderus* Olivier, 1807
（198）皱卷象 *Apoderus rugicollis* Schilsky, 1906
  分布：云南（乌蒙山等）。
138. 蔷薇卷象属 *Compsapoderus* Voss, 1927
（199）小蔷薇卷象 *Compsapoderus minimus* Legalov, 2003
  分布：云南（乌蒙山）、陕西、湖北。
139. 斑卷象属 *Paroplapoderus* Voss, 1926
（200）圆斑卷象 *Paroplapoderus semiannulatus* Voss, 1926
  分布：云南（乌蒙山等）、河北、河南、江苏、浙江、广东、贵州。

二十一、象甲科 Curculionidae Latreille, 1802
140. 长足象属 *Caenopsis* Bach, 1854
（201）甘薯长足象 *Caenopsis waltoni* (Boheman, 1843)
  分布：云南（乌蒙山等）、陕西、浙江、湖北、江西、湖南、福建、台湾、广东、香港、广西、四川、贵州；日本，印度，越南，缅甸。
141. 栎象属 *Cyrtepistomus* Marshall, 1913
（202）亚洲栎象 *Cyrtepistomus castaneus* (Roelofs, 1873)
  分布：云南（乌蒙山等）、黑龙江、吉林、辽宁、内蒙古、北京、天津、河北、山西、山东、甘肃、江苏、湖北、江西、湖南、福建、广东、广西、四川；朝鲜，韩国，日本。

142. 瘤象属 *Dermatoxenus* Marshall, 1916

（203）淡灰瘤象 *Dermatoxenus caesicollis* (Gyllenhal, 1833)

分布：云南（乌蒙山等）、江苏、安徽、浙江、湖北、江西、湖南、福建、台湾、广西、四川；韩国，日本。

143. 光洼象属 *Gasteroclisus* Desbrochers, 1904

（204）二结光洼象 *Gasteroclisus binodulus* (Boheman, 1836)

分布：云南（乌蒙山等）、福建、台湾、广东、广西、四川；日本，印度，马来西亚，印度尼西亚。

（205）长尖光洼象 *Gasteroclisus klapperichi* Voss, 1955

分布：云南（乌蒙山等）、浙江、江西、福建、广西、四川。

144. 树皮象属 *Hylobius* Germar, 1817

（206）松树皮象 *Hylobitelus haroldi* (Faust, 1882)

分布：云南（乌蒙山等）、黑龙江、吉林、辽宁、河北、山西、陕西、四川；俄罗斯，日本，中亚地区，北美洲。

145. 斜纹象属 *Lepyrus* Germar, 1817

（207）波纹斜纹象 *Lepyrus japonicus* Roelofs, 1873

分布：云南（乌蒙山等）、黑龙江、吉林、辽宁、内蒙古、北京、河北、山西、山东、陕西、江苏、安徽、浙江、福建；俄罗斯，朝鲜，日本。

146. 筒喙象属 *Lixus* Fabricius, 1802

（208）斜纹筒喙象 *Lixus obliquivittis* Voss, 1937

分布：云南（乌蒙山等）、江苏、上海、浙江、福建、广西、四川、贵州。

147. 肤小蠹属 *Phloeosinus* Chapuis, 1869

（209）柏肤小蠹 *Phloeosinus perlatus* Chapuis, 1875

分布：云南（乌蒙山等）、山东、河南、安徽、浙江、江西、福建、台湾、四川；日本。

148. 米象属 *Sitophilus* Schoenherr, 1838

（210）玉米象 *Sitophilus zeamais* (Motschulsky, 1855)

分布：云南（乌蒙山等）、全国广布。

毛翅目 Trichoptera

一、沼石蛾科 Limnophilidae Kolenati, 1848

1. 长须沼石蛾属 *Nothopsyche* Banks, 1906

（1）红颈长须沼石蛾 *Nothopsyche ruficollis* (Ulmer, 1905)

分布：云南（乌蒙山等）、江苏；日本。

鳞翅目 Lepidoptera

一、卷蛾科 Tortricidae Latreille, 1803

1. 黄卷蛾属 *Archips* Hübner, 1822

（1）天目山黄卷蛾 *Archips compitalis* Razowski, 1977

分布：云南（乌蒙山等）、安徽、浙江、江西、湖南、福建、四川。

（2）丽黄卷蛾 *Archips opiparus* Liu, 1987

分布：云南（乌蒙山等）、湖南、四川、贵州。

（3）永黄卷蛾 *Archips tharsaleopus* (Meyrick, 1935)

分布：云南（乌蒙山等）、北京、陕西、浙江。

2. 尖翅小卷蛾属 *Bactra* Stephens, 1834

（4）尖翅小卷蛾 *Bactra furfurana* (Haworth, 1811)

分布：云南（乌蒙山等）、黑龙江、山东、青海、浙江、江西；俄罗斯，日本，大洋洲，北美洲。

3. 草小卷蛾属 *Celypha* Obraztsov, 1960

（5）香草小卷蛾 *Celypha cespitanus* (Hübner, 1817)

分布：云南（乌蒙山等）、黑龙江、山东、青海；俄罗斯，日本，北美洲。

4. 叶小卷蛾属 *Epinotia* Hübner, 1825

（6）松叶小卷蛾 *Epinotia rubiginosana* (Herrich-Schäffer, 1851)

分布：云南（乌蒙山等）、陕西、吉林、甘肃；俄罗斯，日本。

5. 豆食心虫属 *Leguminivora* Obraztsov, 1960

（7）大豆食心虫 *Leguminivora glycinivorella* (Matsumura, 1898)

分布：云南（乌蒙山等）、黑龙江、吉林、北京、河南、浙江、江西；俄罗斯，朝鲜，日本。

6. 褐卷蛾属 *Pandemis* Hübner, 1825

（8）松褐卷蛾 *Pandemis cinamomeana* (Treitschke, 1830)

分布：云南（乌蒙山等）、黑龙江、湖北、江西、湖南；俄罗斯，日本。

（9）桃褐卷蛾 *Pandemis dumetana* Treitschke, 1825

分布：云南（乌蒙山等）、黑龙江、北京、青海、湖北；俄罗斯，朝鲜，日本，印度。

二、刺蛾科 Limacodidae Duponchel, 1844-45

7. 丽刺蛾属 *Altha* Walker, 1862

（10）暗斑丽刺蛾 *Altha melanopsis* Strand, 1915

分布：云南（乌蒙山等）、江西、福建、海南、台湾；越南。

8. 钩纹刺蛾属 *Atosia* Snellen, 1900

（11）喜马钩纹刺蛾 *Atosia himalayana* Holloway, 1986

　　分布：云南（乌蒙山等）、河南、甘肃、浙江、湖北、湖南、海南、广西、重庆、四川、贵州；印度，尼泊尔，缅甸，越南。

9. 仿姹刺蛾属 *Chalcoscelides* Hering, 1931

（12）仿姹刺蛾 *Chalcoscelides castaneipars* (Moore, 1865)

　　分布：云南（乌蒙山等）、河南、陕西、湖北、江西、湖南、台湾、广东、广西、重庆、四川、西藏；印度，尼泊尔，缅甸，越南，印度尼西亚。

10. 迷刺蛾属 *Chibiraga* Hering, 1933

（13）迷刺蛾 *Chibiraga banghaasi* (Hering & Hopp, 1927)

　　分布：云南（乌蒙山）、陕西、浙江、台湾；俄罗斯，韩国。

11. 银纹刺蛾属 *Miresa* Walker, 1855

（14）线银纹刺蛾 *Miresa urga* Hering, 1931

　　分布：云南（乌蒙山等）、陕西、甘肃、湖北、重庆、四川、贵州、西藏；越南，泰国。

（15）多银纹刺蛾 *Miresa polargenta* Wu & Solovyev, 2011

　　分布：云南（乌蒙山等）、广西；越南。

12. 刺蛾属 *Monema* Walker, 1855

（16）黄刺蛾 *Monema flavescens* Walker, 1855

　　分布：云南（乌蒙山）、黑龙江、吉林、辽宁、内蒙古、北京、河北、山东、河南、陕西、青海、江苏、上海、浙江、湖北、江西、福建、广东、广西、台湾；印度，菲律宾。

13. 獚刺蛾属 *Melinaria* Solovyev, 2014

（17）肖媚獚刺蛾 *Melinaria pseudorepanda* (Hering, 1933)

　　分布：云南（乌蒙山等）、河南、陕西、湖北、江西、湖南、台湾、广东、广西、重庆、四川、西藏；印度，尼泊尔，缅甸，越南，印度尼西亚。

14. 娜刺蛾属 *Narosoideus* Matsumura, 1911

（18）狡娜刺蛾 *Narosoideus vulpinus* (Wileman, 1911)

　　分布：云南（乌蒙山等）、山东、河南、陕西、甘肃、浙江、湖北、江西、湖南、福建、台湾、海南、广西、重庆、四川、贵州；越南，老挝，泰国。

15. 绿刺蛾属 *Parasa* Moore, 1859

（19）丽绿刺蛾 *Parasa lepida* (Cramer, 1779)

　　分布：云南（乌蒙山等）、重庆、四川；泰国。

16. 旭刺蛾属 *Sansarea* Solovyev & Witt, 2009

（20）台湾旭刺蛾 *Sansarea formosana* Solovyev, 2017

　　分布：云南（乌蒙山）、台湾。

17. 球须刺蛾属 *Scopelodes* Westwood, 1841

（21）显脉球须刺蛾 *Scopelodes kwangtungensis* Hering, 1931

　　分布：云南（乌蒙山等）、陕西、甘肃、浙江、湖北、江西、湖南、福建、广东、海南、广西、重庆、四川、贵州、西藏；印度，尼泊尔，孟加拉国，缅甸，越南，老挝，泰国。

18. 褐刺蛾属 *Setora* Walker, 1855

（22）桑褐刺蛾 *Setora postornata* (Hampson, 1900)

　　分布：云南（乌蒙山等）、北京、河北、山东、河南、陕西、甘肃、江苏、上海、浙江、湖北、江西、湖南、福建、台湾、广东、海南、广西、重庆、四川；印度，尼泊尔，越南。

19. 素刺蛾属 *Susica* Walker, 1855

（23）华素刺蛾 *Susica sinensis* (Walker, 1856)

　　分布：云南（乌蒙山等）、甘肃、江苏、上海、安徽、浙江、湖北、江西、湖南、福建、台湾、海南、广西、重庆、四川、贵州；越南。

20. 源刺蛾属 *Thespea* Solovyev, 2014

（24）褐点源刺蛾 *Thespea virescens* (Matsumuta, 1911)

　　分布：云南（乌蒙山等）、陕西、浙江、湖北、江西、湖南、福建、台湾、广西、重庆、四川、贵州。

三、斑蛾科 Zygaenidae Latreille, 1809

21. 透翅锦斑蛾属 *Agalope* Walker, 1854

（25）黄基透翅锦斑蛾 *Agalope davidi* (Oberthür, 1884)

　　分布：云南（乌蒙山等）、陕西、湖南、四川。

22. 旭锦斑蛾属 *Campylotes* Westwood, 1840

（26）黄肩旭锦斑蛾 *Campylotes histrionicus* Westwood, 1839

　　分布：云南（乌蒙山等）、湖南、台湾；印度，越南，泰国。

23. 黄锦斑蛾属 *Herpa* Walker, 1854

（27）黑脉黄锦斑蛾 *Herpa venosa* Walker, 1854

　　分布：云南（乌蒙山等）。

24. 网斑蛾属 *Retina* Walker, 1854

（28）红带网斑蛾 *Retina rubrivitta* Walker, 1854

　　分布：云南（乌蒙山）、广东、香港；印度，缅甸，老挝，泰国，马来西亚。

四、木蠹蛾科 Cossidae Leach, 1815

25. 豹蠹蛾属 *Zeuzera* Latreille, 1804

（29）六星黑点豹蠹蛾 *Zeuzera leuconolum* Butler, 1881

　　分布：云南（乌蒙山等）、天津、河北、山西、山东、河南、陕西；印度，北美洲。

（30）多斑豹蠹蛾 *Zeuzera multistrigata* Moore, 1881

分布：云南（乌蒙山等）、陕西、浙江、湖北、江西、湖南、福建、广西、重庆、四川、贵州。

（31）梨豹蠹蛾 *Zeuzera pyrina* Linnaeus, 1761

分布：云南（乌蒙山等）、四川；印度，欧洲，非洲，北美洲，南美洲。

五、凤蝶科 Papilionidae Latreille, 1802

26. 麝凤蝶属 *Byasa* Moore, 1882

（32）粗绒麝凤蝶 *Byasa nevilli* (Wood-Mason, 1882)

分布：云南（乌蒙山等）、西藏、四川；印度，缅甸。

27. 青凤蝶属 *Graphium* Scopoli, 1777

（33）宽带青凤蝶 *Graphium cloanthus* (Westwood, 1841)

分布：云南（乌蒙山等）、陕西、江苏、上海、安徽、浙江、湖北、江西、湖南、福建、台湾、广东、海南、香港、广西、重庆、四川、贵州、西藏；印度，缅甸，老挝，越南，泰国。

（34）黎氏青凤蝶 *Graphium leechi* (Rothschild, 1895)

分布：云南（乌蒙山等）、浙江、江西、湖南、福建、广西；越南。

（35）青凤蝶 *Graphium sarpedon* (Linnaeus, 1758)

分布：云南（乌蒙山等）、陕西、浙江、湖北、江西、湖南、福建、台湾、广东、海南、香港、广西、四川、贵州、西藏。

（36）华夏剑凤蝶 *Graphium mandarinus* (Oberthür, 1879)

分布：云南（乌蒙山等）、四川；缅甸，泰国。

28. 珠凤蝶属 *Pachliopta* Reakirt, 1865

（37）红珠凤蝶 *Pachliopta aristolochiae* (Fabricius, 1775)

分布：云南（乌蒙山等）、河北、河南、陕西、浙江、江西、湖南、福建、台湾、海南、香港、广西、四川。

29. 凤蝶属 *Papilio* Linnaeus, 1758

（38）碧凤蝶 *Papilio bianor* Cramer, 1777

分布：云南（乌蒙山等）、黑龙江、辽宁、河北、山西、陕西、宁夏、甘肃、青海、安徽、台湾、广东、广西、四川、西藏。

（39）绿带翠凤蝶 *Papilio maackii* Ménétriès, 1859

分布：云南（乌蒙山等）、山东、陕西、江苏、安徽、浙江、湖北、江西、湖南、福建、台湾、广东、广西、四川；俄罗斯，朝鲜，日本。

（40）金凤蝶 *Papilio machaon* Linnaeus, 1758

分布：云南（乌蒙山等）、黑龙江、吉林、辽宁、内蒙古、北京、天津、河北、山西、山东、河南、陕西、宁夏、甘肃、青海、新疆、江苏、上海、安徽、浙江、湖北、江西、湖南、福建、台湾、广东、海南、香港、澳门、广西、重庆、四川、贵州、西藏。

（41）美凤蝶 *Papilio memnon* Linnaeus, 1758

分布：云南（乌蒙山等）、浙江、湖北、江西、湖南、福建、台湾、广东、海南、贵州。

（42）巴黎翠凤蝶 *Papilio paris* Linnaeus, 1758

分布：云南（乌蒙山等）、河南、陕西、浙江、江西、福建、台湾、广东、海南、香港、广西、四川、贵州。

（43）玉带凤蝶 *Papilio polytes* Linnaeus, 1758

分布：云南（乌蒙山等）、山东、陕西、江苏、安徽、浙江、湖北、江西、湖南、福建、台湾、广东、广西、四川。

（44）蓝凤蝶 *Papilio protenor* Cramer, 1775

分布：云南（乌蒙山等）、河南、陕西、江苏、上海、安徽、浙江、湖北、江西、湖南、福建、台湾、广东、海南、香港、澳门、广西、重庆、四川、贵州、西藏；朝鲜，韩国，日本，巴基斯坦，印度，不丹，尼泊尔，孟加拉国，缅甸，越南，老挝。

（45）西番翠凤蝶 *Papilio syfanius* Oberthür, 1886

分布：云南（乌蒙山等）、四川、贵州、西藏。

（46）柑橘凤蝶 *Papilio xuthus* Linnaeus, 1767

分布：云南（乌蒙山等）、河南、陕西、安徽、浙江、江西、福建、台湾、广东、海南、香港、广西、四川、贵州；俄罗斯，朝鲜，日本，菲律宾。

30. 裳凤蝶属 *Troides* Hübner, 1819

（47）金裳凤蝶 *Troides aeacus* (Felder & Felder, 1860)

分布：云南（乌蒙山等）、陕西、安徽、浙江、江西、福建、台湾、广东、海南、广西、四川、西藏。

31. 绢蝶属 *Parnassius* Latreille, 1804

（48）冰清绢蝶 *Parnassius glacialis* Butler, 1866

分布：云南（乌蒙山等）、辽宁、山东、江西、浙江、贵州；朝鲜，韩国，日本。

六、弄蝶科 Hesperiidae Latreille, 1809

32. 白弄蝶属 *Abraximorpha* Elwes & Edwards, 1897

（49）白弄蝶 *Abraximorpha davidii* (Mabille, 1876)

分布：云南（乌蒙山等）、陕西、江苏、浙江、湖北、江西、福建、台湾、广东、香港、广西、四川、贵州；缅甸，越南，老挝。

33. 锷弄蝶属 *Aeromachus* de Nicéville, 1890

（50）紫斑锷弄蝶 *Aeromachus catocyanea* (Mabille, 1876)

分布：云南（乌蒙山等）、陕西、四川、西藏。

34. 黄斑弄蝶属 *Ampittia* Moore, 1882

（51）钩形黄斑弄蝶 *Ampittia virgata* (Leech, 1890)

分布：云南（乌蒙山等）、河南、安徽、浙江、湖北、福建、台湾、广东、海南、香港、广西、四川。

35. 尖翅弄蝶属 *Badamia* Moore, 1881

（52）尖翅弄蝶 *Badamia exclamationis* (Fabricius, 1775)

分布：云南（乌蒙山等）、福建、台湾、广东、海南、香港、广西、西藏；印度，缅甸，老挝，泰国，马来西亚，印度尼西亚，大洋洲。

36. 舟弄蝶属 *Barca* de Nicéville, 1902

（53）双色舟弄蝶 *Barca bicolor* (Oberthür, 1896)

分布：云南（乌蒙山等）、陕西、湖北、江西、福建、广东、四川；越南。

37. 秈弄蝶属 *Borbo* Evans, 1949

（54）秈弄蝶 *Borbo cinnara* (Wallace, 1866)

分布：云南（乌蒙山等）、浙江、江西、福建、台湾、广东、海南、香港、广西；日本，印度，缅甸，越南，老挝，泰国，菲律宾，马来西亚，印度尼西亚，大洋洲。

38. 星弄蝶属 *Celaenorrhinus* Hübner, 1819

（55）斑星弄蝶 *Celaenorrhinus maculosa* (Felder & Felder, 1867)

分布：云南（乌蒙山等）、河南、江苏、浙江、湖北、湖南、台湾、重庆、四川、贵州；老挝。

（56）四川星弄蝶 *Celaenorrhinus patula* de Nicéville, 1889

分布：云南（乌蒙山等）、广东、广西、重庆、四川、西藏；印度，缅甸，越南，老挝，泰国，马来西亚。

39. 绿弄蝶属 *Choaspes* Moore, 1881

（57）绿弄蝶 *Choaspes benjaminii* (Guérin-Méneville, 1843)

分布：云南（乌蒙山等）、河南、陕西、浙江、江西、福建、台湾、广东、香港、广西；朝鲜，韩国，日本，印度，缅甸，越南，老挝，泰国，斯里兰卡。

40. 黑弄蝶属 *Daimio* Murray, 1875

（58）黑弄蝶 *Daimio tethys* (Ménétriès, 1857)

分布：云南（乌蒙山等）、黑龙江、吉林、辽宁、北京、河北、山西、山东、河南、陕西、甘肃、安徽、浙江、湖北、江西、湖南、福建、台湾、海南、四川。

41. 趾弄蝶属 *Hasora* Moore, 1881

（59）无趾弄蝶 *Hasora anura* de Nicéville, 1889

分布：云南（乌蒙山等）、河南、陕西、浙江、江西、福建、台湾、广东、海南、香港、广西、重庆、四川、贵州；印度，不丹，尼泊尔，缅甸，越南，老挝，泰国。

42. 带弄蝶属 *Lobocla* Moore, 1884

（60）双带弄蝶 *Lobocla bifasciatus* (Bremer & Grey, 1853)

分布：云南（乌蒙山等）、辽宁、北京、陕西、台湾、广东；俄罗斯，蒙古国。

（61）简纹带弄蝶 *Lobocla simplex* (Leech, 1891)

分布：云南（乌蒙山等）、四川。

43. 袖弄蝶属 *Notocrypta* de Nicéville, 1889

（62）曲纹袖弄蝶 *Notocrypta curvifascia* (Felder & Felder, 1862)

分布：云南（乌蒙山等）、浙江、福建、台湾、广东、海南、香港、广西、四川、西藏；日本，巴基斯坦，印度，不丹，尼泊尔，孟加拉国，缅甸，越南，老挝，泰国，柬埔寨，斯里兰卡，菲律宾，马来西亚，新加坡，文莱，印度尼西亚。

（63）宽纹袖弄蝶 *Notocrypta feisthamelii* (Boisduval, 1832)

分布：云南（乌蒙山等）、浙江、湖南、福建、台湾、广东、广西、四川、西藏；巴基斯坦，印度，不丹，尼泊尔，孟加拉国，缅甸，越南，老挝，泰国，柬埔寨，斯里兰卡，菲律宾，马来西亚，新加坡，文莱，印度尼西亚，新几内亚。

44. 赭弄蝶属 *Ochlodes* Scudder, 1872

（64）黄赭弄蝶 *Ochlodes crataeis* (Leech, 1893)

分布：云南（乌蒙山等）、浙江、江西、四川。

（65）白斑赭弄蝶 *Ochlodes subhualina* (Bremer & Grey, 1853)

分布：云南（乌蒙山等）、吉林、辽宁、北京、山东、陕西、福建、四川；朝鲜，韩国，日本，印度，缅甸。

（66）西藏赭弄蝶 *Ochlodes thibetana* (Oberthür, 1886)

分布：云南（乌蒙山等）、四川、西藏；缅甸。

（67）小赭弄蝶 *Ochlodes venata* (Bremer & Grey, 1853)

分布：云南（乌蒙山等）、吉林、辽宁、北京、河南、陕西、甘肃、新疆、浙江；俄罗斯，蒙古国，朝鲜，韩国，日本。

45. 稻弄蝶属 *Parnara* Moore, 1881

（68）幺纹稻弄蝶 *Parnara bada* (Moore, 1878)

分布：云南（乌蒙山等）、福建、台湾、广东、海南、香港、西藏；老挝，泰国，菲律宾，马来西亚，印度尼西亚，大洋洲。

（69）曲纹稻弄蝶 *Parnara ganga* Evans, 1937

分布：云南（乌蒙山等）、福建、广东、海南、香港、广西、四川；印度，缅甸，越南，老挝，泰国，马来西亚。

（70）直纹稻弄蝶 *Parnara guttata* (Bremer & Grey, 1852)

分布：云南（乌蒙山等）、河南、陕西、安徽、江西、福建、台湾、广东、海南、广西、重庆、四川、贵州；俄罗斯，朝鲜，日本，印度，缅甸，越南，老挝，马来西亚。

46. 谷弄蝶属 *Pelopidas* Walker, 1870

（71）隐纹谷弄蝶 *Pelopidas mathias* (Fabricius, 1798)

分布：云南（乌蒙山等）、辽宁、北京、山西、上海、浙江、湖南、福建、台湾、广东、香港、广西、四川、贵州；俄罗斯，朝鲜，韩国，日本，巴基斯坦，印度，不丹，尼泊尔，孟加拉国，缅甸，越南，老挝，泰国，柬埔寨，斯里兰卡，菲律宾，马来西亚，新加坡，文莱，印度尼西亚，西亚地区，大洋洲，非洲。

47. 孔弄蝶属 *Polytremis* Mabille, 1904

（72）融纹孔弄蝶 *Polytremis discreta* (Elwes & Edwards, 1897)

分布：云南（乌蒙山等）、四川、西藏；印度，尼泊尔，缅甸，越南，泰国，马来西亚。

（73）华西孔弄蝶 *Polytremis nascens* (Leech, 1893)

分布：云南（乌蒙山等）、陕西、甘肃、浙江、湖北、广西、四川、贵州。

48. 黄室弄蝶属 *Potanthus* Scudder, 1872

（74）孔子黄室弄蝶 *Potanthus confucius* (Felder & Felder, 1862)

分布：云南（乌蒙山等）、安徽、浙江、湖北、江西、福建、台湾、广东、海南、香港；印度，缅甸，越南，老挝，泰国，马来西亚，印度尼西亚。

49. 拟籼弄蝶属 *Pseudoborbo* Lee, 1966

（75）拟籼弄蝶 *Pseudoborbo bevani* (Moore, 1878)

分布：云南（乌蒙山等）、浙江、江西、福建、台湾、广东、海南、香港、四川、贵州；印度，缅甸，越南，老挝，泰国，印度尼西亚。

50. 陀弄蝶属 *Thoressa* Swinhoe, 1913

（76）凹瓣陀弄蝶 *Thoressa fusca* (Elwes, 1893)

分布：云南（乌蒙山等）、福建、广东、广西、四川；印度，缅甸。

51. 豹弄蝶属 *Thymelicus* Hübner, 1819

（77）豹弄蝶 *Thymelicus leonina* (Butler, 1878)

分布：云南（乌蒙山等）、黑龙江、吉林、辽宁、内蒙古、北京、河北、甘肃、浙江、湖北、江西、福建、四川；俄罗斯，朝鲜，韩国，日本。

（78）黑豹弄蝶 *Thymelicus sylvatica* (Bremer, 1861)

分布：云南（乌蒙山等）、黑龙江、吉林、辽宁、内蒙古、北京、河北、甘肃、浙江、湖北、江西、福建、四川；俄罗斯，朝鲜，韩国，日本。

七、粉蝶科 Pieridae Duponchel, 1832

52. 绢粉蝶属 *Aporia* Hübner, 1819

（79）完善绢粉蝶 *Aporia agathon* (Gray, 1831)

分布：云南（乌蒙山等）、台湾、四川、西藏；印度，尼泊尔，缅甸，越南。

（80）暗色绢粉蝶 *Aporia bieti* (Oberthür, 1884)

分布：云南（乌蒙山等）、甘肃、四川、西藏。

（81）小檗绢粉蝶 *Aporia hippia* (Bremer, 1861)

分布：云南（乌蒙山等）、内蒙古、山西、河南、甘肃、江苏；俄罗斯，朝鲜，韩国，日本。

（82）三黄绢粉蝶 *Aporia larraldei* (Oberthür, 1876)

分布：云南（乌蒙山等）、四川。

53. 豆粉蝶属 *Colias* Fabricius, 1807

（83）斑缘豆粉蝶 *Colias erate* (Esper, 1805)

分布：云南（乌蒙山等）、新疆、西藏；欧洲。

（84）橙黄豆粉蝶 *Colias fieldii* Ménétriès, 1855

分布：云南（乌蒙山等）、北京、陕西、四川、西藏。

（85）黑缘豆粉蝶 *Colias palaeno* (Linnaeus, 1761)

分布：云南（乌蒙山等）、黑龙江、内蒙古；朝鲜，韩国，欧洲。

54. 方粉蝶属 *Dercas* Doubleday, 1847

（86）黑角方粉蝶 *Dercas lycorias* (Doubleday, 1842)

分布：云南（乌蒙山等）、山东、江苏、上海、安徽、浙江、江西、福建、台湾、广东、海南、广西、重庆、四川、贵州、西藏；印度，缅甸。

55. 黄粉蝶属 *Eurema* Hübner, 1819

（87）宽边黄粉蝶 *Eurema hecabe* (Linnaeus, 1758)

分布：云南（乌蒙山等）、北京、河北、山西、山东、河南、陕西、甘肃、江苏、上海、安徽、浙江、湖北、江西、湖南、福建、台湾、广东、海南、香港、广西、四川、贵州、西藏。

56. 钩粉蝶属 *Gonepteryx* Leach, 1815

（88）圆翅钩粉蝶 *Gonepteryx amintha* Blanchard, 1871

分布：云南（乌蒙山等）、浙江、福建、河南、四川、甘肃、西藏、陕西；俄罗斯，朝鲜。

（89）淡色钩粉蝶 *Gonepteryx aspasia* Ménétriès, 1859

分布：云南（乌蒙山等）、黑龙江、吉林、辽宁、北京、河北、山西、陕西、甘肃、青海、江苏、安徽、福建、四川、西藏；俄罗斯，日本。

（90）大钩粉蝶 *Gonepteryx maxima* Butler, 1885

分布：云南（乌蒙山等）、黑龙江、辽宁、北京、陕西、江苏、湖北、湖南、四川、贵州；俄罗斯，朝鲜，韩国，日本。

57. 鹤顶粉蝶属 *Hebomoia* Hübner, 1819

（91）鹤顶粉蝶 *Hebomoia glaucippe* (Linnaeus, 1758)

分布：云南（乌蒙山等）、河南、陕西、甘肃、福建、海南、广西、四川、西藏。

58. 橙粉蝶属 *Ixias* Hübner, 1819

（92）橙粉蝶 *Ixias pyrene* (Linnaeus, 1764)

分布：云南（乌蒙山等）、广东、海南、广西；印度，缅甸，越南，老挝，泰国，柬埔寨，菲律宾，马来西亚。

59. 粉蝶属 *Pieris* Schrank, 1801

（93）欧洲粉蝶 *Pieris brassicae* (Linnaeus, 1758)

分布：云南（乌蒙山等）、吉林、甘肃、新疆、四川、西藏；印度，尼泊尔。

（94）东方菜粉蝶 *Pieris canidia* (Sparrman, 1768)

分布：云南（乌蒙山等）、黑龙江、吉林、辽宁、内蒙古、北京、天津、河北、山西、山东、河南、陕西、宁夏、甘肃、青海、新疆、江苏、上海、安徽、浙江、湖北、江西、湖南、福建、台湾、广东、海南、香港、澳门、广西、重庆、四川、贵州、西藏；土耳其，朝鲜，印度，缅甸，越南，老挝，泰国，柬埔寨。

（95）大展粉蝶 *Pieris extensa* Poujade, 1888

分布：云南（乌蒙山等）、陕西、甘肃、湖北、四川、西藏；不丹。

（96）黑纹粉蝶 *Pieris melete* Ménétriès, 1857

分布：云南（乌蒙山等）、河北、山东、河南、陕西、甘肃、上海、上海、安徽、浙江、湖北、江西、湖南、福建、广西、四川、贵州、西藏；朝鲜，日本。

（97）菜粉蝶 *Pieris rapae* (Linnaeus, 1758)

分布：云南（乌蒙山等）、黑龙江、吉林、辽宁、内蒙古、北京、河北、山西、山东、河南、陕西、宁夏、甘肃、青海、新疆、江苏、上海、安徽、浙江、湖北、江西、湖南、福建、台湾、广东、海南、香港、广西、四川、贵州、西藏。

60. 云粉蝶属 *Pontia* Fabricius, 1807

（98）云粉蝶 *Pontia edusa* (Fabricius, 1777)

分布：云南（乌蒙山等）、黑龙江、吉林、辽宁、内蒙古、北京、河北、山西、山东、河南、陕西、宁夏、甘肃、新疆、江苏、上海、广西、四川、西藏；印度。

八、蛱蝶科 Nymphalidae Rafinesque, 1815

61. 斑蝶属 *Danaus* Kluk, 1780

（99）金斑蝶 *Danaus chrysippus* (Linnaeus, 1758)

分布：云南（乌蒙山等）、陕西、湖北、江西、湖南、福建、台湾、广东、海南、香港、广西、四川、贵州、西藏；印度，缅甸，越南，老挝，泰国，柬埔寨，菲律宾，马来西亚，中亚地区，大洋洲，非洲。

（100）虎斑蝶 *Danaus genutia* (Cramer, 1779)

分布：云南（乌蒙山等）、河南、浙江、湖北、江西、湖南、福建、台湾、广东、海南、香港、广西、四川、贵州、西藏；印度，缅甸，越南，老挝，泰国，柬埔寨，菲律宾，马来西亚，中亚地区，大洋洲，非洲。

62. 绢斑蝶属 *Parantica* Moore, 1880

（101）黑绢斑蝶 *Parantica melaneus* (Cramer, 1775)

分布：云南（乌蒙山等）、广东、海南、香港、广西、西藏。

63. 青斑蝶属 *Tirumala* Moore, 1880

（102）啬青斑蝶 *Tirumala septentrionis* (Bulter, 1874)

分布：云南（乌蒙山等）、江西、湖南、福建、台湾、广东、海南、香港、广西、四川、贵州；印度，缅甸，越南，老挝，泰国，柬埔寨，菲律宾，马来西亚。

64. 串珠环蝶属 *Faunis* Hübner, 1819

（103）灰翅串珠环蝶 *Faunis aerope* (Leech, 1890)

分布：云南（乌蒙山等）、陕西、甘肃、浙江、湖北、湖南、福建、广东、海南、四川、贵州、西藏；越南。

65. 箭环蝶属 *Stichophthalma* Felder & Felder, 1862

（104）箭环蝶 *Stichophthalma howqua* (Westwood, 1851)

分布：云南（乌蒙山等）、湖北、江西、湖南、福建、广东、广西、重庆、四川、贵州。

（105）华西箭环蝶 *Stichophthalma suffusa* Leech, 1892

分布：云南（乌蒙山等）、湖北、江西、湖南、福建、广东、广西、重庆、四川、贵州。

66. 林眼蝶属 *Aulocera* Butler, 1867

（106）细眉林眼蝶 *Aulocera merlina* (Oberthür, 1890)

分布：云南（乌蒙山等）、四川。

（107）大型林眼蝶 *Aulocera padma* (Kollar, 1844)

分布：云南（乌蒙山等）、四川、西藏。

67. 艳眼蝶属 *Callerebia* Butler, 1867

（108）多型艳眼蝶 *Callerebia polyphemus* (Oberthür, 1876)

分布：云南（乌蒙山等）、陕西、甘肃、湖北、湖南、福建、四川、西藏；印度，缅甸。

68. 多眼蝶属 *Kirinia* Moore, 1893

（109）多眼蝶 *Kirinia epimenides* (Menetries, 1859)

分布：云南（乌蒙山等）、黑龙江、辽宁、北京、河北、山西、山东、河南、陕西、甘肃、浙江、湖北、江西、福建、四川；俄罗斯，朝鲜，韩国。

69. 黛眼蝶属 *Lethe* Hübner, 1819

（110）白条黛眼蝶 *Lethe albolineata* (Poujade, 1884)

分布：云南（乌蒙山等）、甘肃、江西、福建、四川。

（111）圆翅黛眼蝶 *Lethe butleri* Leech, 1889

分布：云南（乌蒙山等）、河南、陕西、甘肃、浙江、湖北、江西、福建、台湾、重庆、四川。

（112）曲纹黛眼蝶 *Lethe chandica* (Moore, 1858)

分布：云南（乌蒙山等）、安徽、浙江、福建、台湾、广东、广西、西藏。

（113）白带黛眼蝶 *Lethe confusa* Aurivillius, 1897

分布：云南（乌蒙山等）、浙江、福建、广东、香港、广西、四川、贵州。

（114）李斑黛眼蝶 *Lethe gemina* Leech, 1891

分布：云南（乌蒙山等）、浙江、福建、台湾、广西、四川；印度，越南。

（115）黄带黛眼蝶 *Lethe luteofasciata* (Poujade, 1884)

分布：云南（乌蒙山等）、四川。

（116）比目黛眼蝶 *Lethe proxima* Leech, 1892

分布：云南（乌蒙山等）、陕西、四川。

（117）波纹黛眼蝶 *Lethe rohria* Fabricius, 1787

分布：云南（乌蒙山等）、福建、台湾、广东、海南、香港、广西、四川。

（118）素拉黛眼蝶 *Lethe sura* (Doubleday, 1849)

分布：云南（乌蒙山等）、西藏；印度，尼泊尔，缅甸，越南，泰国。

（119）玉带黛眼蝶 *Lethe verma* (Kollar, 1844)

分布：云南（乌蒙山等）、浙江、江西、福建、台湾、广东、海南、广西、四川；印度，尼泊尔，缅甸，越南，老挝，泰国，马来西亚。

70. 舜眼蝶属 *Loxerebia* Watkins, 1925

（120）草原舜眼蝶 *Loxerebia pratorum* (Oberthür, 1886)

分布：云南（乌蒙山等）、湖北、湖南、四川、贵州。

（121）赛兹舜眼蝶 *Loxerebia seitzi* (Goltz, 1939)

分布：云南（乌蒙山等）。

71. 白眼蝶属 *Melanargia* Meigen, 1828

（122）甘藏白眼蝶 *Melanargia ganymedes* (Heyne, 1895)

分布：云南（乌蒙山等）、甘肃、青海、新疆。

（123）白眼蝶 *Melanargia halimede* (Ménétriès, 1859)

分布：云南（乌蒙山等）、黑龙江、吉林、辽宁、内蒙古、北京、天津、河北、山西、山东、河南、陕西、宁夏、甘肃、青海、新疆、江苏、上海、安徽、浙江、湖北、江西、湖南、福建、台湾；俄罗斯，蒙古国，朝鲜，韩国。

（124）山地白眼蝶 *Melanargia montana* (Leech, 1890)

分布：云南（乌蒙山等）、陕西、甘肃、湖北、四川、贵州。

72. 眉眼蝶属 *Mycalesis* Hübner, 1818

（125）拟稻眉眼蝶 *Mycalesis francisca* (Stoll, 1780)

分布：云南（乌蒙山等）、黑龙江、吉林、辽宁、山东、江苏、上海、安徽、浙江、江西、福建、台湾、广东、海南、广西、重庆、四川、贵州、西藏；朝鲜，韩国，日本，印度，缅甸，越南，老挝，泰国。

（126）稻眉眼蝶 *Mycalesis gotama* Moore, 1857

分布：云南（乌蒙山等）、黑龙江、吉林、辽宁、山东、江苏、上海、安徽、浙江、江西、福建、台湾、广东、海南、广西、重庆、四川、贵州、西藏；朝鲜，韩国，日本，印度，缅甸，越南，老挝，泰国。

（127）大理石眉眼蝶 *Mycalesis mamerta* (Stoll, 1780)

分布：云南（乌蒙山等）、广西；印度，不丹，缅甸，泰国。

73. 荫眼蝶属 *Neope* Moore, 1866

（128）布莱荫眼蝶 *Neope bremeri* (Felder & Felder, 1862)

分布：云南（乌蒙山等）、陕西、安徽、浙江、江西、福建、台湾、广东、海南、广西、四川。

（129）网纹荫眼蝶 *Neope christi* (Oberthür, 1886)

分布：云南（乌蒙山等）、四川、西藏。

（130）蒙链荫眼蝶 *Neope muirheadi* (Felder & Felder, 1862)

分布：云南（乌蒙山等）、河南、陕西、江苏、上海、浙江、湖北、江西、湖南、福建、广东、香港、广西、四川；印度，缅甸，越南，老挝。

（131）奥荫眼蝶 *Neope oberthueri* Leech, 1891

分布：云南（乌蒙山等）、四川、西藏。

（132）黄斑荫眼蝶 *Neope pulaha* (Moore, 1858)

分布：云南（乌蒙山等）、河南、陕西、江苏、上海、浙江、江西、福建、台湾、广东、广西、四川；印度，不丹，缅甸，老挝。

（133）黑斑荫眼蝶 *Neope pulahoides* (Moore, 1892)

分布：云南（乌蒙山等）、四川；印度，尼泊尔。

74. 宁眼蝶属 *Ninguta* Moore, 1892

（134）宁眼蝶 *Ninguta schrenckii* (Ménétriès, 1859)

分布：云南（乌蒙山等）、黑龙江、辽宁、陕西、浙江、福建、四川；俄罗斯，朝鲜，韩国，日本。

75. 斑眼蝶属 *Penthema* Doubleday, 1848

（135）白斑眼蝶 *Penthema adelma* (Felder & Felder, 1862)

分布：云南（乌蒙山等）、陕西、浙江、湖北、江西、福建、台湾、广东、广西、四川。

76. 矍眼蝶属 *Ypthima* Hübner, 1818

（136）白斑矍眼蝶 *Ypthima albipuncta* Lee, 1985

分布：云南（乌蒙山）。

（137）矍眼蝶 *Ypthima balda* (Fabricius, 1775)

分布：云南（乌蒙山等）、福建、台湾、广东、海南、香港、广西、西藏。

（138）拜矍眼蝶 *Ypthima beautei* Oberthür, 1884

分布：云南（乌蒙山等）、青海、四川。

（139）鹭矍眼蝶 *Ypthima ciris* Leech, 1891

分布：云南（乌蒙山等）、四川。

（140）连斑矍眼蝶 *Ypthima sakra* Moore, 1857

分布：云南（乌蒙山等）、四川、西藏；印度，尼泊尔，缅甸，越南。

（141）暗矍眼蝶 *Ypthima sordida* Elwes & Edwards, 1893

分布：云南（乌蒙山）、安徽。

77. 珍蝶属 *Acraea* Fabricius, 1807

（142）苎麻珍蝶 *Acraea issoria* (Hübner, 1819)

分布：云南（乌蒙山等）、浙江、湖北、江西、湖南、福建、台湾、广东、海南、广西、四川。

78. 闪蛱蝶属 *Apatura* Fabricius, 1807

（143）柳紫闪蛱蝶 *Apatura ilia* (Denis & Schiffermüller, 1775)

分布：云南（乌蒙山等）、黑龙江、吉林、辽宁、河北、山西、山东、河南、陕西、宁夏、青海、新疆、江苏、安徽、浙江、浙江、江西、福建、四川、贵州。

（144）紫闪蛱蝶 *Apatura iris* (Linnaeus, 1758)

分布：云南（乌蒙山等）、黑龙江、吉林、辽宁、内蒙古、北京、天津、河北、山西、河南、陕西、宁夏、甘肃、青海、新疆、湖北、湖南、重庆、四川、贵州、西藏；朝鲜，韩国，日本，欧洲。

（145）细带闪蛱蝶 *Apatura metis* (Freyer, 1829)

分布：云南（乌蒙山等）、黑龙江、吉林、辽宁、内蒙古；朝鲜，韩国，日本，欧洲。

79. 蜘蛱蝶属 *Araschnia* Hübner, 1819

（146）曲纹蜘蛱蝶 *Araschnia doris* Leech, 1892

分布：云南（乌蒙山等）、河南、陕西、江苏、安徽、浙江、湖北、江西、湖南、福建、重庆、四川。

（147）直纹蜘蛱蝶 *Araschnia prorsoides* (Blanchard, 1871)

分布：云南（乌蒙山等）、甘肃、重庆、四川、西藏；印度，缅甸。

80. 豹蛱蝶属 *Argynnis* Fabricius, 1807

（148）灿福豹蛱蝶 *Argynnis adippe* (Rottemburg, 1775)

分布：云南（乌蒙山等）、黑龙江、辽宁、山东、河南、陕西、甘肃、江苏、湖北、四川、西藏；俄罗斯，朝鲜，韩国，日本。

（149）银豹蛱蝶 *Argynnis childreni* Gray, 1831

分布：云南（乌蒙山等）、河南、陕西、浙江、湖北、江西、福建、广东、四川、西藏；印度，缅甸。

（150）斐豹蛱蝶 *Argynnis hyperbius* (Linnaeus, 1763)

分布：云南（乌蒙山等）、黑龙江、吉林、辽宁、河北、河南、陕西、宁夏、甘肃、新疆、浙江、湖北、江西、福建、台湾、广东、广西、四川、西藏；日本，尼泊尔，孟加拉国，缅甸，泰国，菲律宾，印度尼西亚。

（151）老豹蛱蝶 *Argynnis laodice* (Pallas, 1771)

分布：云南（乌蒙山等）、黑龙江、辽宁、河北、山西、河南、陕西、甘肃、青海、新疆、江苏、安徽、浙江、湖北、江西、湖南、福建、台湾、四川、西藏。

（152）绿豹蛱蝶 *Argynnis paphia* (Linnaeus, 1758)

分布：云南（乌蒙山等）、黑龙江、吉林、辽宁、河北、河南、陕西、宁夏、甘肃、新疆、浙江、湖北、江西、福建、台湾、广东、广西、四川、西藏。

（153）青豹蛱蝶 *Argynnis sagana* (Doubleday, 1847)

分布：云南（乌蒙山等）、黑龙江、吉林、河南、陕西、浙江、福建、广西；俄罗斯，蒙古国，朝鲜，韩国，日本。

81. 带蛱蝶属 *Athyma* Westwood, 1850

（154）玉杵带蛱蝶 *Athyma jina* Moore, 1858

分布：云南（乌蒙山等）、浙江、江西、湖南、福建、台湾、广东、广西；印度，尼泊尔，缅甸，老挝。

82. 锯蛱蝶属 *Cethosia* Fabricius, 1807

（155）红锯蛱蝶 *Cethosia biblis* (Drury, 1773)

分布：云南（乌蒙山等）、江西、福建、广东、海南、香港、广西、四川、西藏；印度，不丹，尼泊尔，缅甸，越南，老挝，泰国，马来西亚。

83. 铠蛱蝶属 *Chitoria* Moore, 1896

（156）武铠蛱蝶 *Chitoria ulupi* (Doherty, 1889)

分布：云南（乌蒙山等）、辽宁、福建、台湾、广东、广西、重庆、四川、贵州、西藏；朝鲜，韩国，印度，不丹，缅甸，越南，老挝。

84. 丝蛱蝶属 *Cyrestis* Boisduval, 1832

（157）网丝蛱蝶 *Cyrestis thyodamas* Boisduval, 1846

分布：云南（乌蒙山等）、浙江、江西、台湾、广东、海南、广西、四川、西藏。

85. 窗蛱蝶属 *Dilipa* Moore, 1857

（158）明窗蛱蝶 *Dilipa fenestra* (Leech, 1891)

分布：云南（乌蒙山等）、辽宁、北京、河北、山西、河南、陕西、安徽、浙江、湖北；朝鲜，韩国。

86. 翠蛱蝶属 *Euthalia* Hübner, 1819

（159）孔子翠蛱蝶 *Euthalia confucius* (Westwood, 1850)

分布：云南（乌蒙山等）、陕西、浙江、福建、广西、四川、西藏；印度，缅甸，越南，老挝。

（160）嘉翠蛱蝶 *Euthalia kardama* (Moore, 1859)

分布：云南（乌蒙山等）、陕西、甘肃、浙江、湖北、福建、重庆、四川、贵州。

87. 脉蛱蝶属 *Hestina* Westwood, 1850

（161）黑脉蛱蝶 *Hestina assimilis* (Linnaeus, 1758)

分布：云南（乌蒙山等）、辽宁、山西、陕西、安徽、江西、福建、香港、贵州；朝鲜，韩国，日本。

（162）蒺藜纹脉蛱蝶 *Hestina nama* (Doubleday, 1844)

分布：云南（乌蒙山等）、海南、广西、四川；印度，尼泊尔，缅甸，泰国。

88. 眼蛱蝶属 *Junonia* Hübner, 1819

（163）美眼蛱蝶 *Junonia almana* (Linnaeus, 1758)

分布：云南（乌蒙山等）、江苏、上海、安徽、浙江、湖北、江西、湖南、福建、台湾、广东、海南、香港、澳门、广西、重庆、四川、贵州、西藏；印度，不丹，缅甸，越南，老挝，泰国，柬埔寨，马来西亚。

（164）黄裳眼蛱蝶 *Junonia hierta* (Fabricius, 1798)

分布：云南（乌蒙山等）、浙江、湖北、江西、湖南、福建、台湾、广东、海南、香港、澳门、广西、重庆、四川、贵州、西藏；印度，缅甸，越南，老挝，泰国。

（165）翠蓝眼蛱蝶 *Junonia orithya* (Linnaeus, 1758)

分布：云南（乌蒙山等）、河南、陕西、安徽、浙江、湖北、江西、湖南、福建、台湾、广东、香港、广西、重庆、四川、贵州；印度，不丹，缅甸，越南，

老挝，泰国，柬埔寨，菲律宾，马来西亚。

89. 琉璃蛱蝶属 *Kaniska* Moore, 1899

（166）琉璃蛱蝶 *Kaniska canace* (Linnaeus, 1763)

分布：云南（乌蒙山等）、甘肃、江苏、安徽、江西、福建、广东、香港、广西；日本，印度，缅甸，泰国，马来西亚。

90. 线蛱蝶属 *Limenitis* Fabricius, 1807

（167）戟眉线蛱蝶 *Limenitis homeyeri* Tancré, 1881

分布：云南（乌蒙山等）、黑龙江、北京、河北、山西、陕西、四川。

（168）残锷线蛱蝶 *Limenitis sulpitia* (Cramer, 1779)

分布：云南（乌蒙山等）、河南、安徽、浙江、湖北、江西、福建、台湾、广东、海南、香港、广西、四川；印度，缅甸，越南。

（169）折线蛱蝶 *Limenitis sydyi* Lederer, 1853

分布：云南（乌蒙山等）、黑龙江、吉林、辽宁、内蒙古、北京、河北、山西、河南、陕西、宁夏、甘肃、新疆、浙江、湖北、江西、四川；俄罗斯，蒙古国，朝鲜，韩国。

91. 网蛱蝶属 *Melitaea* Fabricius, 1807

（170）阿尔网蛱蝶 *Melitaea arcesia* Bremer, 1861

分布：云南（乌蒙山等）、黑龙江、内蒙古、北京、陕西；蒙古国，印度，不丹，尼泊尔。

（171）黑网蛱蝶 *Melitaea jezabel* Oberthür, 1888

分布：云南（乌蒙山等）、甘肃、四川、西藏。

92. 环蛱蝶属 *Neptis* Fabricius, 1807

（172）重环蛱蝶 *Neptis alwina* (Bremer & Grey, 1852)

分布：云南（乌蒙山等）、黑龙江、吉林、辽宁、内蒙古、北京、河北、山西、河南、陕西、甘肃、湖北、湖南、四川、西藏；俄罗斯，蒙古国，朝鲜，日本。

（173）蛛环蛱蝶 *Neptis arachne* Leech, 1890

分布：云南（乌蒙山等）、陕西、甘肃、浙江、湖北、四川。

（174）珂环蛱蝶 *Neptis clinia* Moore, 1872

分布：云南（乌蒙山等）、四川、浙江、福建、广东、海南、香港、广西、重庆、贵州、西藏；印度，缅甸，越南，老挝，泰国，菲律宾，马来西亚，印度尼西亚。

（175）五段环蛱蝶 *Neptis divisa* Oberthür, 1908

分布：云南（乌蒙山等）、四川。

（176）中环蛱蝶 *Neptis hylas* (Linnaeus, 1758)

分布：云南（乌蒙山等）、河南、陕西、安徽、湖北、江西、福建、台湾、广东、海南、香港、广西、重

庆、四川、西藏；印度，缅甸，越南，老挝，泰国，马来西亚，印度尼西亚。

（177）链环蛱蝶 *Neptis pryeri* Butler, 1871

分布：云南（乌蒙山等）、吉林、山西、河南、上海、安徽、浙江、湖北、江西、福建、台湾、重庆、贵州；朝鲜，日本。

（178）紫环蛱蝶 *Neptis radha* Moore, 1857

分布：云南（乌蒙山等）、贵州；缅甸，泰国。

（179）娑环蛱蝶 *Neptis soma* Moore, 1858

分布：云南（乌蒙山等）、浙江、福建、广东、海南、香港、广西、重庆、四川、贵州、西藏；印度，缅甸，越南，老挝，泰国，菲律宾，马来西亚，印度尼西亚。

93. 绢斑蝶属 *Parantica* Moore, 1880

（180）黑绢斑蝶 *Parantica melaneus* (Cramer, 1775)

分布：云南（乌蒙山等）、广东、海南、香港、广西、西藏。

（181）大绢斑蝶 *Parantica sita* (Kollar, 1844)

分布：云南（乌蒙山等）、辽宁、江苏、浙江、江西、湖南、福建、台湾、广东、海南、香港、广西、四川、贵州、西藏；俄罗斯，日本，菲律宾，印度尼西亚。

94. 钩蛱蝶属 *Polygonia* Hübner, 1819

（182）黄钩蛱蝶 *Polygonia c-aureum* (Linnaeus, 1758)

分布：云南（乌蒙山等）、黑龙江、吉林、辽宁、内蒙古、北京、天津、河北、山西、山东、江苏、上海、安徽、浙江、湖北、江西、湖南、福建、台湾、广东、海南、广西、贵州；俄罗斯，蒙古国，越南。

95. 秀蛱蝶属 *Pseudergolis* Felder & Felder, 1867

（183）秀蛱蝶 *Pseudergolis wedah* (Kollar, 1844)

分布：云南（乌蒙山等）、浙江、湖北、江西、湖南、福建、台湾、广东、海南、贵州；越南。

96. 饰蛱蝶属 *Stibochiona* Butler, 1869

（184）素饰蛱蝶 *Stibochiona nicea* (Gray, 1846)

分布：云南（乌蒙山等）、安徽、浙江、江西、福建、广东、海南、广西、四川、贵州、西藏；印度，不丹，尼泊尔，缅甸，越南，老挝，泰国，马来西亚。

97. 盛蛱蝶属 *Symbrenthia* Hübner, 1819

（185）散纹盛蛱蝶 *Symbrenthia lilaea* Hewitson, 1864

分布：云南（乌蒙山等）、浙江、湖北、江西、福建、台湾、广东、海南、香港、广西、重庆、四川、贵州、西藏；印度，缅甸，越南，老挝，泰国，马来西亚，印度尼西亚。

98. 红蛱蝶属 *Vanessa* Fabricius, 1807

（186）小红蛱蝶 *Vanessa cardui* (Linnaeus, 1758)

分布：云南（乌蒙山等）、黑龙江、吉林、辽宁、内蒙古、北京、天津、河北、山西、山东、河南、陕西、宁夏、甘肃、青海、新疆、江苏、上海、安徽、浙江、湖北、江西、湖南、福建、台湾、广东、海南、香港、澳门、广西、重庆、四川、贵州、西藏。

（187）大红蛱蝶 *Vanessa indica* (Herbst, 1794)

分布：云南（乌蒙山等）、黑龙江、吉林、辽宁、内蒙古、北京、天津、河北、山西、山东、河南、陕西、宁夏、甘肃、青海、新疆、江苏、上海、安徽、浙江、湖北、江西、湖南、福建、台湾、广东、海南、香港、澳门、广西、重庆、四川、贵州、西藏。

九、蚬蝶科 Riodinidae Grote, 1895

99. 豹蚬蝶属 *Takashia* Okano & Okano, 1985

（188）豹蚬蝶 *Takashia nana* (Leech, 1893)

分布：云南（乌蒙山等）、陕西、四川。

100. 波蚬蝶属 *Zemeros* Boisduval, 1836

（189）波蚬蝶 *Zemeros flegyas* (Cramer, 1780)

分布：云南（乌蒙山等）、浙江、江西、湖南、福建、广东、海南、香港、广西、重庆、四川、贵州、西藏；印度，缅甸，越南，老挝，泰国，马来西亚，印度尼西亚。

十、灰蝶科 Lycaenidae Leach, 1815

101. 琉璃灰蝶属 *Celastrina* Tutt, 1906

（190）大紫琉璃灰蝶 *Celastrina oreas* (Leech, 1893)

分布：云南（乌蒙山等）、陕西、浙江、台湾、四川、贵州、西藏；朝鲜，印度，缅甸。

102. 彩灰蝶属 *Heliophorus* Geyer, 1832

（191）美男彩灰蝶 *Heliophorus androcles* (Westwood, 1851)

分布：云南（乌蒙山等）、西藏；印度，缅甸，泰国。

（192）依彩灰蝶 *Heliophorus eventa* Fruhstorfer, 1918

分布：云南（乌蒙山等）；缅甸，越南，老挝，泰国。

（193）浓紫彩灰蝶 *Heliophorus ila* (de Nicéville & Martin, 1896)

分布：云南（乌蒙山等）、河南、陕西、江西、福建、台湾、广东、海南、广西、重庆、四川、贵州；印度，不丹，缅甸，马来西亚，印度尼西亚。

103. 雅灰蝶属 *Jamides* Hübner, 1819

（194）雅灰蝶 *Jamides bochus* (Stoll, 1782)

分布：云南（乌蒙山等）、浙江、江西、湖南、福建、台湾、广东、海南、香港、广西；印度，缅甸，越南，老挝，泰国。

104. 亮灰蝶属 *Lampides* Hübner, 1819

（195）亮灰蝶 *Lampides boeticus* (Linnaeus, 1767)

分布：云南（乌蒙山等）、河南、陕西、江苏、安徽、浙江、福建、台湾、广东、海南、香港。

105. 灰蝶属 *Lycaena* Fabricius, 1807

（196）丽罕莱灰蝶 *Lycaena li* (Oberthür, 1886)

分布：云南（乌蒙山等）、四川、西藏。

（197）红灰蝶 *Lycaena phlaeas* (Linnaeus, 1761)

分布：云南（乌蒙山等）、北京、陕西、新疆、安徽、四川、西藏。

106. 白灰蝶属 *Phengaris* Doherty, 1891

（198）白灰蝶 *Phengaris atroguttata* (Oberthür, 1876)

分布：云南（乌蒙山等）、河南、台湾、四川；印度，缅甸。

107. 酢浆灰蝶属 *Pseudozizeeria* Beuret, 1955

（199）酢浆灰蝶 *Pseudozizeeria maha* (Kollar, 1844)

分布：云南（乌蒙山等）、安徽、浙江、湖北、江西、福建、台湾、广东、海南、广西、四川。

108. 燕灰蝶属 *Rapala* Moore, 1881

（200）蓝燕灰蝶 *Rapala caerulea* (Bremer & Grey, 1851)

分布：云南（乌蒙山等）、北京、河北、陕西、甘肃、浙江、福建、台湾、重庆、四川；朝鲜，韩国。

109. 蚜灰蝶属 *Taraka* Druce, 1875

（201）蚜灰蝶 *Taraka hamada* (Druce, 1875)

分布：云南（乌蒙山等）、浙江、江西、福建、台湾、广东、海南、香港、广西、四川；朝鲜，日本，印度。

110. 玄灰蝶属 *Tongeia* Tutt, 1908

（202）点玄灰蝶 *Tongeia filicaudis* (Pryer, 1877)

分布：云南（乌蒙山等）、山东、河南、陕西、浙江、江西、福建、台湾、广东、四川。

111. 妩灰蝶属 *Udara* Toxopeus, 1928

（203）珍贵妩灰蝶 *Udara dilectus* (Moore, 1879)

分布：云南（乌蒙山等）、安徽、台湾、海南、广西。

十一、锚纹蛾科 Callidulidae Moore, 1877

112. 锚纹蛾属 *Pterodecta* Butler, 1877

（204）费氏锚纹蛾 *Pterodecta felderi* (Bremer, 1864)

分布：云南（乌蒙山）、吉林、陕西、湖北、台湾、四川、西藏；俄罗斯，朝鲜，韩国，日本，印度。

十二、网蛾科 Thyrididae Herrich-Schäffer, 1846

113. 拱肩网蛾属 *Camptochilus* Hampson, 1893

（205）树形拱肩网蛾 *Camptochilus aurea* Butler, 1881

分布：云南（乌蒙山等）、北京、陕西、湖北、江西、湖南、福建、四川、广西、西藏；日本。

（206）金盏拱肩网蛾 *Camptochilus sinuosus* Warren, 1896

分布：云南（乌蒙山等）、湖北、江西、湖南、福建、海南、广西、四川；印度。

114. 银网蛾属 *Epaena* Karsch, 1900

（207）滇银网蛾 *Epaena yunnana* (Chu & Wang, 1991)

分布：云南（乌蒙山等）、福建。

十三、螟蛾科 Pyralidae Latreille, 1809

115. 镰翅野螟属 *Circobotys* Butler, 1879

（208）横线镰翅野螟 *Circobotys heterogenalis* Bremer, 1864

分布：云南（乌蒙山）、河南、河北、山西、江苏、福建、江西、山东、湖南、贵州；朝鲜，日本，俄罗斯。

116. 锥野螟属 *Cotachena* Moore, 1885

（209）伊锥野螟 *Cotachena histricalis* (Walker, 1859)

分布：云南（乌蒙山等）、陕西、甘肃、江苏、浙江、湖北、江西、湖南、福建、台湾、广东、海南、重庆、四川、西藏；日本，印度，缅甸，斯里兰卡，菲律宾，马来西亚，印度尼西亚，大洋洲。

117. 绢丝野螟属 *Glyphodes* Guenée, 1854

（210）黄翅绢丝野螟 *Glyphodes caesalis* Walker, 1859

分布：云南（乌蒙山等）、福建、台湾、广东、海南、广西、四川；印度，缅甸，越南，斯里兰卡，菲律宾，新加坡，印度尼西亚。

（211）四斑绢丝野螟 *Glyphodes quadrimaculalis* (Bremer & Grey, 1853)

分布：云南（乌蒙山等）、黑龙江、吉林、辽宁、天津、河北、山西、山东、河南、陕西、宁夏、甘肃、青海、浙江、湖北、江西、湖南、福建、台湾、广东、重庆、四川、贵州、西藏；俄罗斯，朝鲜，日本，印度，印度尼西亚。

118. 纹翅野螟属 *Diasemia* Hübner, 1825

（212）褐纹翅野螟 *Diasemia accalis* (Walker, 1859)

分布：云南（乌蒙山等）、河北、山东、河南、江苏、上海、安徽、浙江、湖北、湖南、福建、台湾、广东、香港、广西、重庆、四川、贵州、西藏；朝鲜，日本，印度，缅甸。

119. 蛀野螟属 *Dichocrocis* Lederer, 1863
（213）虎纹蛀野螟 *Dichocrocis tigrina* Moore, 1886

分布：云南（乌蒙山等）。

120. 青野螟属 *Spoladea* Guenée, 1854
（214）甜菜青野螟 *Spoladea recurvalis* (Fabricius, 1775)

分布：云南（乌蒙山等）、黑龙江、吉林、辽宁、内蒙古、北京、天津、河北、山西、山东、河南、陕西、甘肃、青海、安徽、浙江、湖北、江西、湖南、福建、台湾、广东、海南、广西、重庆、四川、贵州、西藏；朝鲜，日本，印度，不丹，尼泊尔，缅甸，越南，泰国，斯里兰卡，菲律宾，印度尼西亚，欧洲，大洋洲，非洲，北美洲，南美洲。

121. 褶缘野螟属 *Paratalanta* Meyrick, 1890
（215）乌苏里褶缘野螟 *Paratalanta ussurialis* (Bremer, 1864)

分布：云南（乌蒙山等）、黑龙江、吉林、河南、陕西、宁夏、湖北、福建、台湾、四川、贵州；俄罗斯，朝鲜，韩国，日本。

122. 黑野螟属 *Pygospila* Guenée, 1854
（216）白斑黑野螟 *Pygospila tyres* (Crame, 1780)

分布：云南（乌蒙山等）、甘肃、浙江、福建、台湾、广东、海南、重庆、四川、贵州；日本，印度，缅甸，越南，斯里兰卡，菲律宾，印度尼西亚，大洋洲，非洲。

123. 螟蛾属 *Pyralis* Linnaeus, 1758
（217）金黄螟 *Pyralis regalis* Denis & Schiffermüller, 1775

分布：云南（乌蒙山）、黑龙江、吉林、辽宁、北京、天津、河北、山西、山东、河南、陕西、甘肃、湖北、江西、湖南、福建、台湾、广东、海南、四川、贵州；朝鲜，日本，印度，俄罗斯。

124. 绒野螟属 *Sinibotys* Munroe & Mutuura, 1969
（218）竹绒野螟 *Sinibotys evenoralis* (Walker, 1859)

分布：云南（乌蒙山等）、江苏、安徽、浙江、江西、湖南、福建、广东、台湾、四川；朝鲜，日本，缅甸。

125. 切叶野螟属 *Herpetogramma* Lederer, 1863
（219）葡萄切叶野螟 *Herpetogramma luctuosalis* (Guenée, 1854)

分布：云南（乌蒙山等）、重庆、四川、贵州、陕西、黑龙江、吉林、河北、山西、河南、甘肃、江苏、浙江、湖北、湖南、福建、台湾、广东、海南；俄罗斯，朝鲜，日本，印度，不丹，尼泊尔，越南，斯里兰卡，印度尼西亚，非洲。

126. 黑纹野螟属 *Tyspanodes* Warren, 1891
（220）橙黑纹野螟 *Tyspanodes striata* (Butler, 1879)

分布：云南（乌蒙山等）、山西、山东、河南、陕西、甘肃、江苏、浙江、湖北、江西、湖南、福建、台湾、广东、广西、重庆、四川、贵州；朝鲜，日本。

十四、钩蛾科 Drepanidae Meyrick, 1895

127. 距钩蛾属 *Agnidra* Moore, 1868
（221）栎距钩蛾 *Agnidra scabiosa* (Butler, 1877)

分布：云南（乌蒙山等）、山东、河南、江苏、上海、安徽、浙江、湖北、江西、湖南、福建、四川；朝鲜，日本。

128. 丽钩蛾属 *Callidrepana* Felder, 1861
（222）豆点丽钩蛾 *Callidrepana gemina* Watson, 1968

分布：云南（乌蒙山等）、浙江、湖北、江西、福建、广东、广西、四川。

（223）肾点丽钩蛾 *Callidrepana patrana* (Moore, 1866)

分布：云南（乌蒙山等）、浙江、湖北、江西、福建、台湾、广西、四川；印度，缅甸，老挝。

129. 钳钩蛾属 *Didymana* Bryk, 1943
（224）钳钩蛾 *Didymana bidens* (Leech, 1890)

分布：云南（乌蒙山等）、陕西、湖北、福建、广西、四川；缅甸。

130. 钩蛾属 *Drepana* Schrank, 1802
（225）一点钩蛾 *Drepana pallida* Moore, 1879

分布：云南（乌蒙山等）、浙江、湖北、福建、台湾、广东、广西、四川、西藏；印度，缅甸，越南。

131. 山钩蛾属 *Oreta* Walker, 1855
（226）接骨木山钩蛾 *Oreta loochooana* Swinhoe, 1902

分布：云南（乌蒙山等）、山东、江西、台湾、四川；日本。

（227）美丽山钩蛾 *Oreta speciosa* (Bryk, 1943)

分布：云南（乌蒙山等）、河南、湖北、福建、四川、西藏；缅甸。

132. 圆钩蛾属 *Cyclidia* Guenée, 1858
（228）洋麻圆钩蛾 *Cyclidia substigmaria* Hübner, 1825

分布：云南（乌蒙山等）、安徽、湖北、台湾、海南；日本，越南。

133. 篝波纹蛾属 *Gaurena* Walker, 1865
（229）篝波纹蛾 *Gaurena florens* Walker, 1865

分布：云南（乌蒙山等）、四川、西藏；尼泊尔，印度，不丹，缅甸。

（230）花篝波纹蛾 *Gaurena florescens* Walker, 1865

分布：云南（乌蒙山等）、陕西、湖北、湖南、福建、四川、西藏；印度，尼泊尔，孟加拉国，缅甸，柬埔寨。

134. 华波纹蛾属 *Habrosyne* Hübner, 1816

（231）华波纹蛾 *Habrosyne pyritoides* (Hufnagel, 1766)
分布：云南（乌蒙山等）、黑龙江、吉林、北京、河北、陕西；俄罗斯，朝鲜，日本，欧洲。

135. 卑钩蛾属 *Microblepsis* Matsumura, 1927

（232）网卑钩蛾 *Microblepsis acuminata* (Leech, 1890）
分布：云南（乌蒙山）、陕西、湖北、四川；日本。

（233）姬网卑钩蛾 *Microblepsis manleyi* (Leech, 1898）
分布：云南（乌蒙山）、北京、浙江；日本。

（234）栎卑钩蛾 *Microblepsis robusta* (Oberthür, 1916)
分布：云南（乌蒙山等）、陕西、湖北、福建、四川。

（235）多纹卑钩蛾 *Microblepsis rugosa* (Watson, 1968）
分布：云南（乌蒙山）、海南、台湾；印度，马来西亚。

136. 异波纹蛾属 *Parapsestis* Warren, 1912

（236）异波纹蛾 *Parapsestis argenteopicta* (Oberthür, 1879)
分布：云南（乌蒙山等）、黑龙江、吉林、辽宁、北京、河北、山西、陕西、甘肃、台湾；俄罗斯，朝鲜，日本。

（237）白异波纹蛾 *Parapsestis albida* Suzuki, 1916
分布：云南（乌蒙山）、黑龙江、吉林、甘肃、陕西、广东；朝鲜，俄罗斯，日本。

137. 美波纹蛾属 *Sidopala* Houlbert, 1921

（238）美波纹蛾 *Psidopala opalescens* (Alphéraky, 1897)
分布：云南（乌蒙山等）、四川、西藏；缅甸。

138. 窄翅波纹蛾属 *Stenopsestis* Yoshimoto, 1984

（239）窄翅波纹蛾 *Stenopsestis alternata* (Moore, 1881)
分布：云南（乌蒙山等）、湖南、四川、西藏；印度，尼泊尔，缅甸。

139. 太波纹蛾属 *Tethea* Ochsenheimer, 1816

（240）白缘太波纹蛾 *Tethea albicosta* (Moore, 1867)
分布：云南（乌蒙山等）、湖北、湖南、广西、四川、西藏；印度，缅甸。

（241）亚太波纹蛾 *Tethea subampliata* (Houlbert, 1921)
分布：云南（乌蒙山等）、四川；印度。

（242）藕太波纹蛾台湾亚种 *Tethea oberthueri taiwana* (Matsumura, 1931）
分布：云南（乌蒙山）、台湾。

140. 波纹蛾属 *Thyatira* Ochsenheimer, 1816

（243）波纹蛾 *Thyatira batis* (Linnaeus, 1758)
分布：云南（乌蒙山等）、黑龙江、吉林、内蒙古、新疆；朝鲜，日本，俄罗斯。

十五、尾夜蛾科 Euteliidae Grote, 1882

141. 殿尾夜蛾属 *Anuga* Guenée, 1852

（244）月殿尾夜蛾 *Anuga lunulata* Moore, 1867
分布：云南（乌蒙山等）、河南、陕西、浙江、湖南、福建、四川、西藏；印度，孟加拉国。

142. 尾夜蛾属 *Eutelia* Hübner, 1823

（245）漆尾夜蛾 *Eutelia geyeri* (Felder & Rogenhofer, 1874)
分布：云南（乌蒙山等）、江苏、浙江、湖南、江西、福建、四川、西藏；日本，印度。

十六、目夜蛾科 Erebidae Leach, 1815

143. 疖夜蛾属 *Adrapsa* Walker, 1859

（246）闪疖夜蛾 *Adrapsa simplex* (Butler, 1879)
分布：云南（乌蒙山等）、浙江、湖北、福建、海南、四川；日本。

144. 丽灯蛾属 *Aglaomorpha* Kôda, 1987

（247）大丽灯蛾 *Aglaomorpha histrio* (Walker, 1855)
分布：云南（乌蒙山等）、陕西、浙江、江苏、湖北、江西、湖南、福建、台湾、广东、广西、贵州、四川；朝鲜，韩国。

145. 粉灯蛾属 *Alphaea* Walker, 1855

（248）网斑粉灯蛾 *Alphaea anopuncta* (Oberthür, 1911)
分布：云南（乌蒙山等）、四川。

146. 鹿蛾属 *Amata* Fabricius, 1807

（249）滇鹿蛾 *Amata atkinsoni* (Moore, 1871)
分布：云南（乌蒙山等）、江西、广东、广西；缅甸。

（250）南鹿蛾 *Amata sperbius* (Fabricius, 1787)
分布：云南（乌蒙山等）、广东、海南、广西；日本，印度，缅甸，泰国。

147. 桥夜蛾属 *Anomis* Hübner, 1821

（251）黄麻桥夜蛾 *Anomis involuta* (Walker, 1858)
分布：云南（乌蒙山等）、河南、浙江、青海、台湾、海南、广东、广西、四川；日本，印度，缅甸，斯里兰卡，孟加拉国，马来西亚，大洋洲，非洲。

148. 白毒蛾属 *Arctornis* Germar, 1810

（252）明毒蛾 *Arctornis jonasi* (Butler, 1877)
分布：云南（乌蒙山）、浙江、湖北、湖南、福建、广东；朝鲜，日本。

149. 拟灯蛾属 *Asota* Hübner, 1819

（253）一点拟灯蛾 *Asota caricae* (Fabricius, 1775)
分布：云南（乌蒙山等）、湖南、福建、台湾、广东、广西、四川；印度，斯里兰卡，菲律宾，大洋洲。

（254）圆端拟灯蛾 *Asota heliconia* (Linnaeus, 1758)

分布：云南（乌蒙山）、上海、台湾、广东、海南、香港、广西；日本，印度，缅甸，菲律宾，印度尼西亚，大洋洲。

（255）楔斑拟灯蛾 *Asota paliura* Swinhoe, 1893

分布：云南（乌蒙山等）、湖北、四川、西藏。

（256）长斑拟灯蛾 *Asota plana* (Walker, 1854)

分布：云南（乌蒙山等）、台湾、海南、广西、贵州、西藏；印度，斯里兰卡。

（257）扭拟灯蛾 *Asota tortuosa* (Moore, 1872)

分布：云南（乌蒙山等）、湖北、湖南、广西、四川；印度。

150. 苣苔蛾属 *Barsine* Walker, 1854

（258）黄黑脉苣苔蛾 *Barsine nigrovena* (Fang, 2000)

分布：云南（乌蒙山等）、陕西、湖北、四川、西藏。

（259）优美苣苔蛾 *Barsine striata* (Bremer & Grey, 1852)

分布：云南（乌蒙山等）、吉林、河北、山东、甘肃、江苏、浙江、湖北、江西、湖南、福建、广东、海南、广西、四川、贵州；日本。

151. 巾夜蛾属 *Bastilla* Swinhoe, 1918

（260）肾暗巾夜蛾 *Bastilla praetermissa* (Warren, 1913)

分布：云南（乌蒙山等）、浙江、江西、湖南、福建、台湾。

152. 拟胸须夜蛾属 *Bertula* Walker, 1858

（261）黑带拟胸须夜蛾 *Bertula abjudicalis* Walker, 1858

分布：云南（乌蒙山等）、四川；印度，斯里兰卡，大洋洲。

（262）白线拟胸须夜蛾 *Bertula albolinealis* (Leech, 1900)

分布：云南（乌蒙山）、江西、四川、西藏。

（263）晰线拟胸须夜蛾 *Bertula bisectalis* (Wileman, 1915)

分布：云南（乌蒙山）、江西、台湾；日本。

（264）粉紫晕拟胸须夜蛾 *Bertula hadenalis* (Moore, 1867)

分布：云南（乌蒙山等）、台湾；印度。

（265）并线拟胸须夜蛾 *Bertula parallela* (Leech, 1900)

分布：云南（乌蒙山等）、浙江、江西、湖南、福建、海南、四川。

153. 新鹿蛾属 *Caeneressa* Obraztsov, 1957

（266）红带新鹿蛾 *Caeneressa rubrozonata* (Poujade, 1886)

分布：云南（乌蒙山）、江苏、浙江、福建、重庆。

154. 丽灯蛾属 *Callindra* Röber, 1925

（267）首丽灯蛾 *Callindra principalis* (Kollar, 1844)

分布：云南（乌蒙山等）、浙江、江西、四川、西藏；巴基斯坦，印度，尼泊尔，中亚地区。

155. 丽毒蛾属 *Calliteara* Butler, 1881

（268）火丽毒蛾 *Calliteara complicata* (Walker, 1865)

分布：云南（乌蒙山等）、陕西、广西、四川、西藏；印度。

（269）连丽毒蛾 *Calliteara conjuncta* (Wileman, 1911)

分布：云南（乌蒙山等）、黑龙江、吉林、辽宁、内蒙古、河北、山东、河南、陕西、安徽、湖北、江西、湖南、福建、四川；俄罗斯，朝鲜，日本。

（270）结丽毒蛾 *Calliteara lunulata* (Butler, 1877)

分布：云南（乌蒙山）、黑龙江、吉林、辽宁、河北、陕西、浙江、湖北、湖南、福建、广东；俄罗斯，朝鲜，日本。

156. 壶夜蛾属 *Calyptra* Ochsenheimer, 1816

（271）两色壶夜蛾 *Calyptra bicolor* Moore, 1883

分布：云南（乌蒙山等）、四川、西藏。

（272）翎壶夜蛾 *Calyptra gruesa* (Draudt, 1950)

分布：云南（乌蒙山）、陕西、甘肃、浙江、湖北、湖南；朝鲜，韩国，日本。

（273）宝兴壶夜蛾 *Calyptra orthograpta* (Butler, 1886)

分布：云南（乌蒙山等）、台湾；印度。

157. 雪灯蛾属 *Chionarctia* Kôda, 1988

（274）白雪灯蛾 *Chionarctia nivea* (Ménétriès, 1859)

分布：云南（乌蒙山等）、黑龙江、吉林、辽宁、内蒙古、河北、山东、河南、陕西、浙江、湖北、江西、湖南、福建、广西、四川、贵州；朝鲜，日本。

158. 灰灯蛾属 *Creatonotos* Hübner, 1819

（275）八点灰灯蛾 *Creatonotos transiens* (Walker, 1855)

分布：云南（乌蒙山等）、山西、陕西、浙江、湖北、湖南、福建、台湾、海南、香港、四川、贵州、西藏；日本，巴基斯坦，印度，不丹，尼泊尔，孟加拉国，缅甸，马来西亚，印度尼西亚，中亚地区。

159. 肾毒蛾属 *Cifuna* Walker, 1855

（276）肾毒蛾 *Cifuna locuples* Walker, 1855

分布：云南（乌蒙山等）、黑龙江、吉林、辽宁、内蒙古、河北、山西、山东、河南、陕西、宁夏、甘肃、青海、江苏、安徽、浙江、湖北、江西、湖南、福建、广东、广西、重庆、四川、贵州、西藏；俄罗斯，朝鲜，日本，印度，越南。

160. 雪苔蛾属 *Cyana* Walker, 1854

（277）路雪苔蛾 *Cyana adita* (Moore, 1859)

分布：云南（乌蒙山等）、湖北、福建、四川、西藏；印度，尼泊尔。

（278）黄雪苔蛾 *Cyana dohertyi* (Elwes, 1890)

分布：云南（乌蒙山等）、四川；印度，尼泊尔。

（279）橘红雪苔蛾 *Cyana interrogationis* (Poujade, 1886)

分布：云南（乌蒙山等）、江苏、浙江、湖北、江西、湖南、福建、海南、广西、四川。

（280）明雪苔蛾 *Cyana phaedra* (Leech, 1889)

分布：云南（乌蒙山等）、陕西、浙江、湖北、江西、湖南、四川。

（281）苏雪苔蛾 *Cyana subalba* (Wileman, 1910)

分布：云南（乌蒙山）、台湾。

161. 茸毒蛾属 *Dasychira* Hübner, 1809

（282）火茸毒蛾 *Dasychira complicata* Walker, 1865

分布：云南（乌蒙山）、陕西、西藏；印度。

（283）丽江茸毒蛾 *Dasychira feminula likiangensis* Collenette, 1935

分布：云南（乌蒙山等）。

162. 狄夜蛾属 *Diomea* Walker, 1858

（284）阳狄夜蛾 *Diomea lignicolora* (Walker, 1858)

分布：云南（乌蒙山）、台湾；泰国，印度。

163. 东灯蛾属 *Eospilarctia* Kôda, 1988

（285）褐带东灯蛾 *Eospilarctia lewisii* (Butler, 1885)

分布：云南（乌蒙山等）、陕西、浙江、湖北、湖南、广西、四川；日本。

（286）赭褐带东灯蛾 *Eospilarctia nehallenia* (Oberthür, 1911)

分布：云南（乌蒙山）、台湾。

（287）峨眉东灯蛾 *Eospilarctia pauper* (Oberthür, 1911)

分布：云南（乌蒙山等）、湖北、四川。

（288）滇褐带东灯蛾 *Eospilarctia yuennanica* (Daniel, 1943)

分布：云南（乌蒙山等）、四川。

164. 篦夜蛾属 *Episparis* Walker, 1857

（289）白线篦夜蛾 *Episparis liturata* (Fabricius, 1787)

分布：云南（乌蒙山等）、陕西、甘肃、浙江；印度，缅甸，斯里兰卡，印度尼西亚。

165. 耳夜蛾属 *Ercheia* Walker, 1858

（290）雪耳夜蛾 *Ercheia niveostrigata* Warren, 1913

分布：云南（乌蒙山）、陕西、甘肃、江苏、浙江、湖南、福建、四川；日本。

166. 厚夜蛾属 *Erygia* Guenée, 1852

（291）厚夜蛾 *Erygia apicalis* Guenée, 1852

分布：云南（乌蒙山）、湖南、浙江、四川、广东、广西；日本，朝鲜，印度，大洋洲。

167. 新丽灯蛾属 *Euleechia* Dyar, 1900

（292）新丽灯蛾 *Euleechia bieti* (Oberthür, 1883)

分布：云南（乌蒙山等）、山西、陕西、甘肃、浙江、湖北、四川。

168. 黄毒蛾属 *Euproctis* Hübner, 1819

（293）叉带黄毒蛾 *Euproctis angulata* Matsumura, 1927

分布：云南（乌蒙山）、陕西、浙江、湖北、江西、湖南、福建、台湾、广东、广西。

（294）折带黄毒蛾 *Euproctis flava* (Bremer, 1861)

分布：云南（乌蒙山等）、黑龙江、吉林、辽宁、内蒙古、河北、山西、山东、河南、陕西、甘肃、江苏、安徽、浙江、湖北、江西、湖南、福建、广东、广西、四川、贵州；俄罗斯，朝鲜，日本。

169. 符夜蛾属 *Fodina* Guenée, 1852

（295）泊符夜蛾 *Fodina pallula* Guenée, 1852

分布：云南（乌蒙山等）、海南；印度，孟加拉国，泰国。

170. 界夜蛾属 *Gesonia* Walker, 1859

（296）婆罗界夜蛾 *Gesonia pseudoinscitia* Holloway, 2005

分布：云南（乌蒙山）；马来西亚，文莱，印度尼西亚。

171. 荷苔蛾属 *Ghoria* Moore, 1878

（297）银荷苔蛾 *Ghoria albocinerea* Moore, 1878

分布：云南（乌蒙山）；尼泊尔。

172. 厚角夜蛾属 *Hadennia* Moore, 1887

（298）泛紫厚角夜蛾 *Hadennia hypenalis* (Walker, 1859)

分布：云南（乌蒙山）、台湾；马来西亚，印度尼西亚。

（299）白点厚夜蛾 *Hadennia incongruens* (Butler, 1879)

分布：云南（乌蒙山等）、湖北；日本。

173. 亥夜蛾属 *Hydrillodes* Guenée, 1854

（300）楞亥夜蛾 *Hydrillodes lentalis* Guenée, 1854

分布：云南（乌蒙山等）、江西、湖南；日本，印度，菲律宾，马来西亚，印度尼西亚，大洋洲。

（301）印亥夜蛾 *Hydrillodes nilgirialis* Hampson, 1895

分布：云南（乌蒙山等）、广西、台湾；印度，越南，泰国。

174. 髯须夜蛾属 *Hypena* Schrank, 1802

（302）长髯须夜蛾 *Hypena longipennis* Walker, 1866

分布：云南（乌蒙山等）、台湾；泰国，印度。

（303）显髯须夜蛾 *Hypena perspicua* Leech, 1900

分布：云南（乌蒙山等）、湖北、四川；日本，泰国。

（304）棕髯须夜蛾 *Hypena phecomalis* Swinhoe, 1905

分布：云南（乌蒙山等）。

（305）子髯须夜蛾 *Hypena quadralis* Walker, 1859

分布：云南（乌蒙山等）；泰国，印度，马来西亚。

（306）壮髯须夜蛾 *Hypena robustalis* Snellen, 1880

分布：云南（乌蒙山）、台湾；泰国，新加坡，大洋洲。

（307）波髯须夜蛾 *Hypena sinuosa* Wileman, 1911

分布：云南（乌蒙山）、台湾；日本。

（308）两色髯须夜蛾 *Hypena trigonalis* Guenée, 1854

分布：云南（乌蒙山）、浙江、台湾；朝鲜，韩国，日本，印度。

175. 朋闪夜蛾属 *Hypersypnoides* Berio, 1954

（309）粉点朋闪夜蛾 *Hypersypnoides punctosa* (Walker, 1865)

分布：云南（乌蒙山等）、河南、陕西、甘肃、浙江、湖南、福建、海南；日本，印度。

（310）乌朋闪夜蛾 *Hypersypnoides umbrosa* (Butler, 1881)

分布：云南（乌蒙山）、台湾。

176. 沟翅夜蛾属 *Hypospila* Guenée, 1852

（311）沟翅夜蛾 *Hypospila bolinoides* Guenée, 1852

分布：云南（乌蒙山等）、浙江、台湾、香港；韩国，日本，印度，泰国，斯里兰卡，新加坡。

177. 硕斑蛾属 *Hysteroscene* Hering, 1925

（312）透翅硕斑蛾 *Hysteroscene hyalina* (Leech, 1889)

分布：云南（乌蒙山等）、浙江、江西、福建、台湾。

178. 棕毒蛾属 *Ilema* Moore, 1860

（313）柔棕毒蛾 *Ilema feminula* (Hampson, 1891)

分布：云南（乌蒙山等）、陕西、江苏、浙江、湖北、江西、湖南、福建、四川；印度。

179. 突蓝苔蛾属 *Integrivalvia* Volynkin & Huang, 2019

（314）无突蓝苔蛾 *Integrivalvia exclusa* (Butler, 1877)

分布：云南（乌蒙山等）；泰国，菲律宾，马来西亚，印度尼西亚。

180. 基伊夜蛾属 *Itmaharela* Nye, 1975

（315）基伊夜蛾 *Itmaharela basalis* (Moore, 1882)

分布：云南（乌蒙山）、台湾。

181. 望灯蛾属 *Lemyra* Walker, 1856

（316）缘斑望灯蛾 *Lemyra costimacula* (Leech, 1899)

分布：云南（乌蒙山等）、四川。

（317）淡黄望灯蛾 *Lemyra jankowskii* (Oberthür, 1881)

分布：云南（乌蒙山等）、黑龙江、吉林、辽宁、北京、河北、山西、山东、陕西、青海、江苏、浙江、湖北、广西、重庆、四川、西藏；俄罗斯，日本。

（318）多条望灯蛾 *Lemyra multivittata* (Moore, 1866)

分布：云南（乌蒙山等）、西藏；缅甸，尼泊尔，印度。

182. 毒蛾属 *Lymantria* Hübner, 1819

（319）络毒蛾 *Lymantria concolor* Walker, 1855

分布：云南（乌蒙山等）、陕西、浙江、湖北、四川、西藏；印度，越南。

（320）舞毒蛾 *Lymantria dispar* (Linnaeus, 1758)

分布：云南（乌蒙山等）、黑龙江、吉林、辽宁、内蒙古、河北、山西、山东、河南、陕西、宁夏、甘肃、青海、新疆、湖北、湖南；朝鲜，日本，欧洲。

（321）虹毒蛾 *Lymantria serva* (Fabricius, 1793)

分布：云南（乌蒙山等）、陕西、湖北、江西、湖南、福建、台湾、广东、广西、四川；印度，菲律宾，马来西亚。

183. 丛毒蛾属 *Locharna* Moore, 1879

（322）丛毒蛾 *Locharna strigipennis* Moore, 1879

分布：云南（乌蒙山等）、江苏、安徽、浙江、湖北、江西、湖南、福建、台湾、广东、广西、四川、贵州；印度，缅甸，马来西亚。

184. 长苞苔蛾属 *Longarsine* Huang & Volynkin, 2021

（323）长苞苔蛾 *Longarsine longstriga* (Fang, 1991)

分布：云南（乌蒙山等）、陕西、湖北、湖南。

185. 脊蕊夜蛾属 *Lophoptera* Guenée, 1852

（324）白线脊蕊夜蛾 *Lophoptera hypenistis* (Hampson, 1905)

分布：云南（乌蒙山）、四川；印度，缅甸。

186. 网苔蛾属 *Macrobrochis* Herrich-Schäffer, 1855

（325）蓝黑网苔蛾 *Macrobrochis fukiensis* (Daniel, 1952)

分布：云南（乌蒙山等）、湖南、福建、广东、海南、广西。

187. 小木夜蛾属 *Microxyla* Sugi, 1982

（326）小木夜蛾 *Microxyla confusa* (Wileman, 1911)

分布：云南（乌蒙山）、江西；朝鲜，韩国，日本。

188. 美苔蛾属 *Miltochrista* Hübner, 1819

（327）角美苔蛾 *Miltochrista cornutia* Volynkin, Černý & Huang, 2022

分布：云南（乌蒙山）、越南。

（328）黑缘美苔蛾 *Miltochrista delineata* (Walker, 1854)

分布：云南（乌蒙山等）、甘肃、江苏、浙江、湖北、江西、湖南、福建、台湾、广东、香港、广西、四川。

（329）曲美苔蛾 *Miltochrista flexuosa* Leech, 1899

分布：云南（乌蒙山等）、陕西、浙江、湖北、湖南、福建、四川。

（330）条纹美苔蛾 *Miltochrista strigipennis* (Herrich-Schäffer, 1855)

分布：云南（乌蒙山等）、河南、陕西、江苏、上海、安徽、浙江、湖北、江西、湖南、福建、广东、海南、广西、四川、贵州、西藏；不丹，尼泊尔，孟加拉国，老挝，泰国。

（331）之美苔蛾 *Miltochrista ziczac* (Walker, 1856)

分布：云南（乌蒙山等）、山西、河南、陕西、江苏、浙江、湖北、江西、湖南、福建、台湾、广东、广西、四川。

189. 毛胫夜蛾属 *Mocis* Hübner, 1823

（332）毛胫夜蛾 *Mocis undata* (Fabricius, 1775)

分布：云南（乌蒙山等）、河北、河南、江苏、浙江、江西、福建、台湾、广东；俄罗斯，韩国，日本，印度，缅甸，泰国，柬埔寨，斯里兰卡，菲律宾，新加坡，印度尼西亚。

190. 疸夜蛾属 *Nodaria* Guenée, 1854

（333）异肾疸夜蛾 *Nodaria externalis* Guenée, 1854

分布：云南（乌蒙山等）、台湾；日本。

191. 昏苔蛾属 *Nudaria* Haworth, 1809

（334）单点昏苔蛾 *Nudaria ranruna* (Matsumura, 1927)

分布：云南（乌蒙山等）、浙江、福建、台湾、广东；日本，泰国。

192. 斜带毒蛾属 *Numenes* Walker, 1855

（335）白斜带毒蛾 *Numenes albofascia* (Leech, 1888)

分布：云南（乌蒙山等）、陕西、甘肃、浙江、湖北、湖南、福建；朝鲜，日本。

（336）叉斜带毒蛾 *Numenes separata* Leech, 1890

分布：云南（乌蒙山）、陕西、甘肃、湖北、广西、四川。

193. 蝶灯蛾属 *Nyctemera* Hübner, 1820

（337）粉蝶灯蛾 *Nyctemera adversata* (Schaller, 1788)

分布：云南（乌蒙山等）、甘肃；日本，印度，不丹，尼泊尔，马来西亚。

194. 斑毒蛾属 *Olene* Hübner, 1823

（338）褐斑毒蛾 *Olene dudgeoni* (Swinhoe, 1907)

分布：云南（乌蒙山等）、台湾、海南；泰国，印度，马来西亚。

195. 安钮夜蛾属 *Ophiusa* Ochsenheimer, 1816

（339）青安钮夜蛾 *Ophiusa tirhaca* (Cramer, 1777)

分布：云南（乌蒙山等）、福建、广东、海南、广西；印度，马来西亚，印度尼西亚，欧洲，非洲。

196. 嘴壶夜蛾属 *Oraesia* Guenée, 1852

（340）鸟嘴壶夜蛾 *Oraesia excavata* (Butler, 1878)

分布：云南（乌蒙山等）、内蒙古、河北、山西、河南、陕西、上海、浙江、湖北、江西、台湾、广东、广西、四川。

197. 古毒蛾属 *Orgyia* Ochsenheimer, 1810

（341）古毒蛾 *Orgyia antiqua* (Linnaeus, 1758)

分布：云南（乌蒙山等）、黑龙江、吉林、辽宁、内蒙古、河北、山西、山东、河南、陕西、宁夏、青海、甘肃、安徽、浙江、湖北、湖南、西藏；俄罗斯，蒙古国，朝鲜，日本，非洲，北美洲。

198. 灰苔蛾属 *Oxacme* Hampson, 1894

（342）小灰苔蛾 *Oxacme cretacea* (Hampson, 1914)

分布：云南（乌蒙山等）、台湾。

199. 奴夜蛾属 *Paracolax* Hübner, 1825

（343）小奴夜蛾 *Paracolax fentoni* (Butler, 1879)

分布：云南（乌蒙山等）、台湾；朝鲜，韩国，日本。

200. 修夜蛾属 *Perciana* Walker, 1865

（344）修夜蛾 *Perciana marmorea* Walker, 1865

分布：云南（乌蒙山等）、台湾；印度，越南，老挝，泰国，马来西亚。

201. 竹毒蛾属 *Pantana* Walker, 1855

（345）淡竹毒蛾 *Pantana simplex* Leech, 1899

分布：云南（乌蒙山）、陕西、江西、福建、台湾、四川。

202. 顶弯苔蛾属 *Parabitecta* Hering, 1926

（346）顶弯苔蛾 *Parabitecta flava* Hering, 1926

分布：云南（乌蒙山等）、浙江、湖北、福建、四川。

203. 条巾夜蛾属 *Parallelia* Hübner, 1818

（347）玫瑰条巾夜蛾 *Parallelia arctotaenia* (Guenée, 1852)

分布：云南（乌蒙山等）、北京、天津、河北、山东、陕西、江苏、上海、安徽、浙江、江西、湖南、广东、四川、贵州。

204. 卷裙夜蛾属 *Plecoptera* Guenée, 1852

（348）双线卷裙夜蛾 *Plecoptera bilinealis* Leech, 1889

分布：云南（乌蒙山等）、河南、江苏、浙江。

（349）黑肾卷裙夜蛾 *Plecoptera oculata* (Moore, 1882)

分布：云南（乌蒙山等）、福建、广东、海南、广西；缅甸，越南，菲律宾。

205. 肖金夜蛾属 *Plusiodonta* Guenée, 1852

（350）彩肖金夜蛾 *Plusiodonta coelonota* (Kollar, 1844)

分布：云南（乌蒙山等）、浙江、台湾、香港；印度，泰国，菲律宾，大洋洲。

206. 纹口夜蛾属 *Rhynchina* Guenée, 1854

（351）纤纹口夜蛾 *Rhynchina rivuligera* Butler, 1889

分布：云南（乌蒙山等）；印度。

207. 浑黄灯蛾属 *Rhyparioides* Butler, 1877

（352）肖浑黄灯蛾 *Rhyparioides amurensis* (Bremer, 1861)

分布：云南（乌蒙山等）、黑龙江、吉林、辽宁、内蒙古、河北、山西、山东、河南、陕西、湖北、江西、湖南、福建、广西、四川；朝鲜，日本。

208. 珠苔蛾属 *Schistophleps* Hampson, 1891

（353）珠苔蛾 *Schistophleps bipuncta* Hampson, 1891

分布：云南（乌蒙山等）、台湾、香港、广西；日本，印度，缅甸，泰国。

209. 干苔蛾属 *Siccia* Walker, 1854

（354）灰翅干苔蛾 *Siccia punctigera* (Leech, 1899)

分布：云南（乌蒙山等）、福建、四川。

210. 贫夜蛾属 *Simplicia* Guenée, 1854

（355）小贫夜蛾 *Simplicia cornicalis* (Fabricius, 1794)

分布：云南（乌蒙山）、台湾、广东、香港；印度，缅甸，越南，泰国，柬埔寨，斯里兰卡，菲律宾，马来西亚，印度尼西亚，大洋洲，北美洲，南美洲。

（356）锯线贫夜蛾 *Simplicia robustalis* Guenée, 1854

分布：云南（乌蒙山等）；印度，斯里兰卡，缅甸，印度尼西亚，大洋洲。

（357）棕贫夜蛾 *Simplicia xanthoma* Prout, 1928

分布：云南（乌蒙山等）、台湾、广东；日本，印度，尼泊尔，泰国，马来西亚。

211. 污灯蛾属 *Spilarctia* Butler, 1875

（358）净雪污灯蛾 *Spilarctia alba* (Bremer & Grey, 1853)

分布：云南（乌蒙山等）、北京、河北、陕西、湖北、江西、湖南、福建、台湾、贵州；韩国。

（359）二点污灯蛾 *Spilarctia bipunctata* Daniel, 1943

分布：云南（乌蒙山等）、四川、西藏；印度，尼泊尔。

（360）泥污灯蛾 *Spilarctia nydia* Butler, 1875

分布：云南（乌蒙山等）、安徽、浙江、台湾、广东、广西；尼泊尔，越南。

（361）连星污灯蛾 *Spilarctia seriatopunctata* (Motschulsky, 1860)

分布：云南（乌蒙山）、黑龙江、吉林、陕西、江西、福建、四川；朝鲜，日本。

（362）人纹污灯蛾 *Spilarctia subcarnea* (Walker, 1855)

分布：云南（乌蒙山等）、黑龙江、吉林、辽宁、内蒙古、河北、山西、山东、河南、陕西、江苏、安徽、浙江、湖北、江西、湖南、福建、台湾、广东、广西、重庆、四川、贵州；朝鲜，菲律宾。

212. 雪灯蛾属 *Spilosoma* Curtis, 1825

（363）烟雪灯蛾 *Spilosoma fumida* (Wileman, 1910)

分布：云南（乌蒙山）、台湾。

（364）黄星雪灯蛾 *Spilosoma lubriciedum* (Linnaeus, 1758)

分布：云南（乌蒙山等）、黑龙江、吉林、辽宁、内蒙古、河北、河南、陕西、甘肃、江苏、安徽、浙江、湖北、江西、福建、四川、贵州；朝鲜，日本，欧洲。

（365）星白雪灯蛾 *Spilosoma menthastri* (Denis & Schiffermüller, 1775)

分布：云南（乌蒙山等）、黑龙江、辽宁、内蒙古、陕西、新疆、湖北、湖南、四川；欧洲。

（366）点斑雪灯蛾 *Spilosoma ningyuenfui* Daniel, 1943

分布：云南（乌蒙山等）、四川、西藏。

（367）洁白雪灯蛾 *Spilosoma pura* Leech, 1899

分布：云南（乌蒙山等）、陕西、四川、贵州。

（368）黑带雪灯蛾 *Spilosoma quercii* (Oberthür, 1911)

分布：云南（乌蒙山等）、山西、陕西、甘肃、青海、湖北、湖南、四川。

213. 环夜蛾属 *Spirama* Guenée, 1852

（369）环夜蛾 *Spirama retorta* (Clerck, 1764)

分布：云南（乌蒙山等）、青海、江苏、福建、台湾、西藏；日本，印度，尼泊尔，孟加拉国，缅甸，越南，泰国，柬埔寨，斯里兰卡，菲律宾，马来西亚，印度尼西亚。

214. 痣苔蛾属 *Stigmatophora* Staudinger, 1881

（370）黄痣苔蛾 *Stigmatophora flava* (Bremer & Grey, 1852)

分布：云南（乌蒙山等）、黑龙江、吉林、辽宁、河北、山西、山东、河南、陕西、甘肃、新疆、江苏、浙江、湖北、江西、湖南、福建、台湾、广东、四川、贵州；朝鲜，日本。

215. 颚苔蛾属 *Strysopha* Arora & Chaudhury, 1982

（371）克颚苔蛾 *Strysopha klapperichi* (Daniel, 1954)

分布：云南（乌蒙山等）、浙江、福建、四川。

216. 闪夜蛾属 *Sypna* Guenée, 1852

（372）双带闪夜蛾 *Sypna martina* (Felder & Rogenhofer, 1874)

分布：云南（乌蒙山）、湖南；印度尼西亚。

217. 析夜蛾属 *Sypnoides* Hampson, 1913

（373）粉蓝析夜蛾 *Sypnoides cyanivitta* (Moore, 1867)

分布：云南（乌蒙山）、甘肃、河南、四川；印度，孟加拉国。

218. 安钮夜蛾属 *Thyas* Hübner, 1824

（374）枯安钮夜蛾 *Thyas coronata* (Fabricius, 1775)

分布：云南（乌蒙山等）、福建、广东、海南、广西；印度，斯里兰卡，菲律宾，马来西亚，新加坡，印度尼西亚，大洋洲。

219. 苏苔蛾属 *Thysanoptyx* Hampson, 1894

（375）圆斑苏苔蛾 *Thysanoptyx signata* (Walker, 1854)

分布：云南（乌蒙山等）、浙江、湖北、江西、湖南、广西、四川。

220. 瓦苔蛾属 *Vamuna* Moore, 1878

（376）白黑瓦苔蛾 *Vamuna remelana* (Moore, 1865)

分布：云南（乌蒙山等）、湖北、江西、湖南、海南、广西、四川、西藏；印度，尼泊尔，印度尼西亚。

（377）点瓦苔蛾 *Vamuna subnigra* (Leech, 1899)

分布：云南（乌蒙山等）、陕西、浙江、湖北、湖南、福建、四川。

十七、夜蛾科 Noctuidae Latreille, 1809

221. 圆夜蛾属 *Acosmetia* Stephens, 1829

（378）中圆夜蛾 *Acosmetia chinensis* (Wallengren, 1860)

分布：云南（乌蒙山）、河北、台湾、香港；朝鲜，韩国，日本，欧洲。

222. 剑纹夜蛾属 *Acronicta* Ochsenheimer, 1816

（379）桑剑纹夜蛾 *Acronicta major* (Bremer), 1861

分布：云南（乌蒙山等）、黑龙江、河南、陕西、湖北、湖南、四川；俄罗斯，日本。

（380）桃剑纹夜蛾 *Acronicta intermedia* Warren, 1909

分布：云南（乌蒙山）、福建、台湾；朝鲜，韩国，日本。

（381）黄剑纹夜蛾 *Acronicta lutea* (Bremer & Grey, 1852)

分布：云南（乌蒙山）、黑龙江、河北、湖北；俄罗斯，韩国。

（382）霜剑纹夜蛾 *Acronicta pruinosa* (Guenée, 1852)

分布：云南（乌蒙山）、台湾、广东、香港；泰国，马来西亚，印度尼西亚。

（383）梨剑纹夜蛾 *Acronicta rumicis* (Linnaeus, 1758)

分布：云南（乌蒙山等）、黑龙江、吉林、辽宁、内蒙古、河北、山东、河南、新疆、江苏、湖北、江西、湖南、台湾、广东、广西、四川、贵州；朝鲜，韩国，日本，印度，欧洲。

223. 地夜蛾属 *Agrotis* Ochsenheimer, 1816

（384）小地老虎 *Agrotis ipsilon* (Hufnagel, 1766)

分布：云南（乌蒙山等）、全国广布；俄罗斯，蒙古国，朝鲜，韩国，日本，巴基斯坦，印度，不丹，尼泊尔，孟加拉国，缅甸，越南，老挝，泰国，柬埔寨，斯里兰卡，菲律宾，马来西亚，新加坡，文莱，印度尼西亚，中亚地区，西亚地区，欧洲，大洋洲，非洲，北美洲，南美洲。

224. 免夜蛾属 *Amphipoea* Billberg, 1820

（385）麦免夜蛾 *Amphipoea fucosa* (Freyer, 1830)

分布：云南（乌蒙山等）、黑龙江、内蒙古、河北、山西、河南、青海、新疆、湖北、湖南；韩国，日本，欧洲。

225. 杂夜蛾属 *Amphipyra* Ochsenheimer, 1816

（386）果红裙杂夜蛾 *Amphipyra pyramidea* (Linnaeus, 1758)

分布：云南（乌蒙山）、黑龙江、河北、湖北、江西、广东、四川；朝鲜，韩国，日本，欧洲。

（387）大红裙杂夜蛾 *Amphipyra surnia* Felder & Rogenhofer, 1874

分布：云南（乌蒙山）、台湾。

226. 卫翅夜蛾属 *Amyna* Guenée, 1852

（388）斑卫翅夜蛾 *Amyna punctum* (Fabricius, 1794)

分布：云南（乌蒙山等）、台湾、广东；韩国，日本，印度，孟加拉国，缅甸，老挝，泰国，柬埔寨，斯里兰卡，菲律宾，马来西亚，新加坡，非洲，南美洲。

（389）星卫翅夜蛾 *Amyna stellata* Butler, 1878

分布：云南（乌蒙山）、台湾、广东、广西；韩国，日本，印度，泰国。

227. 靛夜蛾属 *Anabelcia* Behounek & Kononenko, 2012

（390）新靛夜蛾 *Anabelcia staudingeri* (Leech, 1900)

分布：云南（乌蒙山）、河北、山西、浙江、湖南；朝鲜，韩国。

228. 钝夜蛾属 *Anacronicta* Warren, 1909

（391）暗钝夜蛾 *Anacronicta caliginea* (Butler, 1881)

分布：云南（乌蒙山等）、黑龙江、山西、河南、陕西、浙江、湖北、江西、湖南、台湾、四川、贵州；朝鲜，韩国，日本。

229. 葫芦夜蛾属 *Anadevidia* Kostrowicki, 1961

（392）长纹葫芦夜蛾 *Anadevidia hebetata* (Butler, 1889)

分布：云南（乌蒙山等）、黑龙江、台湾、广东、广西、四川；韩国，日本。

230. 银金翅夜蛾属 *Argyrogramma* Hübner, 1823

（393）标银金翅夜蛾 *Argyrogramma signata* (Fabricius, 1794)

分布：云南（乌蒙山等）。

231. 委夜蛾属 *Athetis* Hübner, [1821]

（394）条委夜蛾 *Athetis fasciata* (Moore, 1867)

分布：云南（乌蒙山等）、西藏；印度。

（395）线委夜蛾 *Athetis lineosa* (Moore, 1881)

分布：云南（乌蒙山等）、湖北、江西、湖南、福建、广东、海南、广西；朝鲜、韩国、日本、印度、尼泊尔。

（396）长瓣委夜蛾 *Athetis longivalva* Kononenko, 2005

分布：云南（乌蒙山等）。

（397）倭委夜蛾 *Athetis stellata* (Moore, 1882)

分布：云南（乌蒙山等）、福建、台湾、广东、四川、西藏；朝鲜、韩国、日本。

232. 墨绿夜蛾属 *Atrovirensis* Kononenko, 2001

（398）犹墨绿夜蛾 *Atrovirensis euplexina* (Draudt, 1950)

分布：云南（乌蒙山等）、四川。

233. 朽木夜蛾属 *Axylia* Hübner, [1821]

（399）朽木夜蛾 *Axylia putris* (Linnaeus, 1761)

分布：云南（乌蒙山）、黑龙江、吉林、北京、河北、山西、宁夏、青海、新疆、江苏、上海、安徽、浙江、湖北、福建、福建、四川；朝鲜、韩国、日本、印度、马来西亚、欧洲。

234. 堡夜蛾属 *Bagada* Walker, 1858

（400）岛堡夜蛾 *Bagada malayica* (Snellen, 1886)

分布：云南（乌蒙山）、广东、香港；泰国、马来西亚。

（401）云堡夜蛾 *Bagada poliomera* (Hampson, 1908)

分布：云南（乌蒙山等）、浙江、台湾、广东、香港、广西。

（402）南堡夜蛾 *Bagada spicea* (Guenée, 1852)

分布：云南（乌蒙山）、台湾、广东、香港；印度、泰国。

235. 癣皮夜蛾属 *Blenina* Walker, 1858

（403）枫杨癣皮夜蛾 *Blenina quinaria* Moore, 1882

分布：云南（乌蒙山等）、台湾；日本、印度、越南、菲律宾、马来西亚。

（404）柿癣皮夜蛾 *Blenina senex* (Butler, 1878)

分布：云南（乌蒙山）、江西、台湾；韩国、日本

236. 散纹夜蛾属 *Callopistria* Hübner, 1821

（405）弧角散纹夜蛾 *Callopistria duplicans* Walker, 1858

分布：云南（乌蒙山）、江苏、江西、台湾、四川；朝鲜、韩国、日本、印度、缅甸。

（406）港散纹夜蛾 *Callopistria flavitincta* Galsworthy, 1997

分布：云南（乌蒙山）、黑龙江、山西、陕西、浙江、湖北、湖南、广西、四川；朝鲜、日本、印度。

（407）红晕散纹夜蛾 *Callopistria repleta* Walker, 1858

分布：云南（乌蒙山等）、黑龙江、山西、河南、陕西、浙江、湖北、湖南、福建、台湾、海南、香港、广西、四川；朝鲜、日本、印度、泰国、马来西亚。

237. 锞纹夜蛾属 *Chrysodeixis* Hübner, 1821

（408）南方锞纹夜蛾 *Chrysodeixis eriosoma* (Doubleday, 1843)

分布：云南（乌蒙山等）、湖南、福建、台湾、广东、海南、广西、贵州；俄罗斯、日本、土耳其、巴基斯坦、印度、尼泊尔、孟加拉国、缅甸、泰国、斯里兰卡、马来西亚、印度尼西亚、大洋洲。

（409）台锞纹夜蛾 *Chrysodeixis taiwani* Dufay, 1974

分布：云南（乌蒙山）、上海、台湾。

238. 康夜蛾属 *Conservula* Grote, 1874

（410）印度康夜蛾 *Conservula indica* (Moore, 1867)

分布：云南（乌蒙山等）、湖南、台湾、四川、西藏；印度、尼泊尔、孟加拉国、斯里兰卡、菲律宾。

239. 兜夜蛾属 *Cosmia* Ochsenheimer, 1816

（411）凡兜夜蛾 *Cosmia moderata* (Staudinger, 1888)

分布：云南（乌蒙山等）、黑龙江、河南、台湾；俄罗斯、韩国、日本。

240. 卷绮夜蛾属 *Cretonia* Walker, 1866

（412）暗卷绮夜蛾 *Cretonia forficula* Holloway, 2009

分布：云南（乌蒙山）、海南；印度、泰国、柬埔寨、菲律宾、马来西亚、印度尼西亚。

241. 梳夜蛾属 *Ctenoplusia* Dufay, 1970

（413）白条夜蛾 *Ctenoplusia albostriata* (Bremer & Grey, 1853)

分布：云南（乌蒙山）、黑龙江、北京、河北、山东、陕西、江苏、湖北、湖南、福建、广东、香港；朝鲜、日本、巴基斯坦、印度、孟加拉国、越南、老挝、菲律宾、马来西亚、印度尼西亚、斐济、大洋洲。

（414）密纹梳夜蛾 *Ctenoplusia furcifera* (Walker, [1858])

分布：云南（乌蒙山等）、广东、广西、四川；印度、尼泊尔、新几内亚、大洋洲。

（415）混银纹夜蛾 *Ctenoplusia tarassota* (Hampson, 1913)

分布：云南（乌蒙山）；印度、泰国、马来西亚。

242. 斑蕊夜蛾属 *Cymatophoropsis* Hampson, 1894

（416）三斑蕊夜蛾 *Cymatophoropsis trimaculata* Bremer, 1861

分布：云南（乌蒙山）、黑龙江、河北、浙江、江西；

俄罗斯，朝鲜，韩国，日本。

243. 金弧夜蛾属 *Diachrysia* Hübner, 1821

（417）紫金弧夜蛾 *Diachrysia chryson* (Esper, 1789)

　　分布：云南（乌蒙山等）、吉林、安徽；俄罗斯，韩国，日本。

244. 歹夜蛾属 *Diarsia* Hübner, 1821

（418）灰歹夜蛾 *Diarsia canescens* (Butler, 1878)

　　分布：云南（乌蒙山）、黑龙江、内蒙古、河南、河北、山东、青海、新疆、湖北、江西、湖南、香港、台湾、四川；俄罗斯，朝鲜，韩国，日本，印度，缅甸。

（419）黑点歹夜蛾 *Diarsia nigrosigna* (Moore, 1881)

　　分布：云南（乌蒙山等）、湖南、台湾、香港、西藏；巴基斯坦，尼泊尔。

245. 网纹夜蛾属 *Dictyestra* Sugi, 1982

（420）角网夜蛾 *Dictyestra dissecta* (Walker, 1865)

　　分布：云南（乌蒙山等）、台湾、广东、西藏；日本，印度，马来西亚，印度尼西亚。

246. 青夜蛾属 *Diphtherocome* Warren, 1907

（421）白线青夜蛾 *Diphtherocome discibrunnea* (Moore, 1867)

　　分布：云南（乌蒙山等）、四川；印度。

247. 钻夜蛾属 *Earias* Hübner, 1825

（422）粉缘钻夜蛾 *Earias pudicana* Staudinger, 1887

　　分布：云南（乌蒙山等）、黑龙江、辽宁、北京、河北、山西、山东、河南、宁夏、江苏、上海、安徽、浙江、湖北、江西、湖南；韩国，日本，巴基斯坦。

（423）玫斑钻夜蛾 *Earias roseifera* Butler, 1881

　　分布：云南（乌蒙山）、黑龙江、河北、江苏、安徽、浙江、湖北、江西、台湾、广西、四川、西藏；朝鲜，韩国，日本，印度。

248. 白肾夜蛾属 *Edessena* Walker, 1859

（424）钩白肾夜蛾 *Edessena hamada* (Felder & Rogenhofer, 1874)

　　分布：云南（乌蒙山等）、山东、安徽、浙江、江西；俄罗斯，韩国，日本。

249. 埃鲁夜蛾属 *Elusa* Walker, 1859

（425）膨角埃鲁夜蛾 *Elusa antennata* (Moore, 1882)

　　分布：云南（乌蒙山等）、山东、安徽、浙江、江西；俄罗斯，韩国，日本。

250. 目夜蛾属 *Erebus* Latreille, 1810

（426）魔目夜蛾 *Erebus crepuscularis* (Linnaeus, 1758)

　　分布：云南（乌蒙山等）、浙江、湖北、江西、台湾、广东、四川；日本，印度，斯里兰卡，缅甸，新加坡，印度尼西亚，大洋洲。

251. 艳叶夜蛾属 *Eudocima* Billberg, 1820

（427）凡艳叶夜蛾 *Eudocima phalonia* (Linnaeus, 1763)

　　分布：云南（乌蒙山等）、黑龙江、江苏、浙江、台湾、广东、广西；印度，缅甸，越南，老挝，泰国，菲律宾，马来西亚，新加坡，印度尼西亚，大洋洲，非洲。

252. 良苔蛾属 *Eugoa* Walker, 1858

（428）侧良苔蛾 *Eugoa latera* Bucsek, 2012

　　分布：云南（乌蒙山）；老挝，柬埔寨，马来西亚。

253. 锦夜蛾属 *Euplexia* Stephens, 1829

（429）绣锦夜蛾 *Euplexia picturata* (Leech, 1900)

　　分布：云南（乌蒙山等）、四川。

254. 铃夜蛾属 *Helicoverpa* Hardwick, 1965

（430）棉铃虫 *Helicoverpa armigera* (Hübner, 1809)

　　分布：云南（乌蒙山等）、黑龙江、吉林、辽宁、内蒙古、北京、天津、河北、山西、陕西、宁夏、甘肃、青海、新疆、江苏、上海、安徽、浙江、湖北、江西、湖南、福建、台湾、广东、海南、香港、澳门、重庆、四川、贵州、西藏；大洋洲，非洲，欧洲。

255. 实夜蛾属 *Heliothis* Ochsenheimer, 1816

（431）狄实夜蛾 *Heliothis dejeani* Oberthür, 1893

　　分布：云南（乌蒙山等）、四川。

256. 狭翅夜蛾属 *Hermonassa* Walker, 1865

（432）茵狭翅夜蛾 *Hermonassa incisa* Moore, 1882

　　分布：云南（乌蒙山等）、四川、西藏；印度，孟加拉国。

257. 蜡丽夜蛾属 *Kerala* Moore, 1881

（433）蜡丽夜蛾 *Kerala punctilineata* Moore, 1881

　　分布：云南（乌蒙山等）；印度。

258. 亚秀夜蛾属 *Leucapamea* Sugi, 1982

（434）川陕亚秀夜蛾 *Leucapamea variana* Zilli, Varga, Ronkay & Ronkay, 2009

　　分布：云南（乌蒙山等）、陕西、四川。

259. 罗福夜蛾属 *Lophonycta* Sugi, 1970

（435）交兰罗福夜蛾 *Lophonycta confusa* (Leech, 1889)

　　分布：云南（乌蒙山等）、浙江、湖南、广东、香港、广西、四川；日本。

260. 银锭夜蛾属 *Macdunnoughia* Kostrowicki, 1961

（436）淡银纹夜蛾 *Macdunnoughia purissima* (Butler, 1878)

　　分布：云南（乌蒙山）、河北、山东、陕西、湖北、湖南、四川、贵州；俄罗斯，朝鲜，韩国，日本。

261. 璀夜蛾属 *Maliattha* Walker, 1863

（437）路璀夜蛾 *Maliattha vialis* (Moore, 1882)

分布：云南（乌蒙山）、台湾；俄罗斯，朝鲜，韩国，日本，印度，尼泊尔，泰国。

262. 甘蓝夜蛾属 *Mamestra* Ochsenheimer, 1816

（438）甘蓝夜蛾 *Mamestra brassicae* (Linnaeus, 1758)

分布：云南（乌蒙山等）、黑龙江、吉林、辽宁、内蒙古、北京、天津、河北、山西、山东、河南、陕西、宁夏、甘肃、青海、新疆、江苏、上海、安徽、浙江、湖北、江西、湖南、福建、台湾、广东、海南、香港、澳门、广西、重庆、四川、贵州、西藏；俄罗斯，蒙古国，朝鲜，韩国，日本，巴基斯坦，印度，不丹，尼泊尔，孟加拉国，缅甸，越南，老挝，泰国，柬埔寨，斯里兰卡，菲律宾，马来西亚，新加坡，文莱，印度尼西亚，中亚地区，西亚地区，大洋洲，非洲，北美洲，南美洲。

263. 秘夜蛾属 *Mythimna* Ochsenheimer, 1816

（439）十点秘夜蛾 *Mythimna decisissima* (Walker, 1865)

分布：云南（乌蒙山）、山东、江苏、江西、广东、海南、香港、广西、台湾；日本，印度，缅甸，越南，老挝，泰国，菲律宾，马来西亚，新加坡，印度尼西亚，大洋洲。

（440）铁线秘夜蛾 *Mythimna discilinea* Draudt, 1950

分布：云南（乌蒙山等）、陕西、宁夏、甘肃。

（441）黑线秘夜蛾 *Mythimna ferrilinea* (Leech, 1900)

分布：云南（乌蒙山等）、四川；尼泊尔，越南。

（442）迷秘夜蛾 *Mythimna ignorata* Hreblay & Yoshimatsu, 1998

分布：云南（乌蒙山）；泰国。

（443）慕秘夜蛾 *Mythimna moorei* (Swinhoe, 1902)

分布：云南（乌蒙山等）、贵州；泰国。

（444）白缘秘夜蛾 *Mythimna pallidicosta* (Hampson, 1894)

分布：云南（乌蒙山等）、陕西、浙江、台湾、四川；日本，印度，尼泊尔，泰国，斯里兰卡，马来西亚，菲律宾，印度尼西亚。

（445）单秘夜蛾 *Mythimna simplex* (Leech, 1889)

分布：云南（乌蒙山等）、湖北、江西、台湾、广东、贵州；俄罗斯，日本，印度，泰国，印度尼西亚。

（446）秘夜蛾 *Mythimna turca* (Linnaeus, 1761)

分布：云南（乌蒙山）、黑龙江、山东、湖北、湖南、江西、四川；俄罗斯，蒙古国，朝鲜，韩国，日本，中亚地区，欧洲。

264. 狼夜蛾属 *Ochropleura* Hübner, 1821

（447）狼夜蛾 *Ochropleura plecta* (Linnaeus, 1761)

分布：云南（乌蒙山等）、黑龙江、青海、西藏；俄罗斯，韩国，日本，欧洲，北美洲。

265. 霉裙剑夜蛾属 *Olivenebula* Kishita & Yoshimoto, 1977

（448）霉裙剑夜蛾 *Olivenebula oberthuri* (Staudinger, 1892)

分布：云南（乌蒙山等）、黑龙江、河北、河南、陕西、宁夏、新疆、湖北、湖南、台湾、四川；俄罗斯，朝鲜，韩国。

266. 耀夜蛾属 *Opsyra* Hampson, 1908

（449）耀夜蛾 *Opsyra chalcoela* (Hampson, 1902)

分布：云南（乌蒙山）、福建、四川、西藏。

267. 胖夜蛾属 *Orthogonia* C. Felder & R. Felder, 1862

（450）华胖夜蛾 *Othogonia plumbinotata* (Hampson, 1908)

分布：云南（乌蒙山）、浙江、湖北、台湾。

268. 弱夜蛾属 *Ozarba* Walker, 1865

（451）红褐弱夜蛾 *Ozarba brunnea* (Leech, 1900)

分布：云南（乌蒙山）、湖北、湖南、浙江、江西、台湾。

269. 眉夜蛾属 *Pangrapta* Hübner, 1818

（452）鳞眉夜蛾 *Pangrapta squamea* Leech, 1901

分布：云南（乌蒙山）、台湾。

270. 疆夜蛾属 *Peridroma* Hübner, 1821

（453）疆夜蛾 *Peridroma saucia* (Hübner, 1808)

分布：云南（乌蒙山等）、宁夏、甘肃、湖南、四川、西藏；欧洲，非洲，北美洲，南美洲。

271. 衫夜蛾属 *Phlogophora* Treitschke, 1825

（454）白斑衫夜蛾 *Phlogophora albovittata* (Moore, 1867)

分布：云南（乌蒙山等）、台湾；日本，印度，孟加拉国，泰国，印度尼西亚。

272. 夕夜蛾属 *Plagideicta* Warren, 1914

（455）勒夕夜蛾 *Plagideicta leprosticta* (Hampson, 1906)

分布：云南（乌蒙山等）、广东；斯里兰卡，新加坡，印度尼西亚。

273. 普夜蛾属 *Prospalta* Walker, 1858

（456）卫星普夜蛾 *Prospalta stellata* Moore, 1882

分布：云南（乌蒙山等）、湖北、重庆、四川；印度。

274. 长角皮夜蛾属 *Risoba* Moore, 1881

（457）柳田长角夜蛾 *Risoba yanagitai* Nakao, Fukuda & Hayashi, 2016

分布：云南（乌蒙山）、浙江、台湾、四川；俄罗斯，韩国。

275. 修虎蛾属 *Sarbanissa* Walker, 1865

（458）黄修虎蛾 *Sarbanissa flavida* (Leech, 1890)

分布：云南（乌蒙山等）、陕西、甘肃、湖北、湖南、四川、西藏。

（459）小修虎蛾 *Sarbanissa mandarina* (Leech, 1890)

分布：云南（乌蒙山等）、陕西、甘肃、湖北、四川、西藏。

（460）艳修虎蛾 *Sarbanissa venusta* (Leech, 1888)

分布：云南（乌蒙山等）、安徽、湖北、四川；俄罗斯，朝鲜，韩国，日本。

276. 扇夜蛾属 *Sineugraphe* Boursin, 1954

（461）紫棕扇夜蛾 *Sineugraphe exusta* (Butler, 1878)

分布：云南（乌蒙山）、黑龙江、湖北、湖南、贵州；日本。

277. 豹夜蛾属 *Sinna* Walker, 1865

（462）胡桃豹夜蛾 *Sinna extrema* (Walker, 1854)

分布：云南（乌蒙山等）、黑龙江、吉林、辽宁、北京、河南、陕西、江苏、上海、浙江、湖北、江西、湖南、福建、海南、四川；俄罗斯，韩国，日本，泰国。

278. 明夜蛾属 *Sphragifera* Staudinger, 1892

（463）日月明夜蛾 *Sphragifera biplagiata* (Walker, 1865)

分布：云南（乌蒙山）、河北、江苏、安徽、浙江、湖北、湖南、福建、台湾、贵州；朝鲜，韩国，日本。

（464）丹日明夜蛾 *Sphragifera sigillata* (Ménétriès, 1859)

分布：云南（乌蒙山）、河北、浙江、台湾；俄罗斯，韩国，日本。

279. 灰翅夜蛾属 *Spodoptera* Guenée, 1852

（465）灰翅夜蛾 *Spodoptera litura* (Fabricius, 1775)

分布：云南（乌蒙山等）、山东、江苏、浙江、江西、福建、台湾、广东、海南；俄罗斯，朝鲜，韩国，日本，印度，尼泊尔，孟加拉国，缅甸，越南，老挝，泰国，柬埔寨，菲律宾，马来西亚，印度尼西亚，大洋洲，非洲。

280. 后夜蛾属 *Tambana* Moore, 1882

（466）黄后夜蛾 *Tambana subflava* (Wileman, 1911)

分布：云南（乌蒙山）、台湾、西藏；印度，泰国。

（467）拟黄仿后夜蛾 *Tambana succincta* Berio, 1973

分布：云南（乌蒙山）；缅甸，越南，泰国。

281. 肖毛翅夜蛾属 *Thyas* Hübner, 1824

（468）肖毛翅夜蛾 *Thyas juno* (Dalman, 1823)

分布：云南（乌蒙山等）、黑龙江、辽宁、河北、山东、河南、安徽、浙江、湖北、江西、湖南、福建、海南、四川、贵州；俄罗斯，韩国，日本，印度，孟加拉国，老挝，菲律宾，马来西亚，印度尼西亚。

282. 金杂翅夜蛾属 *Thysanoplusia* Ichinosé, 1973

（469）中金翅夜蛾 *Thysanoplusia intermixta* (Warren, 1913)

分布：云南（乌蒙山等）、吉林、河南、陕西、浙江、湖北、福建、台湾、广东、广西、四川、贵州、西藏；俄罗斯，朝鲜，日本，印度，不丹，尼泊尔，英国。

283. 掌夜蛾属 *Tiracola* Moore, 1881

（470）金掌夜蛾 *Tiracola aureata* Holloway, 1989

分布：云南（乌蒙山等）、浙江、江西、台湾、广东、香港、广西、四川、西藏；韩国，日本，巴基斯坦，印度，不丹，尼泊尔，越南，老挝，泰国，斯里兰卡，菲律宾，马来西亚，印度尼西亚。

（471）斑掌夜蛾 *Tiracola plagiata* (Walker, 1857)

分布：云南（乌蒙山）、台湾、广东、西藏；日本，印度，尼泊尔，缅甸，越南，泰国，斯里兰卡，菲律宾，马来西亚，印度尼西亚，巴布亚新几内亚，北美洲。

284. 陌夜蛾属 *Trachea* Ochsenheimer, 1816

（472）白斑陌夜蛾 *Trachea auriplena* (Walker, 1857)

分布：云南（乌蒙山）、安徽、福建、台湾、香港；印度，孟加拉国，马来西亚，欧洲。

285. 角翅夜蛾属 *Tyana* Walker, 1866

（473）角翅夜蛾 *Tyana callichlora* Walker, 1866

分布：云南（乌蒙山等）、湖南、西藏；印度，越南。

（474）绿角翅夜蛾 *Tyana falcata* (Walker, 1866)

分布：云南（乌蒙山）、福建、台湾、广东、重庆、四川、西藏；印度，泰国，越南，老挝。

286. 俊夜蛾属 *Westermannia* Hübner, 1821

（475）俊夜蛾 *Westermannia superba* Hübner, 1823

分布：云南（乌蒙山等）、湖南、广东；日本，印度，斯里兰卡，新加坡，印度尼西亚。

287. 黄夜蛾属 *Xanthodes* Guenée, 1852

（476）犁纹黄夜蛾 *Xanthodes transversa* Guenée, 1852

分布：云南（乌蒙山等）、上海、安徽、浙江、福建、台湾、广东、香港；印度，不丹，缅甸，越南，泰国，柬埔寨，斯里兰卡，菲律宾，马来西亚，印度尼西亚，大洋洲。

288. 路夜蛾属 *Xenotrachea* Sugi, 1958

（477）路夜蛾 *Xenotrachea albidisca* (Moore, 1867)

分布：云南（乌蒙山等）、海南、广西、四川；印度。

289. 鲁夜蛾属 *Xestia* Hübner, 1818

（478）八字地老虎 *Xestia cnigrum* (Linnaeus, 1758)

分布：云南（乌蒙山等）、黑龙江、吉林、辽宁、内蒙古、北京、天津、河北、山西、山东、河南、陕西、宁夏、甘肃、青海、新疆、江苏、上海、安徽、浙江、湖北、江西、湖南、福建、台湾、广东、海南、香港、澳门、广西、重庆、四川、贵州、西藏；俄罗斯，蒙古国，朝鲜，韩国，日本，巴基斯坦，印度，不丹，尼泊尔，孟加拉国，缅甸，越南，老挝，泰国，柬埔寨，斯里兰卡，菲律宾，马来西亚，新加坡，文莱，印度尼西亚，中亚地区，西亚地区，大洋洲，非洲，北美洲，南美洲。

（479）棕肾鲁夜蛾 *Xestia renalis* (Moore, 1867)

分布：云南（乌蒙山等）、湖南、四川、西藏。

十八、瘤蛾科 Nolidae Bruand, 1847

290. 滴蛾属 *Agrisius* Walker, 1855

（480）滴苔蛾 *Agrisius guttivitta* Walker, 1855

分布：云南（乌蒙山等）、陕西、浙江、湖南、四川；印度。

（481）肖滴苔蛾 *Agrisius similis* Fang, 1991

分布：云南（乌蒙山等）。

291. 洼皮瘤蛾属 *Nolathripa* Inoue, 1970

（482）洼皮瘤蛾 *Nolathripa lactaria* (Graeser, 1892)

分布：云南（乌蒙山等）、黑龙江、河北、陕西、湖南、江西、广东、海南、广西、四川；俄罗斯，朝鲜，韩国，日本。

十九、舟蛾科 Notodontidae Stephens, 1829

292. 奇舟蛾属 *Allata* Walker, 1862

（483）新奇舟蛾 *Allata sikkima* (Moore, 1879)

分布：云南（乌蒙山等）、甘肃、浙江、江西、湖南、福建、海南、广西、四川、贵州；印度，越南，泰国，马来西亚，印度尼西亚。

293. 篦舟蛾属 *Besaia* Walker, 1865

（484）竹篦舟蛾 *Besaia goddrica* (Schaus, 1928)

分布：云南（乌蒙山等）、陕西、江苏、浙江、江西、湖南、福建、广东、四川；越南，泰国。

（485）卵篦舟蛾 *Besaia ovatia* Schintlmeister & Fang, 2001

分布：云南（乌蒙山等）、四川。

294. 嫦舟蛾属 *Changea* Schintlmeister & Fang, 2001

（486）嫦舟蛾 *Changea yangguifei* Schintlmeister & Fang, 2001

分布：云南（乌蒙山等）、四川；印度。

295. 灰舟蛾属 *Cnethodonta* Staudinger, 1887

（487）灰舟蛾 *Cnethodonta girsescens* Staudinger, 1887

分布：云南（乌蒙山等）、黑龙江、吉林、辽宁、北京、河北、山西、陕西、甘肃、浙江、湖北、江西、湖南、福建、台湾、广西、四川；俄罗斯，朝鲜，日本。

296. 蕊尾舟蛾属 *Dudusa* Walker, 1865

（488）黑蕊尾舟蛾 *Dudusa sphingiformis* Moore, 1872

分布：云南（乌蒙山等）、北京、河北、山东、河南、陕西、浙江、湖北、江西、湖南、福建、广西、四川、贵州；朝鲜，韩国，日本，印度，缅甸，越南。

297. 燕尾舟蛾属 *Furcula* Lamarck, 1816

（489）著带燕尾舟蛾 *Furcula nicetia* (Schaus, 1928)

分布：云南（乌蒙山等）、四川；缅甸。

298. 钩翅舟蛾属 *Gangarides* Moore, 1865

（490）黄钩翅舟蛾 *Gangarides flavescens* Schintlmeister, 1997

分布：云南（乌蒙山）、海南、四川；越南。

299. 雪舟蛾属 *Gazalina* Walker, 1865

（491）三线雪舟蛾 *Gazalina chrysolopha* (Kollar, 1844)

分布：云南（乌蒙山等）、陕西、甘肃、河南、湖北、湖南、广西、海南、四川、贵州、西藏；印度，巴基斯坦，尼泊尔，印度。

300. 锦舟蛾属 *Ginshachia* Matsumura, 1929

（492）朱氏锦舟蛾 *Ginshachia zhui* Schintlmeister & Fang, 2001

分布：云南（乌蒙山等）。

301. 谷舟蛾属 *Gluphisia* Boisduval, 1828

（493）杨谷舟蛾 *Gluphisia crenata* (Esper, 1785)

分布：云南（乌蒙山等）、黑龙江、吉林、北京、河北、山西、陕西、甘肃、江苏、浙江、湖北、四川；俄罗斯，蒙古国，韩国，日本，印度。

302. 角翅舟蛾属 *Gonoclostera* Butler, 1877

（494）金纹角翅舟蛾 *Gonoclostera argentata* (Oberthür, 1914)

分布：云南（乌蒙山等）、北京、陕西、甘肃、湖北、湖南、四川。

303. 怪舟蛾属 *Hagapteryx* Matsumura, 1920

（495）岐怪舟蛾 *Hagapteryx mirabilior* (Oberthür, 1911)

分布：云南（乌蒙山等）、吉林、北京、陕西、甘肃、浙江、湖北、江西、湖南、福建、四川；俄罗斯，朝鲜，日本，越南。

304. 霭舟蛾属 *Hupodonta* Butler, 1877

（496）皮霭舟蛾 *Hupodonta corticalis* Butler, 1877

　　分布：云南（乌蒙山等）、陕西、甘肃、浙江、湖北、湖南、福建、台湾；俄罗斯，朝鲜，日本。

305. 新林舟蛾属 *Neodrymonia* Matsumura, 1920

（497）拳新林舟蛾 *Neodrymonia rufa* (Yang, 1995)

　　分布：云南（乌蒙山等）、浙江、江西、湖南、福建；越南。

306. 梭舟蛾属 *Netria* Walker, 1855

（498）梭舟蛾 *Netria viridescens* Walker, 1855

　　分布：云南（乌蒙山等）、福建、江西、湖南、广东、海南、广西、四川、贵州；尼泊尔，越南，泰国，菲律宾，马来西亚，印度尼西亚。

307. 褐带蛾属 *Palirisa* Moore, 1884

（499）灰褐带蛾 *Palirisa sinensis* Rothschild, 1917

　　分布：云南（乌蒙山等）、台湾、广西、四川、西藏；印度，缅甸。

308. 二尾舟蛾属 *Paracerura* Deharveng & Oliveira, 1994

（500）白二尾舟蛾 *Paracerura tattakana* (Matsumura, 1927)

　　分布：云南（乌蒙山等）、陕西、江苏、浙江、湖北、湖南、台湾、四川；日本，越南。

309. 缘刹舟蛾属 *Parachadisra* Gaede, 1930

（501）白缘刹舟蛾 *Parachadisra atrifusa* (Hampson), 1897

　　分布：云南（乌蒙山等）、陕西、浙江、湖南、福建、广西；印度，越南。

310. 内斑舟蛾属 *Peridea* Stephens, 1828

（502）扇内斑舟蛾 *Peridea grahami* (Schaus, 1928)

　　分布：云南（乌蒙山等）、北京、河北、山西、湖北、湖南、四川、陕西、甘肃、台湾；缅甸，越南。

311. 纤舟蛾属 *Periergos* Kiriakoff, 1959

（503）纵纤舟蛾 *Periergos kamadena* Moore, 1865

　　分布：云南（乌蒙山等）、西藏；印度，缅甸，越南。

312. 掌舟蛾属 *Phalera* Hübner, 1819

（504）苹掌舟蛾 *Phalera flavescens* (Bremer & Grey, 1852)

　　分布：云南（乌蒙山等）、黑龙江、辽宁、北京、河北、山西、山东、陕西、甘肃、江苏、上海、浙江、湖北、江西、湖南、福建、台湾、广东、海南、广西、四川、贵州；俄罗斯，朝鲜，日本，缅甸。

（505）珠掌舟蛾 *Phalera parivala* Moore, 1895

　　分布：云南（乌蒙山等）、湖北、广西、四川、西藏；印度，尼泊尔，越南，泰国。

313. 纹舟蛾属 *Plusiogramma* Hampson, 1895

（506）金纹舟蛾 *Plusiogramma aurisigna* Hampson, 1895

　　分布：云南（乌蒙山等）；缅甸，马来西亚，印度尼西亚。

314. 枝舟蛾属 *Ramesa* Walker, 1855

（507）贝枝舟蛾 *Ramesa baenzigeri* Schintlmeister & Fang, 2001

　　分布：云南（乌蒙山等）、福建、广西；越南。

315. 玫舟蛾属 *Rosama* Walker, 1855

（508）黑纹玫舟蛾 *Rosama x-magnum* Bryk, 1949

　　分布：云南（乌蒙山等）、四川；缅甸。

316. 半齿舟蛾属 *Semidonta* Staudinger, 1892

（509）大半齿舟蛾 *Semidonta basalis* (Moore, 1865)

　　分布：云南（乌蒙山等）、浙江、湖北、江西、湖南、福建、台湾、广东、海南、广西、陕西、甘肃、四川；印度，尼泊尔，越南，泰国。

317. 沙舟蛾属 *Shaka* Matsumura, 1920

（510）沙舟蛾 *Shaka atrovittatus* (Bremer, 1861)

　　分布：云南（乌蒙山等）、黑龙江、吉林、辽宁、北京、河北、山西、陕西、甘肃、台湾、江西、湖南、四川；俄罗斯，朝鲜，日本。

318. 华舟蛾属 *Spatalina* Bryk, 1949

（511）干华舟蛾 *Spatalina ferruginosa* (Moore, 1879)

　　分布：云南（乌蒙山等）、江西、四川；印度，尼泊尔，缅甸，越南。

319. 拟蚁舟蛾属 *Stauroplitis* Gaede, 1930

（512）双拟蚁舟蛾 *Stauroplitis accomodus* Schintlmeister & Fang, 2001

　　分布：云南（乌蒙山等）；印度，不丹，缅甸，老挝，泰国。

320. 蚁舟蛾属 *Stauropus* Germar, 1812

（513）茅莓蚁舟蛾 *Stauropus basalis* Moore, 1877

　　分布：云南（乌蒙山等）、北京、河北、山西、山东、陕西、甘肃、江苏、上海、浙江、湖北、江西、湖南、福建、台湾、广西、四川、贵州；俄罗斯，朝鲜，日本，越南。

321. 胯舟蛾属 *Syntypistis* Turner, 1907

（514）葩胯舟蛾 *Syntypistis parcevirens* (de Joannis, 1929)

　　分布：云南（乌蒙山等）、甘肃、陕西、湖北、湖南、福建、四川；缅甸，越南。

（515）普胯舟蛾 *Syntypistis pryeri* (Leech, 1889)

　　分布：云南（乌蒙山等）、陕西、甘肃、浙江、湖北、湖南、福建、台湾、广西、四川；朝鲜，日本。

（516）亚红胯舟蛾 *Syntypistis subgeneris* (Strand, 1915)

分布：云南（乌蒙山等）、江苏、安徽、浙江、江西、湖南、福建、台湾、广东、海南、广西；朝鲜，日本，印度，越南。

（517）兴胯舟蛾 *Syntypistis synechochlora* (Kiriakoff, 1963)

分布：云南（乌蒙山等）；印度。

322. 美舟蛾属 *Uropyia* Staudinger, 1892

（518）核桃美舟蛾 *Uropyia meticulodina* (Oberthür, 1884)

分布：云南（乌蒙山等）、吉林、辽宁、北京、山东、陕西、甘肃、江苏、浙江、湖北、江西、湖南、福建、广西、四川、贵州；俄罗斯，朝鲜，日本。

323. 威舟蛾属 *Wilemanus* Nagano, 1916

（519）梨威舟蛾 *Wilemanus bidentatus* (Wileman, 1911)

分布：云南（乌蒙山等）、黑龙江、辽宁、北京、河北、山西、山东、甘肃、江苏、安徽、浙江、湖北、江西、湖南、福建、广东、广西、四川、贵州；俄罗斯，朝鲜，日本。

二十、燕蛾科 Uraniidae Blanchard, 1845

324. 燕蛾属 *Acropteris* Geyer, 1832

（520）斜线燕蛾 *Acropteris iphiata* Guéene, 1857

分布：云南（乌蒙山）、北京、江苏、浙江、湖北、湖南、西藏；日本，印度，缅甸。

二十一、凤蛾科 Epicopeiidae Swinhoe, 1892

325. 凤蛾属 *Epicopeia* Westwood, 1841

（521）榆凤蛾 *Epicopeia mencia* Moore, 1874

分布：云南（乌蒙山等）、辽宁、北京、河北、山东、河南、江苏、浙江、湖北、贵州。

二十二、尺蛾科 Geometridae Leach, 1815

326. 金星尺蛾属 *Abraxas* Leach, 1815

（522）丝棉木金星尺蛾 *Abraxas suspecta* Warren, 1894

分布：云南（乌蒙山等）、内蒙古、北京、天津、河北、山西、山东、河南、江苏、安徽、浙江、湖北、江西、湖南、福建、广东、广西。

327. 艳青尺蛾属 *Agathia* Guenée, 1858

（523）纳艳青尺蛾 *Agathia antitheta* Prout, 1932

分布：云南（乌蒙山等）、湖北、广西、四川、西藏；印度，尼泊尔，越南。

328. 褐尺蛾属 *Amblychia* Guenée, 1857

（524）白斑褐尺蛾 *Amblychia angeronaria* Guenée, 1857

分布：云南（乌蒙山）、浙江、台湾、香港、四川；日本，印度，缅甸，老挝，泰国，斯里兰卡，菲律宾，马来西亚，印度尼西亚。

329. 鹰翅天蛾属 *Ambulyx* Westwood, 1847

（525）裂斑鹰翅天蛾 *Ambulyx ochracea* Butler, 1885

分布：云南（乌蒙山等）、辽宁、北京、河北、江苏、浙江、江西、湖南、台湾、广东、海南、四川；印度，缅甸。

（526）核桃鹰翅天蛾 *Ambulyx schauffelbergeri* Bremer & Grey, 1853

分布：云南（乌蒙山等）、浙江、湖南、福建、海南、广西、四川；日本，朝鲜。

330. 掌尺蛾属 *Amraice* Leach, 1815

（527）掌尺蛾 *Amraice superans* (Butler, 1878)

分布：云南（乌蒙山等）、四川。

331. 星尺蛾属 *Arichanna* Moore, 1867

（528）灰星尺蛾 *Arichanna jaguarinaria* Oberthür, 1881

分布：云南（乌蒙山等）、浙江、四川、贵州。

332. 造桥虫属 *Ascotis* Hübner, 1825

（529）大造桥虫 *Ascotis selenaria* (Denis & Schiffermüller, 1775)

分布：云南（乌蒙山等）、吉林、北京、河北、山东、河南、江苏、上海、浙江、湖北、湖南、广西、四川、贵州。

333. 纹尺蛾属 *Eulithis* Hübner, 1821

（530）豆纹尺蛾 *Eulithis comitata* Warren, 1899

分布：云南（乌蒙山等）、浙江、江西、湖南、福建、台湾、四川；缅甸，越南。

（531）双云尺蛾 *Eulithis regalis* (Moore, 1888)

分布：云南（乌蒙山等）、辽宁、河南、陕西、甘肃、浙江、湖北、江西、湖南、福建、台湾、海南、四川；俄罗斯，朝鲜，韩国，日本，巴基斯坦，印度，尼泊尔，菲律宾，北美洲。

（532）油桐尺蛾 *Eulithis suppressaria* (Guenée, 1857)

分布：云南（乌蒙山等）、辽宁、河南、陕西、甘肃、浙江、湖北、江西、湖南、福建、台湾、海南、四川；俄罗斯，朝鲜，韩国，日本，巴基斯坦，印度，尼泊尔，菲律宾，北美洲。

334. 绿尺蛾属 *Comibaena* Hübner, 1823

（533）云纹绿尺蛾 *Comibaena pictipennis* Butler, 1880

分布：云南（乌蒙山等）、湖南、台湾、广东、四川、西藏；巴基斯坦，印度，不丹，尼泊尔。

335. 鹰尺蛾属 *Biston* Leach, 1815

（534）木橑尺蛾 *Biston panterinaria* (Bremer & Grey, 1853)

分布：云南（乌蒙山等）、河北、山西、山东、河南、江苏、浙江、台湾、四川。

336. 达尺蛾属 *Dalima* Moore, 1868

（535）达尺蛾 *Dalima apicata eoa* Wehrli, 1940

分布：云南（乌蒙山等）、湖南、四川。

337. 涤尺蛾属 *Dysstroma* Hübner, 1825

（536）双月涤尺蛾 *Dysstroma subapicaria* (Moore, 1868)

分布：云南（乌蒙山等）、湖北、湖南、西藏；印度，不丹，尼泊尔，缅甸。

338. 树尺蛾属 *Erebomorpha* Walker, 1860

（537）树形尺蛾 *Erebomorpha consors* Butler, 1878

分布：云南（乌蒙山等）、四川。

339. 汇纹尺蛾属 *Evecliptopera* Inoue, 1982

（538）汇纹尺蛾 *Evecliptopera decurrens* (Moore, 1888)

分布：云南（乌蒙山等）、陕西、江西、福建、台湾、四川；朝鲜，日本，印度，不丹。

340. 枯叶尺蛾属 *Gandaritis* Moore, 1868

（539）台湾枯叶尺蛾 *Gandaritis postalba* Wileman, 1920

分布：云南（乌蒙山等）、台湾。

341. 异翅尺蛾属 *Heterophleps* Herrich-Schäffer, 1854

（540）灰褐异翅尺蛾 *Heterophleps sinuosaria* (Leech, 1897)

分布：云南（乌蒙山等）、福建、四川、西藏。

342. 辐射尺蛾属 *Iotaphora* Warren, 1894

（541）青辐射尺蛾 *Iotaphora admirabilis* (Oberthür, 1883)

分布：云南（乌蒙山等）、黑龙江、吉林、辽宁、北京、陕西、浙江、江西、台湾；俄罗斯，韩国。

343. 玻璃尺蛾属 *Krananda* Moore, 1868

（542）玻璃尺蛾 *Krananda semihyalina* Moore, 1868

分布：云南（乌蒙山等）、浙江、湖北、江西、湖南、福建、台湾、海南、四川、贵州；韩国，日本，缅甸，越南，老挝，泰国，马来西亚，印度尼西亚。

344. 巨青尺蛾属 *Limbatochlamys* Rothschild, 1894

（543）中国巨青尺蛾 *Limbatochlamys rosthonri* Rothschild, 1894

分布：云南（乌蒙山等）、陕西、甘肃、江苏、上海、浙江、湖北、江西、湖南、福建、广西、重庆、四川。

345. 大历尺蛾属 *Macrohastina* Inoue, 1982

（544）红带大历尺蛾 *Macrohastina gemmifera* (Moore, 1868)

分布：云南（乌蒙山等）、湖南、福建；印度，尼泊尔。

346. 皎尺蛾属 *Myrteta* Walker, 1861

（545）橙尾皎尺蛾 *Myrteta angelica* Butler, 1881

分布：云南（乌蒙山等）。

347. 长翅尺蛾属 *Obeidia* Walker, 1862

（546）尼格来长翅尺蛾 *Obeidia neglecta* Thierry-Meig, 1899

分布：云南（乌蒙山等）。

348. 垂耳尺蛾属 *Pachyodes* Guenée, 1858

（547）饰粉垂耳尺蛾 *Pachyodes ornataria* Moore, 1888

分布：云南（乌蒙山等）。

349. 烟尺蛾属 *Phthonosema* Warren, 1894

（548）苹烟尺蛾 *Phthonosema tendinosaria* (Bremer, 1864)

分布：云南（乌蒙山等）、黑龙江、吉林、内蒙古、北京、河北、山东、河南、陕西、甘肃、四川；朝鲜，日本。

350. 丸尺蛾属 *Plutodes* Guenée, 1857

（549）黄缘丸尺蛾 *Plutodes costatus* Bulter, 1886

分布：云南（乌蒙山等）、湖北、江西、湖南、福建、海南、广西、四川、贵州；印度，尼泊尔。

（550）南岭丸尺蛾 *Plutodes nanlingensis* Yazaki & Wang, 2004

分布：云南（乌蒙山）、湖南、福建、广西。

（551）小丸尺蛾 *Plutodes philornis* Prout, 1926

分布：云南（乌蒙山等）、湖南、广西、广东；印度，尼泊尔，孟加拉国，缅甸，越南，老挝，泰国，柬埔寨，马来西亚，印度尼西亚，大洋洲。

351. 眼尺蛾属 *Problepsis* Lederer, 1853

（552）白眼尺蛾 *Problepsis albidior* Warren, 1899

分布：云南（乌蒙山等）、江西、福建、海南；韩国，日本，印度，尼泊尔，泰国，越南。

352. 碴尺蛾属 *Psyra* Walker, 1860

（553）楔碴尺蛾 *Psyra cuneata* Walker, 1860

分布：云南（乌蒙山等）。

（554）同碴尺蛾 *Psyra similaria* Moore, 1868

分布：云南（乌蒙山等）、湖南、西藏；印度，尼泊尔。

353. 青尺蛾属 *Tanaoctenia* Warren, 1894

（555）叉线青尺蛾 *Tanaoctenia dehaliarai* (Wehrli, 1936)

分布：云南（乌蒙山等）。

354. 黄蝶尺蛾属 *Thinopteryx* Butler, 1883

（556）黄蝶尺蛾 *Thinopteryx crocoptera* (Kollar, 1844)

分布：云南（乌蒙山等）。

355. 洁尺蛾属 *Tyloptera* Christoph, 1881

（557）洁尺蛾 *Tyloptera bella* (Butler, 1878)

　　分布：云南（乌蒙山等）、黑龙江、吉林、辽宁；俄罗斯，朝鲜，日本，印度，缅甸。

356. 玉臂尺蛾属 *Xandrames* Moore, 1868

（558）黑玉臂尺蛾 *Xandrames dholaria* Moore, 1868

　　分布：云南（乌蒙山等）、甘肃、四川。

（559）刮纹玉臂尺蛾 *Xandrames latiferaria curvistriga* Warren, 1894

　　分布：云南（乌蒙山）、台湾。

357. 潢尺蛾属 *Xanthorhoe* Hübner, 1825

（560）弗潢尺蛾 *Xanthorhoe cybele* Prout, 1931

　　分布：云南（乌蒙山等）、台湾。

二十三、枯叶蛾科 Lasiocampidae Harris, 1841

358. 金黄枯叶蛾属 *Crinocraspeda* Hampson, 1893

（561）金黄枯叶蛾 *Crinocraspeda torrida* (Moore, 1879)

　　分布：云南（乌蒙山等）、上海、湖南、广东、四川、贵州；印度，越南，泰国。

359. 松毛虫属 *Dendrolimus* Germar, 1812

（562）高山松毛虫 *Dendrolimus angulata* Gaede, 1932

　　分布：云南（乌蒙山等）、甘肃、湖南、福建、广西、四川、西藏；越南。

（563）丽江松毛虫 *Dendrolimus rex* Lajonquiere, 1973

　　分布：云南（乌蒙山等）、四川、西藏。

360. 褐枯叶蛾属 *Gastropacha* Ochsenheimer, 1810

（564）橘褐枯叶蛾 *Gastropacha pardale* Tams, 1935

　　分布：云南（乌蒙山等）、浙江、湖北、江西、湖南、福建、台湾、广东、海南、香港、广西、四川；印度，斯里兰卡，泰国，印度尼西亚。

二十四、蚕蛾科 Bombycidae Latreille, 1802

361. 茶蚕蛾属 *Andraca* Walker, 1865

（565）阿婆茶蚕蛾 *Andraca apodecta* Swinhoe, 1907

　　分布：云南（乌蒙山等）、陕西、福建、广西；越南，泰国，马来西亚，印度尼西亚。

362. 垂耳蚕蛾属 *Gunda* Walker, 1862

（566）斜线垂耳蚕蛾 *Gunda javanica* Moore, 1872

　　分布：云南（乌蒙山等）。

363. 钩翅蚕蛾属 *Mustilia* Walker, 1865

（567）钩蚕蛾 *Mustilia falcipennis* Walker, 1865

　　分布：云南（乌蒙山等）、四川、西藏；印度，不丹，尼泊尔。

二十五、桦蛾科 Endromidae Boisduval, 1828

364. 齿翅蚕蛾属 *Oberthueria* Staudinger, 1892

（568）多齿翅蚕蛾 *Oberthueria caeca* (Oberthür, 1880)

　　分布：云南（乌蒙山等）、福建、四川。

（569）艳齿翅桦蛾 *Oberthueria yandu* Zolotuhin & Wang, 2013

　　分布：云南（乌蒙山等）。

365. 拟茶桦蛾属 *Pseudandraca* Miyata, 1970

（570）黄斑拟茶桦蛾 *Pseudandraca flavamaculata* (Yang, 1995)

　　分布：云南（乌蒙山等）。

二十六、大蚕蛾科 Saturniidae Boisduval, 1837

366. 尾蚕蛾属 *Actias* Leach, 1815

（571）长尾大蚕蛾 *Actias dubernardi* (Oberthür, 1897)

　　分布：云南（乌蒙山等）、浙江、湖北、湖南、福建、广东、广西、贵州。

（572）绿尾大蚕蛾 *Actias selene* (Hübner, 1807)

　　分布：云南（乌蒙山等）、北京、河北、河南、江苏、浙江、江西、湖南；日本，巴基斯坦，印度，不丹，尼泊尔，缅甸，越南，泰国，斯里兰卡，中亚地区。

367. 柞蚕属 *Antheraea* Hübner, 1819

（573）柞蚕蛾 *Antheraea pernyi* (Guérin-Méneville, 1855)

　　分布：云南（乌蒙山等）、黑龙江、吉林、辽宁、内蒙古、山西、山东、河南、四川、贵州；朝鲜，韩国，日本，印度。

368. 巨大蚕蛾属 *Archaeoattacus* Watson, 1914

（574）冬青大蚕蛾 *Archaeoattacus edwardsii* White, 1859

　　分布：云南（乌蒙山等）、福建、广东、广西；印度，缅甸，越南，老挝，泰国，马来西亚，印度尼西亚。

369. 箩纹蛾属 *Brahmaea* Walker, 1855

（575）青球箩纹蛾 *Brahmaea hearseyi* White, 1862

　　分布：云南（乌蒙山等）、河南、湖北、湖南、福建、广东、四川、贵州、西藏；缅甸，菲律宾，马来西亚。

370. 豹大蚕蛾属 *Loepa* Moore, 1860

（576）藤豹大蚕蛾 *Loepa anthera* Jordan, 1911

　　分布：云南（乌蒙山等）、福建、广东、海南、广西、四川、西藏；印度，缅甸，越南，老挝，泰国。

（577）不丹豹大蚕蛾 *Loepa bhutanensis* Naumann & Löffler, 2012

　　分布：云南（乌蒙山等）；不丹。

（578）白瞳豹大蚕蛾 *Loepa diffundata* Naumann, Nässig & Löffler, 2008

分布：云南（乌蒙山等）；泰国。

（579）黄豹大蚕蛾 *Loepa katinka* (Westwood, 1848)

分布：云南（乌蒙山等）、河北、宁夏、安徽、浙江、福建、广东、海南、广西、四川、江西、西藏；印度。

（580）大黄豹大蚕蛾 *Loepa mirandula* Yen, Nässig, Naumann & Brechlin, 2000

分布：云南（乌蒙山）、台湾。

371. 猫目大蚕蛾属 *Salassa* Moore, 1859

（581）猫目大蚕蛾 *Salassa thespis* (Leech, 1890)

分布：云南（乌蒙山）、陕西、湖北、江西、福建；泰国。

372. 樗蚕蛾属 *Samia* Hübner, 1819

（582）樗蚕蛾 *Samia cynthia* (Drury, 1773)

分布：云南（乌蒙山等）、黑龙江、辽宁、河北、山西、山东、江苏、上海、浙江、江西、福建、广东、海南、广西、贵州；朝鲜，韩国，日本。

（583）王氏樗蚕蛾 *Samia wangi* Naumann & Peigler, 2001

分布：云南（乌蒙山等）、广东、广西、重庆、四川、贵州。

（584）眉纹大蚕蛾 *Samia cynthia* (Drury, 1773)

分布：云南（乌蒙山等）、福建、广东、广西、四川、贵州；印度，缅甸，越南，老挝，泰国，马来西亚，印度尼西亚。

二十七、天蛾科 Sphingidae Latreille, 1802

373. 缺角天蛾属 *Acosmeryx* Boisduval, 1875

（585）缺角天蛾 *Acosmeryx castanea* Rothschild & Jordan, 1903

分布：云南（乌蒙山等）、四川、湖南、台湾；日本。

374. 葡萄天蛾属 *Ampelophaga* Bremer & Grey, 1853

（586）喀西葡萄天蛾 *Ampelophaga khasiana* Rothschild, 1895

分布：云南（乌蒙山等）、湖南；巴基斯坦，印度，越南。

（587）尼克葡萄天蛾 *Ampelophaga nikolae* Haxaire & Melichar, 2007

分布：云南（乌蒙山）、江西、福建。

（588）葡萄天蛾 *Ampelophaga rubiginosa* Bremer & Grey, 1853

分布：云南（乌蒙山等）、辽宁、河北、山西、山东、河南、陕西、江苏、湖北、江西、湖南、广东、广

西；俄罗斯，朝鲜，韩国，日本，越南，泰国，马来西亚，印度尼西亚。

375. 背线天蛾属 *Cechetra* Zolotuhin & Ryabov, 2012

（589）泛绿背线天蛾 *Cechetra subangustata* (Rothschild, 1920)

分布：云南（乌蒙山等）、台湾、海南、广西、贵州；不丹，越南，泰国，马来西亚。

（590）条背线天蛾 *Cechetra lineosa* (Walker, 1856)

分布：云南（乌蒙山等）、台湾、广东、广西、四川、西藏；日本，印度，尼泊尔，孟加拉国，缅甸，越南，泰国，马来西亚，印度尼西亚。

376. 豆天蛾属 *Clanis* Hübner, 1819

（591）豆天蛾 *Clanis bilineata* (Walker, 1866)

分布：云南（乌蒙山等）、辽宁、山西、山东、河北、陕西、甘肃、江苏、上海、安徽、浙江、江西、湖南、广东、海南、香港、广西；韩国，日本，印度，尼泊尔，缅甸，越南，老挝，泰国。

（592）舒豆天蛾 *Clanis schwartzi* Cadiou, 1993

分布：云南（乌蒙山等）、广东、广西；越南。

377. 月天蛾属 *Craspedortha* Mell, 1922

（593）月天蛾 *Craspedortha porphyria* (Butler, 1876)

分布：云南（乌蒙山等）、福建、广东、海南、广西；印度，不丹，缅甸，越南，泰国。

378. 红天蛾属 *Deilephila* Laspeyres, 1809

（594）红天蛾 *Deilephila elpenor* (Linnaeus, 1758)

分布：云南（乌蒙山等）、黑龙江、吉林、辽宁、北京、河北、山西、山东、甘肃、青海、江苏、上海、安徽、浙江、湖北、四川、贵州；韩国，日本，缅甸，欧洲。

379. 鸟嘴天蛾属 *Eupanacra* Cadiou & Holloway, 1989

（595）斜带鸟嘴天蛾 *Eupanacra mydon* (Walker, 1856)

分布：云南（乌蒙山等）、广西、广东、海南。

380. 白薯天蛾属 *Agrius* Hübner, 1819

（596）白薯天蛾 *Agrius convolvuli* (Linnaeus, 1759)

分布：云南（乌蒙山等）、河北、山西、山东、河南、安徽、浙江、台湾、广东、西藏；俄罗斯，朝鲜，日本，印度。

381. 长喙天蛾属 *Macroglossum* Scopoli, 1777

（597）背带长喙天蛾 *Macroglossum mitchelli* Boisduval, 1875

分布：云南（乌蒙山等）、江西、福建、台湾、广东、贵州；印度，尼泊尔，越南，老挝，泰国，斯里兰卡，马来西亚，新加坡，印度尼西亚。

（598）黑长喙天蛾 *Macroglossum pyrrhosticta* Butler, 1875

分布：云南（乌蒙山）、北京、广东、海南、四川、贵州；日本、印度、越南、马来西亚。

382. 六点天蛾属 *Marumba* Moore, 1882

（599）直翅六点天蛾 *Marumba cristata* (Butler, 1875)

分布：云南（乌蒙山等）、陕西、浙江、湖北、江西、湖南、福建、台湾、广东、海南、香港、广西、重庆、四川、贵州、西藏；印度、不丹、尼泊尔、缅甸、越南、老挝、泰国、马来西亚、新加坡、印度尼西亚。

（600）红六点天蛾 *Marumba gaschkewitschii* (Bremer & Grey, 1853)

分布：云南（乌蒙山）、河北、山东、河南、陕西。

（601）滇藏红六点天蛾 *Marumba irata* Joicey & Kaye, 1917

分布：云南（乌蒙山等）、吉林、内蒙古、北京、河北、山东、河南、陕西、甘肃、江苏、上海、安徽、浙江、湖北、江西、湖南、福建、台湾、广东、海南、香港、澳门、广西、重庆、四川、西藏；俄罗斯、蒙古国、朝鲜、韩国、日本、巴基斯坦、不丹、尼泊尔、孟加拉国、缅甸、越南、老挝、泰国、斯里兰卡、菲律宾、马来西亚、新加坡、文莱、印度尼西亚。

382. 盾天蛾属 *Phyllosphingia* Swinhoe, 1897

（602）盾天蛾 *Phyllosphingia dissimilis* (Bremer, 1861)

分布：云南（乌蒙山等）、黑龙江、北京、山东、甘肃、广东、广西、贵州；日本、印度。

384. 霜天蛾属 *Psilogramma* Rothschild & Jordan, 1903

（603）霜天蛾 *Psilogramma discistriga* (Walker, 1856)

分布：云南（乌蒙山等）、黑龙江、吉林、辽宁、内蒙古、北京、天津、河北、山西、山东、河南、陕西、宁夏、甘肃、青海、新疆、江苏、上海、安徽、浙江、湖北、江西、湖南、福建、台湾、广东、海南、香港、澳门、广西、重庆、四川、贵州、西藏；朝鲜、日本、印度、斯里兰卡、缅甸、菲律宾、印度尼西亚、大洋洲。

385. 白肩天蛾属 *Rhagastis* Rothschild & Jordan, 1903

（604）华西白肩天蛾 *Rhagastis confusa* Rothschild & Jordan, 1903

分布：云南（乌蒙山等）、黑龙江、吉林、辽宁、北京、天津、河北、山西、河南、陕西、江苏、上海、安徽、浙江、湖北、江西、湖南、福建、台湾、广东、海南、香港、广西、重庆、四川、贵州、西藏；俄罗斯、朝鲜、韩国、日本、巴基斯坦、印度、不丹、尼泊尔、孟加拉国、缅甸、越南、老挝、泰国、菲律宾、马来西亚、新加坡、文莱、印度尼西亚。

（605）蒙古白肩天蛾 *Rhagastis mongoliana* (Butler, 1876)

分布：云南（乌蒙山等）、黑龙江、内蒙古、北京、天津、河北、山西、湖南、台湾、海南、贵州；俄罗斯、朝鲜、日本。

386. 木蜂天蛾属 *Sataspes* Moore, 1957

（606）黄胸木蜂天蛾 *Sataspes tagalica* Boisduval, 1875

分布：云南（乌蒙山等）、广东、海南；印度。

387. 斜纹天蛾属 *Theretra* Hübner, 1819

（607）青背斜纹天蛾 *Theretra nessus* (Drury, 1773)

分布：云南（乌蒙山等）、福建、台湾、广东；日本、印度、斯里兰卡、印度尼西亚、菲律宾、大洋洲。

长翅目 Mecoptera

一、蝎蛉科 Panorpidae Latreille, 1802

1. 新蝎蛉属 *Neopanorpa* Weele, 1909

（1）黑色新蝎蛉 *Neopanorpa nigritis* Carpenter, 1938

分布：云南（乌蒙山等）、重庆、四川。

双翅目 Diptera

一、窗大蚊科 Pediciidae Osten Sacken, 1859

1. 平大蚊属 *Tricyphona* Zetterstedt, 1837

（1）峨眉平大蚊 *Tricyphona omeiana* (Alexander, 1938)

分布：云南（乌蒙山）、四川。

二、沼大蚊科 Limoniidae Rondani, 1856

2. 盲大蚊属 *Adelphomyia* Bergroth, 1891

（2）简盲大蚊 *Adelphomyia simplicistyla* (Alexander, 1940)

分布：云南（乌蒙山）、四川。

3. 康大蚊属 *Conosia* Wulp, 1880

（3）露珠康大蚊 *Conosia irrorata* (Wiedemann, 1828)

分布：云南（乌蒙山等）、浙江、湖北、江西、湖南、福建、台湾、海南、广西、四川、贵州；朝鲜、韩国、日本、印度、尼泊尔、泰国、斯里兰卡、菲律宾、马来西亚、印度尼西亚、中亚地区、大洋洲、非洲。

4. 细大蚊属 *Dicranomyia* Stephens, 1829

（4）丽细大蚊 *Dicranomyia subpulchripennis* (Alexander, 1931)

分布：云南（乌蒙山）、四川。

5. 篱大蚊属 *Dicranophragma* Osten Sacken, 1860

（5）喜胸篱大蚊 *Dicranophragma laetithorax* (Alexander, 1933）

分布：云南（乌蒙山）、四川。

（6）懒篱大蚊 *Dicranophragma melaleucum ignavum* (Alexander, 1933）

分布：云南（乌蒙山）、四川。

6. 盘斑大蚊属 *Discobola* Osten Sacken, 1865

（7）环盘斑大蚊 *Discobola annulata* (Linnaeus, 1758)

分布：云南（乌蒙山等）、台湾、西藏；俄罗斯，蒙古国，朝鲜，韩国，日本，印度，尼泊尔，菲律宾，马来西亚，北美洲。

7. 原大蚊属 *Eloeophila* Rondani, 1856

（8）细齿原大蚊 *Eloeophila serrulata* (Alexander, 1932）

分布：云南（乌蒙山）、四川。

（9）扁鼻原大蚊 *Eloeophila similissima* (Alexander, 1941）

分布：云南（乌蒙山）、四川。

8. 艾大蚊属 *Epiphragma* Osten Sacken, 1860

（10）中线艾大蚊 *Epiphragma mediale* Mao & Yang, 2009

分布：云南（乌蒙山等）。

（11）云南艾大蚊 *Epiphragma yunnanense* Mao & Yang, 2009

分布：云南（乌蒙山等）。

9. 锦大蚊属 *Hexatoma* Latreille, 1809

（12）傲锦大蚊 *Hexatoma arrogans* (Alexander, 1927）

分布：云南（乌蒙山）、四川。

（13）广州锦大蚊 *Hexatoma cantonensis* Alexander, 1938

分布：云南（乌蒙山）、浙江、江西、广东。

（14）丽锦大蚊 *Hexatoma cleopatra* Alexander, 1933

分布：云南（乌蒙山）、四川。

（15）大卫锦大蚊 *Hexatoma davidi* (Alexander, 1923）

分布：云南（乌蒙山）、浙江、江西、福建、广东、四川。

（16）江西锦大蚊 *Hexatoma kiangsiana* Alexander, 1937

分布：云南（乌蒙山）、浙江、江西。

（17）莱森锦大蚊 *Hexatoma licens* Alexander, 1942

分布：云南（乌蒙山等）。

（18）黄毛锦大蚊 *Hexatoma luteicostalis* Alexander, 1933

分布：云南（乌蒙山）、四川。

（19）尼泊尔锦大蚊 *Hexatoma nepalensis* (Westwood, 1836）

分布：云南（乌蒙山）、广东、四川；印度，尼泊尔，马来西亚，中亚地区。

10. 拟大蚊属 *Limnophila* Macquart, 1834

（20）异角拟大蚊 *Limnophila varicornis* Coquillett, 1898

分布：云南（乌蒙山）、江苏、江西；日本。

11. 新拟沼大蚊属 *Neolimnophila* Alexander, 1920

（21）棕新拟沼大蚊 *Neolimnophila fuscinervis* Edwards, 1928

分布：云南（乌蒙山等）。

12. 索大蚊属 *Paradelphomyia* Alexander, 1936

（22）螺纹索大蚊 *Paradelphomyia crossospila* (Alexander, 1936）

分布：云南（乌蒙山）、四川。

13. 准拟大蚊属 *Pseudolimnophila* Alexander, 1919

（23）布氏准拟大蚊 *Pseudolimnophila brunneinota* Alexander, 1933

分布：云南（乌蒙山）、四川。

14. 合大蚊属 *Symplecta* Meigen, 1830

（24）驼背合大蚊 *Symplecta hybrida* (Meigen, 1804）

分布：云南（乌蒙山）、西藏；俄罗斯，蒙古国，朝鲜，日本，巴基斯坦，印度，尼泊尔，中亚地区，西亚地区，非洲，北美洲。

15. 台大蚊属 *Taiwanomyia* Alexander, 1923

（25）四川台大蚊 *Taiwanomyia szechwanensis* (Alexander, 1933）

分布：云南（乌蒙山）、四川。

三、烛大蚊科 Cylindrotomidae Schiner, 1863

16. 烛大蚊属 *Cylindrotoma* Macquart, 1834

（26）红胸烛大蚊 *Cylindrotoma aurantia* Alexander, 1935

分布：云南（乌蒙山）、四川。

四、大蚊科 Tipulidae Latreille, 1802

17. 裸大蚊属 *Angarotipula* Savchenko, 1961

（27）尖突裸大蚊 *Angarotipula laetipennis* (Alexander, 1935）

分布：云南（乌蒙山等）、福建、四川、贵州。

18. 印大蚊属 *Indotipula* Edwards, 1931

（28）萨雅印大蚊 *Indotipula yamata subyamata* (Alexander, 1933）

分布：云南（乌蒙山）、浙江、湖北、海南、重庆。

19. 短柄大蚊属 *Nephrotoma* Meigen, 1803

（29）寡斑短柄大蚊 *Nephrotoma kaulbacki* Alexander, 1951

分布：云南（乌蒙山）、西藏；俄罗斯。

（30）黑棒短柄大蚊 *Nephrotoma nigrohalterata* Edwards, 1928

分布：云南（乌蒙山）、四川、西藏；俄罗斯。

（31）西昌短柄大蚊 *Nephrotoma xichangensis* Yang & Yang, 1990

分布：云南（乌蒙山）、四川。

20. 大蚊属 *Tipula* Linnaeus, 1758

（32）赭丽大蚊 *Tipula exusta* Alexander, 1931

分布：云南（乌蒙山）、陕西、四川。

（33）凹缘尖大蚊 *Tipula intacta* Alexander, 1933

分布：云南（乌蒙山）、四川。

（34）泸定丽大蚊 *Tipula ludingana* Li, Yang & Chen, 2013

分布：云南（乌蒙山）、四川。

（35）新雅大蚊 *Tipula nova* Walker, 1848

分布：云南（乌蒙山等）、辽宁、山西、河南、陕西、安徽、浙江、湖北、江西、福建、台湾、广东、海南、香港、四川、贵州；韩国，日本，印度。

（36）丫字蜚大蚊 *Tipula reposita* Walker, 1848

分布：云南（乌蒙山等）、四川；尼泊尔。

五、蚊科 Culicidae Meigen, 1818

21. 伊蚊属 *Aedes* Meigen, 1818

（37）白纹伊蚊 *Aedes albopictus* (Skuse, 1894)

分布：云南（乌蒙山等）、黑龙江、吉林、辽宁、内蒙古、北京、天津、河北、山西、山东、河南、陕西、宁夏、甘肃、青海、新疆、江苏、上海、安徽、浙江、湖北、江西、湖南、福建、台湾、广东、海南、香港、澳门、广西、重庆、四川、贵州、西藏；俄罗斯，蒙古国，朝鲜，韩国，日本，巴基斯坦，印度，不丹，尼泊尔，孟加拉国，缅甸，越南，老挝，泰国，柬埔寨，斯里兰卡，菲律宾，马来西亚，新加坡，文莱，印度尼西亚，中亚地区，西亚地区，大洋洲，非洲，北美洲，南美洲。

22. 阿蚊属 *Armigeres* Theobald, 1901

（38）骚扰阿蚊 *Armigeres subalbatus* (Coquillett, 1898)

分布：云南（乌蒙山等）、北京、天津、河北、山西、山东、河南、陕西、甘肃、江苏、上海、安徽、浙江、湖北、江西、湖南、福建、台湾、广东、海南、香港、澳门、广西、重庆、四川、贵州、西藏；朝鲜，韩国，日本，巴基斯坦，印度，尼泊尔，孟加拉国，缅甸，越南，老挝，泰国，柬埔寨，斯里兰卡，菲律宾，马来西亚，印度尼西亚。

23. 库蚊属 *Culex* Linnaeus, 1758

（39）淡色库蚊 *Culex pipiens pallens* Coquillett, 1898

分布：云南（乌蒙山等）、黑龙江、吉林、辽宁、内蒙古、河北、山西、山东、河南、陕西、宁夏、甘肃、江苏、安徽、浙江、湖北；朝鲜，韩国，日本，印度，泰国，马来西亚。

六、蛾蠓科 Psychodidae Newman, 1834

24. 斑蛾蠓属 *Clogmia* Enderlein, 1937

（40）白斑蛾蠓 *Clogmia albipunctata* Williston, 1893

分布：云南（乌蒙山等）、黑龙江、吉林、辽宁、内蒙古、北京、天津、河北、山西、山东、河南、陕西、宁夏、甘肃、青海、新疆、江苏、上海、安徽、浙江、湖北、江西、湖南、福建、台湾、广东、海南、香港、澳门、广西、重庆、四川、贵州、西藏；俄罗斯，蒙古国，朝鲜，韩国，日本，巴基斯坦，印度，不丹，尼泊尔，孟加拉国，缅甸，越南，老挝，泰国，柬埔寨，斯里兰卡，菲律宾，马来西亚，新加坡，文莱，印度尼西亚，中亚地区，西亚地区，大洋洲，非洲，北美洲，南美洲。

七、毛蚊科 Bibionidae Fleming, 1821

25. 毛蚊属 *Bibio* Geoffroy, 1762

（41）红腹毛蚊 *Bibio rufiventris* (Duda, 1930)

分布：云南（乌蒙山等）、黑龙江、辽宁、内蒙古、北京、河北、陕西、福建；俄罗斯，朝鲜，日本。

26. 棘毛蚊属 *Dilophus* Meigen, 1803

（42）双斑棘毛蚊 *Dilophus bipunctatus* Luo & Yang, 1988

分布：云南（乌蒙山等）。

27. 叉毛蚊属 *Penthetria* Meigen, 1803

（43）泛叉毛蚊 *Penthetria japonica* Wiedemann, 1830

分布：云南（乌蒙山等）、河南、陕西、浙江、湖北、江西、湖南、福建、台湾、广东、广西、四川、贵州、西藏；日本，印度，尼泊尔。

28. 蜻毛蚊属 *Plecia* Wiedemann, 1828

（44）缺刻蜻毛蚊 *Plecia microstoma* Yang & Luo, 1988

分布：云南（乌蒙山等）、湖北、湖南。

八、水虻科 Stratiomyidae Latreille, 1802

29. 小丽水虻属 *Microchrysa* Loew, 1855

（45）日本小丽水虻 *Microchrysa japonica* Nagatomi, 1975

分布：云南（乌蒙山等）、北京；日本。

30. 指突水虻属 *Ptecticus* Loew, 1855

（46）金黄指突水虻 *Ptecticus aurifer* (Walker, 1854)

分布：云南（乌蒙山等）、辽宁、北京、河北、河南、陕西、江苏、安徽、浙江、湖北、江西、湖南、福建、台湾、广东、海南、广西、四川、贵州；俄罗斯，日本，印度，越南，马来西亚，印度尼西亚。

九、蜂虻科 Bombyliidae Latreille, 1802

31. 禅蜂虻属 *Bombylius* Greathead, 1995

（47）黄领蜂虻 *Bombylius vitellinus* (Yang, Yao & Cui, 2012)
分布：云南（乌蒙山等）、黑龙江、北京、河北、山东、河南。

32. 陇蜂虻属 *Heteralonia* Rondani, 1863

（48）扇陇蜂虻 *Heteralonia anemosyris* Yao, Yang & Evenhuis, 2009
分布：云南（乌蒙山等）。

（49）柱桓陇蜂虻 *Heteralonia sytshuana* (Paramonov, 1928)
分布：云南（乌蒙山等）、四川。

十、舞虻科 Empididae Latreille, 1804

33. 驼舞虻属 *Hybos* Meigen, 1803

（50）安氏驼舞虻 *Hybos anae* Yang & Yang, 2004
分布：云南（乌蒙山）、广西。

（51）凹缘驼舞虻 *Hybos concavus* Yang & Yang, 1991
分布：云南（乌蒙山）、河南、湖北。

（52）峨眉驼舞虻 *Hybos emeishanus* Yang & Yang, 1989
分布：云南（乌蒙山等）、河南、四川。

（53）剑突驼舞虻 *Hybos ensatus* Yang & Yang, 1986
分布：云南（乌蒙山等）、河南、广西、四川、贵州。

（54）高氏驼舞虻 *Hybos gaoae* Yang & Yang, 2004
分布：云南（乌蒙山）、贵州。

（55）粗腿驼舞虻 *Hybos grossipes* (Linnaeus, 1767)
分布：云南（乌蒙山等）、吉林、内蒙古、河北、山西、河南、陕西、宁夏、甘肃、四川。

（56）建阳驼舞虻 *Hybos jianyangensis* Yang & Yang, 2004
分布：云南（乌蒙山等）、浙江、福建、贵州。

（57）长鬃驼舞虻 *Hybos longisetus* Yang & Yang, 2004
分布：云南（乌蒙山）、贵州。

（58）长板驼舞虻 *Hybos longus* Yang & Yang, 2004
分布：云南（乌蒙山）、四川。

（59）毛饰驼舞虻 *Hybos marginatus* Yang & Yang, 1989
分布：云南（乌蒙山）、河南、四川。

（60）鼻突驼舞虻 *Hybos nasutus* Yang & Yang, 1986
分布：云南（乌蒙山）、广西。

（61）屏边驼舞虻 *Hybos pingbianensis* Yang & Yang, 2004
分布：云南（乌蒙山等）。

（62）齿突驼舞虻 *Hybos serratus* Yang & Yang, 1992
分布：云南（乌蒙山）、河南、广西、四川、贵州。

（63）近截驼舞虻 *Hybos similaris* Yang & Yang, 1995
分布：云南（乌蒙山）、浙江、贵州。

（64）斯氏驼舞虻 *Hybos starki* Yang & Yang, 1995
分布：云南（乌蒙山）、广西。

（65）小黄山驼舞虻 *Hybos xiaohuangshanensis* Yang, Gaimari & Grootaert, 2005
分布：云南（乌蒙山）、广东。

十一、长足虻科 Dolichopodidae Latreille, 1809

34. 金长足虻属 *Chrysosoma* Guérin-Méneville, 1831

（66）大沙河金长足虻 *Chrysosoma dashahensis* Zhu & Yang, 2005
分布：云南（乌蒙山）、贵州。

35. 毛瘤长足虻属 *Condylostylus* Bigot, 1859

（67）黄基毛瘤长足虻 *Condylostylus luteicoxa* Parent, 1929
分布：云南（乌蒙山等）、河南、陕西、浙江、湖北、江西、湖南、福建、台湾、广东、广西、四川、贵州；日本，印度。

36. 长足虻属 *Dolichopus* Latreille, 1796

（68）基黄长足虻 *Dolichopus simulator* Parent, 1926
分布：云南（乌蒙山等）、河南、陕西、上海、浙江、湖北、湖南、福建、广西、四川、贵州。

37. 行脉长足虻属 *Gymnopternus* Loew, 1857

（69）大行脉长足虻 *Gymnopternus grandis* (Yang & Yang, 1995)
分布：云南（乌蒙山等）、浙江、福建、广东、广西、贵州。

（70）群行脉长足虻 *Gymnopternus populus* (Wei, 1997)
分布：云南（乌蒙山等）、河南、陕西、浙江、广西、四川、贵州。

38. 寡长足虻属 *Hercostomus* Loew, 1857

（71）黄腹寡长足虻 *Hercostomus flaviventris* Smirnov & Negrobov, 1977
分布：云南（乌蒙山）、浙江、台湾、广西、四川、贵州；韩国，日本。

十二、食蚜蝇科 Syrphidae Latreille, 1802

39. 异巴蚜蝇属 *Allobaccha* Curran, 1928

（72）紫额异巴蚜蝇 *Allobaccha apicalis* (Loew, 1858)
分布：云南（乌蒙山等）、陕西、甘肃、江苏、安徽、浙江、湖北、江西、湖南、福建、台湾、广东、香港、广西、四川；日本，印度，斯里兰卡。

40. 巴蚜蝇属 *Baccha* Fabricius, 1805

（73）纤细巴蚜蝇 *Baccha maculata* Walker, 1852

分布：云南（乌蒙山等）、北京、河北、山西、陕西、安徽、浙江、湖北、江西、湖南、福建、台湾、广西、四川、西藏；俄罗斯，朝鲜，日本，印度，马来西亚，印度尼西亚。

41. 黑带蚜蝇属 *Episyrphus* Matsumura & Adachi, 1917

（74）黑带蚜蝇 *Episyrphus balteatus* (De Geer, 1776)

分布：云南（乌蒙山等）、黑龙江、吉林、辽宁、河北、陕西、甘肃、江苏、浙江、湖北、江西、湖南、福建、广东、广西、四川、西藏；蒙古国，日本，印度，尼泊尔，孟加拉国，欧洲，大洋洲。

42. 离眼管蚜蝇属 *Eristalinus* Rondani, 1845

（75）跗离眼管蚜蝇 *Eristalinus tarsalis* (Macquart, 1854)

分布：云南（乌蒙山）、上海、西藏；韩国，日本。

43. 管蚜蝇属 *Eristalis* Latreille, 1804

（76）长尾管蚜蝇 *Eristalis tenax* (Linnaeus, 1758)

分布：云南（乌蒙山等）、黑龙江、吉林、辽宁、内蒙古、北京、天津、河北、山西、山东、河南、陕西、宁夏、甘肃、青海、新疆、江苏、上海、安徽、浙江、湖北、江西、湖南、福建、台湾、广东、海南、香港、澳门、广西、重庆、四川、贵州、西藏；俄罗斯，蒙古国，朝鲜，韩国，日本，巴基斯坦，印度，不丹，尼泊尔，孟加拉国，缅甸，越南，老挝、泰国、柬埔寨，斯里兰卡，菲律宾，马来西亚，新加坡，文莱，印度尼西亚，中亚地区，西亚地区，大洋洲，非洲，北美洲，南美洲。

44. 优蚜蝇属 *Eupeodes* Osten Sacken, 1877

（77）大灰优蚜蝇 *Eupeodes corollae* (Fabricius, 1794)

分布：云南（乌蒙山等）、黑龙江、吉林、辽宁、内蒙古、北京、天津、河北、山东、河南、陕西、宁夏、甘肃、青海、新疆、江苏、浙江、湖北、江西、湖南、福建、广西、四川、贵州、西藏、台湾；蒙古国，日本，欧洲，非洲。

45. 墨蚜蝇属 *Melanostoma* Schiner, 1860

（78）东方墨蚜蝇 *Melanostoma orientale* (Wiedemann, 1824)

分布：云南（乌蒙山等）、吉林、内蒙古、青海、新疆、上海、浙江、湖北、湖南、福建、广西、四川、贵州、西藏；日本。

46. 狭腹蚜蝇属 *Meliscaeva* Frey, 1946

（79）黄带狭腹蚜蝇 *Meliscaeva cinctella* (Zetterstedt, 1843)

分布：云南（乌蒙山等）、河北、陕西、宁夏、甘肃、湖北、台湾、广西、四川、贵州、西藏；俄罗斯，蒙古国，日本，印度，尼泊尔，斯里兰卡，北美洲。

47. 蜂蚜蝇属 *Volucella* Geoffroy, 1762

（80）短腹蜂蚜蝇 *Volucella jeddona* Bigot, 1875

分布：云南（乌蒙山等）、黑龙江、吉林、内蒙古、北京、河北、山西、安徽；俄罗斯（远东地区），蒙古国，日本。

（81）黄盾蜂蚜蝇 *Volucella pellucens tabanoides* Motschulsky, 1859

分布：云南（乌蒙山等）、黑龙江、吉林、辽宁、内蒙古、北京、河北、山西、陕西、甘肃、青海、新疆、湖北、四川；俄罗斯，蒙古国，朝鲜，日本。

十三、缟蝇科 Lauxaniidae Macquart, 1835

48. 同脉缟蝇属 *Homoneura* Wulp, 1891

（82）曹氏同脉缟蝇 *Homoneura caoi* Wang & Yang, 2012

分布：云南（乌蒙山等）、四川。

（83）凹缺同脉缟蝇 *Homoneura concava* Sasakawa, 2002

分布：云南（乌蒙山等）、陕西、台湾。

（84）背尖同脉缟蝇 *Homoneura dorsacerba* Gao, Shi & Han, 2016

分布：云南（乌蒙山等）、陕西、重庆。

（85）尖背同脉缟蝇 *Homoneura dorsocuspidata* Gao & Shi, 2019

分布：云南（乌蒙山等）、陕西、湖北。

（86）贵州同脉缟蝇 *Homoneura guizhouensis* Gao & Yang, 2002

分布：云南（乌蒙山等）、贵州。

（87）黑龙潭同脉缟蝇 *Homoneura heilongtanensis* Gao & Shi, 2019

分布：云南（乌蒙山等）、陕西、重庆。

（88）长尖同脉缟蝇 *Homoneura longiacutata* Gao & Shi, 2019

分布：云南（乌蒙山）、陕西、广西、重庆。

（89）云斑同脉缟蝇 *Homoneura nubecula* Sasakawa, 2001

分布：云南（乌蒙山等）、重庆；越南。

（90）后斑同脉缟蝇 *Homoneura occipitalis* Malloch, 1927

分布：云南（乌蒙山等）、浙江、台湾、广东。

（91）多斑同脉缟蝇 *Homoneura picta* (de Meijere, 1904)

分布：云南（乌蒙山等）、陕西、甘肃、浙江、台湾、海南、广西、重庆、贵州；俄罗斯，印度，尼泊尔，越南，老挝，泰国，马来西亚，印度尼西亚。

（92）阔缘同脉缟蝇 *Homoneura platimarginata* Gao & Shi, 2019

分布：云南（乌蒙山等）、陕西。

（93）齿状同脉缟蝇 *Homoneura serrata* Gao & Yang, 2002

分布：云南（乌蒙山等）、广西、重庆、贵州。

（94）巫溪同脉缟蝇 *Homoneura wuxica* You, Chen & Li, 2023

分布：云南（乌蒙山等）、重庆。

49. 黑缟蝇属 *Minettia* Robineau-Desvoidy, 1830

（95）黄盾黑缟蝇 *Minettia flavoscutellata* Shi & Yang, 2015

分布：云南（乌蒙山）、湖北。

（96）刺突近黑缟蝇 *Minettia surstylata* Li, Bai & Yang, 2023

分布：云南（乌蒙山等）。

（97）三齿黑缟蝇 *Minettia tridentata* Shi & Yang, 2015

分布：云南（乌蒙山）、湖南。

（98）昭通亮黑缟蝇 *Minettia zhaotongensis* Li, Chen & Yang, 2020

分布：云南（乌蒙山等）。

50. 凹额缟蝇属 *Prosopophorella* de Meijere, 1918

（99）朱氏凹额缟蝇 *Prosopophorella zhuae* Shi & Yang, 2009

分布：云南（乌蒙山等）、广西。

51. 斑缟蝇属 *Trypetisoma* Malloch, 1924

（100）三斑斑缟蝇 *Trypetisoma trimaculata* Li, Qi & Yang, 2019

分布：云南（乌蒙山等）、广西、重庆。

十四、实蝇科 Tephritidae Newman, 1834

52. 短羽实蝇属 *Acrotaeniostola* Hendel, 1914

（101）斑翅短羽实蝇 *Acrotaeniostola dissimilis* Zia, 1937

分布：云南（乌蒙山等）、湖北、四川；越南。

53. 果实蝇属 *Bactrocera* Macquart, 1835

（102）蜜柑大实蝇 *Bactrocera tsuneonis* (Miyake, 1912)

分布：云南（乌蒙山等）、台湾、广西、四川、贵州；日本。

54. 墨实蝇属 *Cyaforma* Wang, 1989

（103）四斑墨实蝇 *Cyaforma macula* (Wang, 1988)

分布：云南（乌蒙山等）。

55. 泽兰实蝇属 *Procecidochares* Hendel, 1914

（104）泽兰实蝇 *Procecidochares utilis* Stone, 1947

分布：云南（乌蒙山等）；印度，大洋洲，北美洲，南美洲。

56. 星斑实蝇属 *Trupanea* Schrank, 1795

（105）莴苣星斑实蝇 *Trupanea amoena* (Frauenfeld, 1856)

分布：云南（乌蒙山等）、内蒙古、河北、甘肃、新疆、江苏、台湾、四川；韩国，日本。

57. 镞果实蝇属 *Zeugodacus* Hendel, 1927

（106）南亚镞果实蝇 *Zeugodacus tau* (Walker, 1849)

分布：云南（乌蒙山等）、浙江、湖北、江西、湖南、福建、台湾、广东、海南、广西、四川、贵州、西藏；印度，不丹，孟加拉国，越南，老挝，泰国，斯里兰卡，菲律宾，马来西亚，印度尼西亚。

十五、茎蝇科 Psilidae Macquart, 1835

58. 长角茎蝇属 *Loxocera* Meigen, 1803

（107）新月长角茎蝇 *Loxocera lunata* Wang & Yang, 1998

分布：云南（乌蒙山等）、江西。

十六、蝇科 Muscidae Latreille, 1802

59. 重毫蝇属 *Dichaetomyia* Malloch, 1921

（108）铜腹重毫蝇 *Dichaetomyia bibax* (Wiedemann, 1830)

分布：云南（乌蒙山等）、吉林、辽宁、内蒙古、河北、山西、山东、河南、陕西、浙江、湖北、福建、台湾、广东、海南、广西、重庆、四川、贵州、西藏。

（109）黄端重毫蝇 *Dichaetomyia fulvoapicata* Emden, 1965

分布：云南（乌蒙山等）、山东、湖北、湖南、福建、广东、重庆、四川、贵州。

60. 纹蝇属 *Graphomya* Robineau-Desvoidy, 1830

（110）天目斑纹蝇 *Graphomya maculata tienmushanensis* Öuchi, 1939

分布：云南（乌蒙山）、浙江。

十七、粪蝇科 Scathophagidae Robineau-Desvoidy, 1830

61. 粪蝇属 *Scathophaga* Meigen, 1803

（111）丝翅粪蝇 *Scathophaga scybalaria* (Linnaeus, 1758)

分布：云南（乌蒙山等）、内蒙古、新疆、福建、贵州；俄罗斯，蒙古国，日本。

（112）黄粪蝇 *Scathophaga stercoraria* (Linnaeus, 1758)

分布：云南（乌蒙山等）、黑龙江、吉林、辽宁、内蒙古、北京、天津、河北、山西、山东、河南、陕西、宁夏、甘肃、青海、新疆、江苏、上海、安徽、浙江、湖北、江西、湖南、福建、台湾、广东、海南、香港、澳门、广西、重庆、四川、贵州、西藏；俄罗斯，日本。

十八、丽蝇科 Calliphoridae Brauer & Bergenstamm, 1889

62. 阿丽蝇属 *Aldrichina* Townsend, 1934

（113）巨尾阿丽蝇 *Aldrichina grahami* (Aldrich, 1930)

分布：云南（乌蒙山等）、黑龙江、吉林、辽宁、内蒙古、北京、天津、河北、山西、山东、河南、陕西、宁夏、甘肃、青海、江苏、上海、安徽、浙江、湖北、江西、湖南、福建、台湾、广东、海南、广西、四川、贵州、西藏；俄罗斯，朝鲜，韩国，日本，印度，巴基斯坦，北美洲。

63. 绿蝇属 *Lucilia* Robineau-Desvoidy, 1830

（114）紫绿蝇 *Lucilia porphyrina* (Walker, 1856)

分布：云南（乌蒙山等）、山西、山东、河南、陕西、宁夏、甘肃、江苏、上海、浙江、湖北、江西、湖南、福建、台湾、广东、海南、广西、重庆、四川、贵州、西藏；韩国，日本，印度，泰国，斯里兰卡，菲律宾，马来西亚，印度尼西亚，大洋洲。

（115）丝光绿蝇 *Lucilia sericata* (Meigen, 1826)

分布：云南（乌蒙山等）、黑龙江、吉林、辽宁、内蒙古、北京、天津、河北、山西、山东、河南、陕西、宁夏、甘肃、青海、新疆、江苏、上海、安徽、浙江、湖北、江西、湖南、福建、台湾、广东、海南、香港、澳门、广西、重庆、四川、贵州、西藏；俄罗斯，蒙古国，朝鲜，韩国，日本，巴基斯坦，印度，不丹，尼泊尔，孟加拉国，缅甸，越南，老挝，泰国，柬埔寨，斯里兰卡，菲律宾，马来西亚，新加坡，文莱，印度尼西亚，中亚地区，西亚地区，大洋洲，非洲，北美洲，南美洲。

中文名称索引

拉丁学名索引